JN188508

Quantum Supremacy

How the Quantum Computer Revolution Will Change Everything

量子超越

——量子コンピュータが世界を変える

ミチオ・カク
Michio Kaku

斉藤隆央 訳

NHK出版

ブックデザイン：秦 浩司

本書を愛情に満ちた妻シズエと、
娘のミシェル・カク博士とアリソン・カクに捧げる

目次

第IV部 世界と宇宙をモデル化する

・本文中の〔　〕は訳注を表す。＊は傍注を、［　］の番号は巻末の原注を参照。
・本文中の書名のうち、邦訳版がないものは初出に原題とその逐語訳を併記した。

第I部

量子コンピュータの登場

第1章

新時代の幕開け

革命が訪れようとしている。

２０１９年と２０２０年、ふたつの爆弾が科学界を揺さぶった。ふたつのチームが、量子超越性に到達したと発表したのである。量子超越性とは、量子コンピュータというまったく新しいタイプのコンピュータが、特定のタスクの処理において従来のデジタル式スーパーコンピュータの性能を明確にしのぐ、夢のような段階のことだ。これは、コンピューティング（コンピュータを使った計算）の世界を一変させ、われわれの日常生活のあらゆる状況を覆すような大激動の到来を告げていた。

まずグーグルが、「シカモア」という量子コンピュータで、世界最速のスーパーコンピュータでも1万年かかるような数学的問題を２００秒で解けることを明らかにした。『ＭＩＴテクノロジーレビュー』誌によれば、グーグルはこれをとてつもないブレイクスルーと呼んだという。同社はそれを、世界初の人工衛星スプートニクの打ち上げやライト兄弟の初飛行になぞらえていた。「現在最高性能のコンピュータがそろばんに見えてしまうようなマシンの新時代の始まり」だったのである。[1]

次に、中国科学院の量子イノベーション研究所がさらに先へ進んだ。彼らは、自分たちの量子コンピュータは、通常のスーパーコンピュータより100兆倍も計算速度が速いと主張していた。

IBMの副社長ボブ・スーターは、量子コンピュータが一気に台頭してきたことについて、はっきりこう述べている。「これは今世紀において最も重要なコンピューティング技術になると私は思う[2]」

量子コンピュータは「究極のコンピュータ」と呼ばれてきた。全世界に多大な影響を及ぼす、テクノロジーの圧倒的な飛躍という意味で。それは小さなトランジスタで計算するのでなく、考えられるかぎり最小の物体である原子そのもので計算することによって、われわれがもつ最高速のスーパーコンピュータの性能をあっさり上回る。量子コンピュータは、経済と社会とわれわれの暮らしにとって、まったく新しい時代をもたらすものとなるかもしれない。

だが、量子コンピュータはただ単に高性能なコンピュータであるだけではない。それは新しいタイプのコンピュータで、デジタルコンピュータが無限の時間をかけても決して解けない問題に取り組めるのだ。たとえばデジタルコンピュータは、原子がどのように組み合わさって重要な化学反応を、とくに生命現象を可能にする反応を起こすのかを正確に計算することができない。デジタルコンピュータでは、デジタルのテープのように並ぶ0と1の連なりでしか計算できず、それは、分子の奥深くで踊る電子たちの細やかな波を表現するにはあまりにもお粗末なのだ。じっさい、マウスが迷路でたどる経路をひたすら計算する場合、デジタルコンピュータはたどりうる経路をひとつずつ、丹念に解析しないといけない。ところが量子コンピュータは、たどりうるすべての経路を同時に電光石火の速さで解析する。

これにより、しのぎを削るコンピュータの巨人たちの激しい競争がさらに加速し、いまや彼らは世界最高性能の量子コンピュータを作るべく競っている。2021年には、IBMがイーグルという自社開発の量子コンピュータを発表し、それまでのどのモデルをも上回る計算能力でトップに躍り出た。

しかし、そうした記録はパイの皮のようなものだ——破れるようにできているのである。

この革命がもたらす莫大な影響を考えれば、世界の一流企業の多くがこの新たなテクノロジーに巨額の投資をしているのも驚くにあたらない。グーグル、マイクロソフト、インテル、IBM、リゲッティ・コンピューティング、ハネウェルは皆、量子コンピュータのプロトタイプ（試作品）を作っている。シリコンバレーの巨人たちは、この革命に付いていかなければ完全に置いてきぼりになるとわかっているのだ。

IBMとハネウェルとリゲッティは、それぞれ第1世代の量子コンピュータをネット上に公開し、好奇心の強い公衆の欲求をかき立てた。それで人々は、量子計算を初めて目の当たりにすることができている。インターネットで量子コンピュータに接続すれば、この新たな量子革命を体験できるのだ。たとえば2016年に提供された「IBM Qエクスペリエンス」では、インターネットを介して15台の量子コンピュータを、だれでも無料で利用できる。サムスンとＪＰモルガン・チェースもそのユーザーだ。すでに、学童から大学教授まで、月に２０００人がそれを利用している。

ウォールストリートはこのテクノロジーに強い関心をもった。イオンＱは、２０２１年に大手量子コンピューティング企業として初めて株式上場し、ＩＰＯ（株式の新規公開）で６億ドルの資金を集めた。さらに驚いたことに、競争が激しくなりすぎたあまり、スタートアップのプサイクォンタムは、商用プロトタイプを何も市場に出さず、それまでの製品の実績もいっさいないのに６億６５００万ドルを調達でき、いきなり金融市場で評価額を31億ドルにまで上げた。企業アナリストたちは、このように、新企業が熱狂的な思惑とセンセーショナルなニュースの波に乗り、そこまでの高みに上りつめる状況はまず見たことがないと書き立てていた。

コンサルティング企業で会計事務所のデロイトは、量子コンピュータの市場が２０２０年代に数億ドル、２０３０年代には数百億ドルに達するものと見積もっている。量子コンピュータがいつ商業市場に投入され、経済の眺望を変えることになるのかはだれにもわからないが、予測はつねに、この分野における科学的発見のかつてない速さに応じて更新されている。ザパタ・コンピューティングのＣＥＯ、クリストファー・サヴォアは、量子コンピュータの急速な興隆についてこう語っている。「もはや『もし』ではなく『いつ』の段階となっている[3]」

米国の連邦議会までも、この新たな量子テクノロジーを後押しすることに強い関心を示している。ほかの国々がすでに量子コンピュータの研究に惜しみなく資金を投じていることに気づき、２０１８年の12月、新たな研究の口火を切る資金を提供する国家量子イニシアチブ法を制定したのである。それにより、新たに２つから５つの国立量子情報科学研究センターを設立し、それらのセンターに年間８０００万ドルなどの資金を投じることが命じられた。

さらに２０２１年、米国政府は量子テクノロジーに６億２５００万ドル投資することを発表し、監督機関をエネルギー省とした。マイクロソフト、ＩＢＭ、ロッキード・マーティンといった巨大企業もこのプロジェクトに追加で３億４０００万ドル提供している。

量子テクノロジーを加速させるために政府の財源を利用しているのは、中国と米国だけではない。英国政府は現在、量子コンピューティング研究の要衝として、国立量子コンピューティングセンターを建設中だ。場所は、オックスフォードシャー州のハーウェルキャンパスにある科学技術施設会議の研究所である。政府に後押しされて、英国では２０１９年末までに量子コンピュータのスタートアップが30社誕生している。

業界のアナリストは、これが１兆ドルのギャンブルであることに気づいている。競争の激しいこの領域では、何の保証もないのだ。近年グーグルなどによって見事な技術的成果が得られているものの、現実世界の問題を解決できる実用的な量子コンピュータの登場は、まだだいぶ先になる。大変な仕事がなお山ほど待ち構えているのだ。無駄骨かもしれないと批判する人さえいる。だがコンピュータ企業は、自分がドアに足をかけなければ、ドアが閉じてしまうのではないかと思っているのである。

コンサルティング企業マッキンゼーのイヴァン・オストイッチは、「量子が一変させる可能性がきわめて高い業界の企業は、今すぐ量子にかかわるべきだ」と言っている。化学、医療、石油・ガス、交通、物流、金融、製薬、サイバーセキュリティといった領域は重大な変化の機が熟しているのだ。オストイッチはこう続ける。「本質的に、量子は幅広い問題の解決を加速させるので、あらゆるCIO（最高情報責任者）に密接に関係することになる。そうした企業は量子を扱う能力を手に入れる必要がある」[4]

カナダの量子コンピューティング企業D-Waveシステムズの元CEO、ヴァーン・ブラウネルはこう語る。「われわれは、古典的コンピューティングでは得られない能力を今にも提供しようとしている」

多くの科学者は、人類が今、まったく新しい時代に入ろうとしており、その衝撃波はトランジスタとマイクロチップの登場がもたらしたものに匹敵すると考えている。「メルセデス・ベンツ」ブランドを所有する巨大自動車メーカーのダイムラー〔ダイムラーは2022年にメルセデス・ベンツ・グループに社名変更している〕など、コンピュータの製造と直接関係のない企業がすでに、量子コンピュータが自分たちの業界の新たな発展に道をつける可能性に気づき、この新技術に投資しだしている。ライバルのBMWの幹部ユリウス・マルセアはこのように書き表した。「われわれは量子コンピューティングが自動車産業を変革する可能性を探るのに夢中で、工学的性能の限界を押し広げることに力を注いでいる」[5]。フォルクスワーゲンやエアバスなど、ほかの大企業も独自に量子コンピューティング部門を立ち上げ、このテクノロジーが彼らの事業にどんな革命を起こす可能性があるか検討している。

製薬会社もこの分野の発展に注目し、量子コンピュータが、デジタルコンピュータの能力をはるかに超えた複雑な化学的・生物学的プロセスのシミュレーションをおこなえそうなことに気づいている。何百万もの薬をテストするための巨大な施設が、いずれサイバースペースで薬をテストする「バーチャル実験室」に置き換えられるかもしれない。いつかそれが化学者に取って代わるかもしれないと怯える人もいる。しかし、創薬にかんするブログを運営しているデレク・ロウは、「マシンが化学者に取って代わるのではない。マシンを利用する化学者が、利用しない化学者に取って代わるのだ」と語る。[6]

スイスのジュネーヴ郊外にある大型ハドロン加速器（LHC）は、世界最大の科学研究機器として、陽子同士を14兆電子ボルトのエネルギーで衝突させて初期宇宙の条件を再現しているが、この加速器さえ、今では大量のデータをふるいにかけるのに量子コンピュータを利用している。その量子コンピュータでは、1秒間でおよそ10億回の粒子衝突による、最大で1000兆バイト（1バイトは8ビットに相当）になるデータが解析できる。いつの日か、量子コンピュータは宇宙創成の秘密を解き明かすことになるかもしれない。

量子超越性

2012年にカリフォルニア工科大学の物理学者ジョン・プレスキルが「量子超越性」なる言葉をこしらえたとき、多くの科学者は首を横に振った。彼らは、量子コンピュータがデジタルコンピュータをしのぐ性能になるのは、数十年後、いやもしかすると数百年後かもしれないと思っていた。なにしろ、シリコンチップではなく一個一個の原子で計算するというのは、おそろしく難しいと考えられたのである。ほんのわずかな振動やノイズで、量子コンピュータの原子の精妙なダンスが乱れてしまう。ところが、量子超越性にかんするびっくりするような宣言は、これまで否定論者の悲観的な予測を次々と打ち砕いてきた。いまや、関心の的はこの分野がどれだけ速く発展するかに移ってきている。

こうした驚くべき成果は、世界じゅうの重役の会議室や諜報機関をも震撼させている。密告者がリークした文書によれば、米国の中央情報局（CIA）や国家安全保障局（NSA）はこの分野に密着して発展を見守っている。量子コンピュータの性能があまりにも高いので、原理上、従来のどんなネット暗号も破られるおそれがあるからだ。すると、政府が注意深く守っている秘密——最高機密の情報が含まれる至宝——が攻撃に弱くなり、企業やさらには個人の大事な秘密もそうなる。事態はきわめて急を要するため、国家の政策や標準規格を決定する米国立標準技術研究所（NIST）さえ、最近になって、大企業や機関がこの新時代に向けた必然的な移行の計画を立てるのを助けるガイドラインを発表した。すでにNISTは、2029年までに量子コンピュータが、多くの企業に利用されている128ビットのAES暗号を破れるようになると告げている。

サイバーセキュリティ企業PQシールドのCEO、アリ・エル・カーファラニは『フォーブス』誌にこう書いている。「それは、守るべき機密情報のあるすべての組織にとってひどく恐ろしい見通しだ」[7]

中国は、このきわめて重要で発展の速い分野を主導する立場になるべく、国立量子情報科学研究院に100億ドルを投じている。世界の国々は何百億ドルもかけて自分たちの暗号をしっかり守っている。量子コンピュータを武器にもてば、ハッカーはおそらく地球上のどのデジタルコンピュータにも侵入し、さまざまな産業ばかりか、軍までも攪乱することができる。あらゆる機密情報が、最高値でそれを買う者の手に落ちるのかもしれない。金融市場も、量子コンピュータがウォールストリートの奥処に侵入することで、大混乱に陥るだろう。量子コンピュータはブロックチェーンもこじ開け、ビットコイン市場をめちゃくちゃにするおそれがある。先述の企業デロイトの予測では、ビットコインのおよそ25パーセントは量子コンピュータによるハッキングを受ける可能性があるという。

「ブロックチェーン事業は、今後量子コンピューティングの進歩に神経をとがらせることになりそうだ」[8]。データソフトウェアで知られるIT企業CBインサイツのレポートは、そう結論づけている。

したがって、危機に直面するのは、デジタルテクノロジーと固く結びついている世界経済そのものなのだ。ウォールストリートの銀行は、コンピュータを使って何十億ドルもの取引を把握している。技術者は、コンピュータを使って高層ビルや橋やロケットを設計している。アーティストがハリウッドの超大作映画に命を吹き込む場合も、コンピュータが頼りだ。製薬会社も、コンピュータを使って次の特効薬を開発している。子どもも、コンピュータを利用して友だちと最新のゲームで遊んでいる。またわれわれは、友人や仕事仲間や家族から即座に知らせを受け取るのに、すっかり携帯電話に頼っている。だれもが、自分の携帯電話が見つからなくて慌てふためいたことがあるものだ。それどころか、人間の活動で、コンピュータが混乱をもたらさないものを挙げることのほうが圧倒的に難しい。われわれはコンピュータにすっかり依存しているので、世界じゅうのコンピュータがいきなり動かなくなったら、文明はめちゃくちゃになってしまう。だから科学者たちは、量子コンピュータの発展を注意深く見守っているのだ。

ムーアの法則の終焉

何がこうした混迷と論議を駆り立てているのだろう？

量子コンピュータの登場は、シリコンの時代が次第に終わろうとしていることを示している。これまで半世紀のあいだ、コンピュータの性能の急激な向上は、インテルの創業者ゴードン・ムーアの名にちなむムーアの法則によって説明されてきた。この法則によれば、コンピュータの性能は18か月ごとに倍になる。この一見したところ単純な法則がこれまで、人類史上例のない、コンピュータの性能の驚くべき指数関数的な向上をなぞってきた。これほど短期間にこれほど広範な影響を及ぼした発明はほかにない。

コンピュータはその歴史で多くの段階を経ており、どの段階でも性能が大幅に向上し、社会に大きな変化をもたらした。実を言うと、ムーアの法則は19世紀の機械式計算機の時代にまで押し広げられる。そのころ技術者は、回転するシリンダーと大小の歯車を使って単純な計算をおこなっていた。20世紀の初頭になると、そうした計算機が電気を使いはじめ、歯車がリレー（継電器）とケーブルに置き換わっていった。第二次世界大戦中には、びっしり並ぶ真空管を使うコンピュータで国家の暗号が破られた。戦後、真空管から替わったトランジスタは、微小なサイズにまで小型化できたため、速度とパワーが向上しつづけた。

1950年代、大型コンピュータは、大企業や公的機関（米国防総省や国際銀行など）にしか購入できなかった。それは高性能だったが（たとえばENIAC〔1946年にペンシルベニア大学で開発された真空管式コンピュータ〕は、人間なら20時間かかるような計算を30秒でおこなうことができた）、高価でかさばり、オフィスビルのワンフロア全体を占めることもよくあった。マイクロチップはこのプロセスに革命を起こし、数十年のうちに小型化を進め、いまや爪ほどのサイズの一般的なチップにおよそ10億個のトランジスタを収められる。今日、子どもがゲームをするのに使っている携帯電話は、かつてペンタゴンが使っていた、ひと部屋を埋めつくす鈍重な巨獣を上回る性能をもっている。われわれのポケットに入るコンピュータが、冷戦当時に使われていたコンピュータの性能をしのぐというのは、もはや常識だ。

すべてのものは移ろいゆく。コンピュータの進歩のどの段階でも、創造的破壊の過程でそれまでのテクノロジーが陳腐になる。ムーアの法則はすでに減速しており、いずれは停止に至ることも考えられる。というのも、マイクロチップが非常に小さく、トランジスタの最も薄い層が原子約20個ぶんの厚みだからだ。それが原子約5個ぶんまで薄くなると、電子の位置が不確かになり、漏電(リーク)が生じてチップがショートしたり、過熱してチップが溶けたりするおそれがある。つまり、もっぱらシリコンが使われつづけるのなら、物理法則によって、ムーアの法則はいずれ破綻するにちがいないのだ。われわれは、シリコンの時代の終わりを目の当たりにしようとしているのだろう。次なる飛躍は、ポストシリコン（シリコン以後）の量子の時代かもしれない。

インテルのサンジェイ・ナタラジャンもこう言っている。「われわれは、その基本設計(アーキテクチャ)から搾り取れるかぎりのものを搾り取ったと思う」[9]

シリコンバレーはやがて、次のラストベルト〔米国北東部から中西部にかけての斜陽重工業地帯〕になるのかもしれない。今は静かに見えるとしても、いずれこの新たな未来が訪れだすだろう。グーグルのAIラボの所長ハルトムート・ネヴェンはこのように語る。「何も起きず、何も起きず、そのあとになんと、いきなり別世界にいることになりそうだ」[10]

なぜそんなにも高性能なのか？

量子コンピュータを、世界の国々がこぞってこの新技術の獲得に努めるほど高性能なものにする要因は何なのだろう？

本質的に、現代のあらゆるコンピュータのベースはデジタル情報で、それは0と1の連なりによってコードされている。情報の最小単位であるその1個の数字を、ビットという。この0

と1の配列をデジタルプロセッサに送り込むと、プロセッサが計算をおこなってアウトプット（出力）を生み出す。たとえばインターネットの接続速度も一秒あたりのビット数（bps）で計測されるから、そうして毎秒10億ビットがコンピュータに送り込まれるおかげで、あなたは動画や電子メール、文書などに即座にアクセスできるのだ。

ところが、ノーベル賞受賞者のリチャード・ファインマンは1959年、デジタル情報に対する別の扱い方を見出した。「下のほうにはたっぷり余地がある」というタイトルの予言めいた先駆的な小論〔もとは米国物理学会での講演で、それが小論文にまとめられている〕や、その後の論文で、彼は次のような疑問を呈している。この0と1の配列を原子の状態に置き換えて、原子コンピュータを作ったらどうだろう？　トランジスタを、考えられるかぎり小さな物体である原子に置き換えたらどうなのか？

原子は回転する独楽（こま）に似ている。磁場のなかで、原子は磁場との関係で上か下のどちらかを向いて並び、それが0と1に対応づけられる。デジタルコンピュータの性能は、コンピュータのなかでとりうる状態（0と1）の数によって決まる。

だが、原子より小さな世界の奇妙なルールのために、原子のスピンと呼ばれる状態は、上下〔右回り・左回りと表現されることもある〕ふたつのどんな組み合わせもとりうる。たとえば、原子のスピンが10パーセントの時間は上向きで、90パーセントの時間は下向きという状態もありうる。あるいは、65パーセントの時間は上向きで、35パーセントの時間は下向きということもある。それどころか、原子がとれるスピンの状態は無数にある。これにより、考えられる状態の数はとてつもなく増える。すると、原子ははるかに多くの情報をもてることになる。単なるビットではなく、キュービット（量子ビット）、つまり上下の状態が同時に混ざったものになるのである。デジタルのビットは一度に1ビットの情報しかもてないので、能力が限られるが、キュービットはほぼ無限の能力をもつ。ちなみに、原子のレベルで物体が同時に複数の状態として存在できることを、重ね合わせという（これは、なじみ深い常識的な法則も原子のレベルでは当たり前のように破れるということでもある。このスケールになると、電子は同時にふたつの場所に存在できる。大きなスケールの物件ではそうならない）。

さらに、通常のビットでは起こせないが、こうしたキュービットは相互作用もする。これを「からみ合い」という。デジタルのビットはそれぞれ独立していてほかの影響を受けないが、キュービットに別のキュービットを加えると、相互作用するので、ありうる相互作用の数が倍になる。そのため量子コンピュータは、キュービットを加えるたびに相互作用の数が倍になるから、デジタルコンピュータに比べて本質的に急激に高性能になる。

じっさい、現在の量子コンピュータの能力は１００キュービットを超える。これはつまり、たとえば1キュービットにしか相当しないスーパーコンピュータに比べ、２の１００乗倍も高性能ということだ。

量子超越性に初めて到達したグーグルの量子コンピュータ「シカモア」は、53キュービットという、７２０億の10億倍のバイトのメモリを処理する能力をもつ。したがって、シカモアのような量子コンピュータに比べれば、従来のどんなコンピュータもおもちゃのようなものだ。

このことがビジネスや科学にもたらす影響は莫大なものになる。デジタルの世界経済が量子の経済に移行すると、事態がおそろしく深刻になるのだ。

量子コンピュータにとっての障害

次に挙げるべき重要な疑問は、これだ。今日、高性能の量子コンピュータの市場投入を何が妨げているのか？　どこかの果敢な発明者が、既知のどんな暗号も破れる量子コンピュータを発表していないのはなぜなのか？

量子コンピュータが直面する問題は、やはりリチャード・ファインマンが、その概念を初めて提示したときに予見していた。量子コンピュータがきちんと機能するためには、原子を正確に並べて振動を同期させなくてはならない。この条件を干渉性(コヒーレンス)という。しかし、原子は非常に小さくて高感度の物体だ。ほんのわずかな不純物や外乱でも、この原子の配列が干渉性を失い、計算のすべてがだめになる。この脆弱(ぜいじゃく)さが、量子コンピュータが直面する最大の問題だ。そのため、答えるのがとてつもなく難しい疑問は、「干渉性の消失(デコヒーレンス)を防ぐことはできるのか？」となる。

外からの混入による汚染をできるだけなくすために、科学者は特別な装置を使って温度を絶対零度(れいど)近くまで下げ、邪魔な振動を最低限に抑える。だが、それにはその温度に到達できるような高価で特別なポンプと管が必要になる。

ところが、ここでひとつの謎に突き当たる。母なる自然は、常温で問題なく量子力学を利用している。たとえば、地球上で最高に重要なプロセスのひとつである驚異の光合成は、量子のプロセスだが、常温で進行する。自然は、部屋いっぱいを占める奇抜な装置を絶対零度近くで働かせずとも、光合成をおこなっている。理由はよくわからないが、自然界では、外乱が原子レベルで無秩序をもたらすような晴れた暖かい日でも、干渉性を維持できる。いつの日か、自然がどうやって常温で魔術を披露するのかを解き明かせたら、われわれは量子のみならず生命そのものも自在に操れるようになるのではあるまいか。

経済に革命を起こす

量子コンピュータは、短期的に国々のサイバーセキュリティの脅威となるが、長期的にとてつもない実用上の影響も及ぼし、世界経済に革命を起こす力をもつ。そして今より持続可能な未来をもたらし、量子医療の時代へ導き、これまで不治の病だったものを治す手助けをするのだ。

量子コンピュータが従来のデジタルコンピュータを凌駕(りょうが)できる領域はたくさんある。

1．検索エンジン

かつて、富は石油や金(きん)によって計られることもあった。

いまや、それは次第にデータで計られるようになっている。企業は以前、みずからの財務データを無駄にしていたが、今ではこの情報は貴金属よりも価値があると認識されている。だが、大量のデータをふるいにかけるのは、従来のデジタルコンピュータにはとうてい不可能かもしれない。そこへ量子コンピュータが登場し、干し草の山から針を見つけるのだ。量子コンピュータは、企業の財務を分析し、成長を阻んでいるいくつかの要因を見つけ出すこともできるのではなかろうか。

事実、ＪＰモルガン・チェースは、その銀行業務のデータを分析し、財務上のリスクや不確実性を正確に予測して業務の効率を高めるべく、近年ＩＢＭやハネウェルと提携している。

2. 最適化

量子コンピュータが検索エンジンを使ってデータのなかの重要な要素を突き止めたら、それをどう調整して利潤などの要素を最大化するかが次の問題となる。少なくとも、大企業や大学や政府機関は、量子コンピュータを使って支出を最小限にとどめ、効率と利潤を最大限に高めようとするだろう。たとえば、企業の純利益は、給与や売上、経費など、何百もの要素によって決まり、どの要素も時とともにめまぐるしく変化する。従来のデジタルコンピュータでは、こうした無数の要素について利幅を最大限に増やす適切な組み合わせを見つけられないかもしれない。あるいは、金融会社が量子コンピュータを使って、日々の取引で何十億ドルもの金(かね)が動く金融市場の将来を予測することも考えられる。その際に量子コンピュータは、収益を最適化する計算能力を提供することによって役立ちうる。

3．シミュレーション

量子コンピュータでは、デジタルコンピュータで解けない複雑な方程式を解くこともできそうだ。たとえば、技術系企業が量子コンピュータを使って飛行機や車の空力特性を計算し、摩擦を減らしてコストをなるべく低く、効率をなるべく高くする理想の形状を見出すかもしれない。あるいは政府が量子コンピュータを使って天候の予測をおこない、たとえば大型ハリケーンの進路を決定したり、さらには地球温暖化が数十年後の経済やわれわれの暮らしに及ぼす影響を見積もったりする可能性もある。そのほか、科学者が水素の核融合のエネルギーを利用して「太陽をビンのなかに入れる」ために、量子コンピュータで巨大な核融合装置における磁石の最適な配置を見つけることもできるのではないか。

しかし、ひょっとしたら最大のメリットは、量子コンピュータを使えば重要な化学的プロセスを何百もシミュレートできることかもしれない。理想は、化学物質をいっさい使わずに、量子コンピュータだけでどんな化学反応の結果も原子レベルで予測することだ。この計算化学という新しい科学分野では、実験ではなく量子コンピュータ内のシミュレーションによって化学的特性を決定するので、いつの日か金も時間もかかるテストが要らなくなるのではないか。生物学や医学や化学の何もかもが、量子力学に落とし込まれる。すると、「バーチャル実験室」を作り、量子コンピュータのメモリのなかで新たな薬や治療法をすばやく試せることになって、何十年もの試行錯誤や長たらしい実験をしなくてすむのだ。複雑で金と時間のかかる化学実験を何千もおこなう代わりに、量子コンピュータのボタンを押すだけになるかもしれない。

4. AIと量子コンピュータの融合

人工知能（AI）は誤りから学習する能力に秀でているので、次第に難しい課題をこなせるようになる。すでにAIは、工業と医療で真価を発揮している。だが従来のデジタルコンピュータによるAIでは、処理すべき膨大な量のデータがすぐに扱いきれなくなるという制約がある。一方、大量のデータをふるいにかけられるというのは、量子コンピュータの強みのひとつだ。そのため、AIと量子コンピュータの融合は、さまざまな問題を解決する能力を大いに高められる。

量子コンピュータのさらなる用途

量子コンピュータには、産業界全体を変える力がある。たとえば、これはやがて、待望の「太陽の時代」へとわれわれを導くかもしれない。数十年前から、未来学者や先見性のある人は、再生可能エネルギーが化石燃料を次第に駆逐し、地球を温暖化している温室効果を解消するだろうと予言している。そうした大勢の思索家や夢想家は、再生可能エネルギーの長所を褒めそやしている。

ところが、太陽の時代にはすぐに至りそうにない。

風力タービンやソーラーパネルのコストは下がっているものの、風力発電や太陽光発電はまだ世界のエネルギー生産のほんの一部しか占めていない。そこで生じる疑問は、「どうなっているのか？」だ。

どんな新技術も、結局のところコストに直面する。太陽光と風力を数十年褒めそやしたあとで、これらの推進者は、いまだに化石燃料より平均的に見て多少高くつくという事実を突きつけられている。理由ははっきりしている。日が照らなかったり、風が吹かなかったりするときには、再生可能エネルギーのテクノロジーは使われず、ほこりをかぶって居座ることになるのだ。

太陽の時代にとっての大きな障害は、よく見過ごされている。電池（バッテリー）だ。われわれは、コンピュータの性能が指数関数的に向上するという事実に気を良くして、同じペースの進歩があらゆる電子テクノロジーに当てはまると無意識に考えている。

コンピュータの性能が急激に向上した一因は、より短い波長の紫外線を使ってシリコンチップに小さなトランジスタを刻める（エッチングできる）ようになったことにある。しかし電池は異なる。ややこしいことに、複雑な相互作用をする特殊な化学物質をいくつも使っているのだ。電池の性能は、より短い波長の紫外線での手際良いエッチングとは違い、試行錯誤によって、ゆっくりと回り道をしながら向上している。おまけに、電池に蓄えられるエネルギーは、同じ容積のガソリンに蓄えられるエネルギーに比べ、ほんのわずかでしかない。

量子コンピュータはこの状況を変えることができるだろう。スーパー電池のために最高に効率の良いプロセスを見つけるべく、候補となる化学反応を何千も実験室で起こさずとも、シミュレーションをおこなうことによって、太陽の時代へ導けるかもしれないのだ。

すでに公益企業や自動車メーカーは、ＩＢＭの第1世代の量子コンピュータを使って電池の問題に取り組んでいる。彼らは次世代のリチウム硫黄電池のために容量と充電速度を上げようとしている。だが、これは状況を変える一手にすぎない。さらにエクソンモービルは、ＩＢＭの量子コンピュータを使って、少ないエネルギーで加工処理と炭素回収を可能にする新たな化学物質を作り出そうとしている。とくに、量子コンピュータで素材のシミュレーションをおこない、熱容量などの性質を決定しようとしているのだ。

プサイクォンタムの創業者ジェレミー・オブライエンは、この革命は高速のコンピュータを作ることではないと強調している。[11] 複雑な化学反応や生体の反応のように、従来のコンピュータではどれだけ時間をかけても解けない問題に取り組むことなのだと。

彼はこう語る。「われわれは、より速く、あるいはよりうまく仕事をするという話をしているのではなく……そもそもそうした仕事ができるのだという話をしている。……そのような問題は、これまでに作られたどんな従来型のコンピュータの能力も超えている。……地球上のシリコン（ケイ素）原子をことごとく手に入れてスーパーコンピュータに仕立てても、こうした……難問は解けないだろう」

地球を養う

量子コンピュータの重要な用途としてはもうひとつ、増えつづける世界人口を養うということも考えられる。一部の細菌は、空気から窒素を難なく取り出してアンモニアに変え、さらに肥料になる化学物質にする。この窒素固定のプロセスのおかげで、人間や動物を養う青々とした植物が育ち、地球上に生命が栄えているのだ。「緑の革命」〔1960年代から農業生産向上のために進められた品種改良や技術革新〕は、この芸当を化学者がハーバー＝ボッシュ法〔アンモニアの人工合成を可能にした方法〕によって再現したことで始まった。しかし、その製法は大量のエネルギーを必要とする。実のところ、世界の全エネルギー生産のなんと2パーセントが、この製法に投入されている。

したがって、ここに皮肉な事実がある。細菌は、世界のエネルギーの相当な部分を消費していることを、タダでおこなえるのだ。

そこで、「量子コンピュータによってこの肥料生産の効率化という問題を解決し、第二の緑の革命を起こせるのか？」という疑問が持ち上がる。未来学者のなかには、食糧生産において新たな革命がなければ、増えつづける世界人口がどんどん養いづらくなって生態系に破局が訪れ、世界規模で食糧難が深刻化して暴動が起きると予測している人もいる。

すでに、マイクロソフトの科学者たちは、肥料による収量の増加や窒素固定の謎の解明に量子コンピュータを使う最初の挑戦をいくつかおこなっている。いずれは量子コンピュータが、人類文明をそれ自体の問題から救う手助けをすることになるのかもしれない。自然がやってのけるもうひとつの離れ業は、光合成だ。そのプロセスでは太陽光と二酸化炭素が酸素と糖に変わり、それらからはほぼすべての動物の基礎ができる。光合成がなければ、食物連鎖が破綻し、地球上の生命はたちまち消え失せてしまうだろう。

科学者は数十年前から、このプロセスを構成するすべての段階を、分子単位で解き明かそうとしてきた。しかし、光を糖に変換するというのは量子力学のプロセスだ。数十年の努力の末に、科学者は量子効果が反応を支配している場所を特定したが、どの仕組みもデジタルコンピュータでは解き明かすことができない。そのため、天然の光合成より効率が良くなる可能性がある人工光合成は、トップクラスの化学者にもまだ実現できていない。

量子コンピュータは、効率の良い人工光合成を実現し、もしかしたら太陽光のエネルギーをまったく新しいやり方でとらえるための手助けができるかもしれない。将来の人類の食糧供給は、これにかかっているとも考えられる。

量子医療の誕生

このように、量子コンピュータには、環境や植物に活気を与える力がある。一方で、病気で死にかけている人を治す力もある。従来のコンピュータより速く、無数にある薬の候補の効き目を一度に分析できるばかりか、病気の正体そのものを明らかにすることもできるのだ。

量子コンピュータは、こんな疑問にも答えられるかもしれない。何が原因で正常な細胞が突然がん化し、どうしたらそれを止められるのか？　何がアルツハイマー病を引き起こすのか？

なぜパーキンソン病や筋萎縮性側索硬化症（ＡＬＳ）は不治の病なのか？　もっと最近の話をすれば、コロナウイルスは変異することが知られているが、そうした変異ウイルスはそれぞれどれほど危険で、治療の効果はどれほどあるか？

あらゆる医療において最大級の発見をふたつ挙げるとすれば、抗生物質とワクチンだ。しかし、新しい抗生物質は、分子レベルでの働きを厳密に理解せずにほぼ試行錯誤で見つけられており、ワクチンは、侵入するウイルスを攻撃する化学物質を作り出すように人体を刺激するにすぎない。どちらの場合も、厳密な分子メカニズムは謎のままだが、量子コンピュータは優れたワクチンや抗生物質の開発のしかたを示唆してくれる可能性がある。

身体を理解するという点で、最初の大きな段階はヒトゲノム計画だった。これにより、人体の設計図を構成する30億の塩基対と2万の遺伝子のすべてがリストアップされた。だが、これは端緒にすぎない。デジタルコンピュータは主に既知の遺伝コードの莫大なデータベースを探るために使われている。しかし、ＤＮＡとタンパク質が体内でどのようにして奇跡をなし遂げているのかを説明するとなると、それは役に立たないという問題があるのだ。タンパク質は複雑な物質で、えてして何千、何万もの原子からなり、分子の手品を演じる際に特定の不可解な手順で折りたたまれて小さなかたまりになる。最も根本的なレベルで、あらゆる生命現象は量子力学的プロセスなので、デジタルコンピュータでは歯が立たない。

ところが量子コンピュータは、次の段階へ導く。分子レベルでメカニズムを解明し、そのメカニズムがどのように働くかを示して、科学者が新たな遺伝的経路や新たな治療法を見つけてこれまでは治せなかった病気を制圧できるようになる段階である。

じっさい、プロテインキュア、デジタルヘルス150〔調査会社CBインサイツが選出した、デジタル技術を保健医療に活用する新興企業150社〕、メルク、バイオジェンなどの製薬会社はすでに、量子コンピュータが薬剤分析に与える影響を解析する研究センターを立ち上げつつある。

科学者たちは、母なる自然が、生命の奇跡を起こす分子メカニズムを大量に作り出していることに目を見張っている。だがそうしたメカニズムは、偶然と、数十億年にわたり続いてきたランダムな自然選択との副産物だ。だからわれわれは、いまだにある種の不治の病や老化のプロセスに悩まされている。このような分子メカニズムの働きが明らかになれば、量子コンピュータを使ってそれを改良したり新たな形態を作り出したりすることもできるだろう。

たとえばDNAゲノミクス（ゲノム研究）で、コンピュータを使って、乳がんをもたらしうるBRCA1やBRCA2のような遺伝子を特定することはできる。だが、こうした欠陥遺伝子がどのようにがんを引き起こすのかを厳密に明らかにするには、デジタルコンピュータは役に立たない。そればかりか、体じゅうに広まったがんを抑え込むのにも無力だ。ところが量子コンピュータは、分子が複雑にからみ合うわれわれの免疫系を解き明かすことによって、そうした病気と闘う薬や治療法を新たに生み出せる可能性がある。

もうひとつの例はアルツハイマー病で、これは世界人口の高齢化にともない「今世紀の病気」になると考えている人もいる。デジタルコンピュータによって、ApoE4遺伝子のような特定の遺伝子の変異がアルツハイマー病にかかわっていると示すことはできる。しかし、なぜそうなのかを説明するのには、デジタルコンピュータは役に立たない。

ひとつの有力な説として、アルツハイマー病は、プリオンという脳内で誤った折りたたまれ方をしたタンパク質が凝集した、アミロイドによって引き起こされるというものがある。このへそ曲がりのプリオン分子が別のタンパク質分子にぶつかると、ぶつかった相手の分子の折りたたまれ方も誤った形に変える。したがって、この病気は細菌やウイルスが関与しなくても接触によって広がっていける。へそ曲がりのプリオンが、アルツハイマー病やパーキンソン病、ALSのほか、高齢者が標的となるたくさんの不治の病の元凶ではなかろうかと考えられているのだ。

このように、タンパク質の折りたたみの問題は、生物学における最大級の未踏の領域と言える。それどころか、これは生命そのものの秘密を握っているのかもしれない。だが、タンパク質が厳密にどのように折りたたまれているのかは、従来のどんなコンピュータにも明らかにしきれない。しかし量子コンピュータなら、へそ曲がりのタンパク質を無害化して新たな治療法を提供する道筋を示せるのではないか。

さらに、先に述べたAIと量子コンピュータの融合は、未来の医療の手段となるかもしれない。すでにアルファフォールドのようなAIプログラムで、人体を構成するタンパク質一式も含め、なんと35万種類のタンパク質について、原子単位の詳細な構造を描くことができている。次の段階では、量子コンピュータならではの方法によって、こうしたタンパク質がどのように手品を演じているのかを明らかにし、次世代の薬や治療法を生み出すことになろう。

量子コンピュータはいまやニューラル・ネットワーク（人間の脳神経系を模した情報処理システム）に接続され、まさにみずからを作りなおすことのできる次世代の学習マシンを生み出している。これに対し、あなたの机に鎮座するパソコンは学習しない。去年より今のほうが性能がアップするようなことはないのだ。ごく最近になって、ディープラーニング（深層学習）に新たな進歩が見られ、コンピュータは誤りを認識して学習する初期段階に入っている。量子コンピュータは、このプロセスを大幅に加速し、医療や生物学にとてつもない影響を与えるだろう。

グーグルのCEOスンダー・ピチャイは、量子コンピュータの登場をライト兄弟による1903年の歴史的な飛行になぞらえている。最初のテスト飛行自体は、さほど驚くようなものではなかった。飛行時間は12秒でしかなかったからだ。それでも、この短い飛行がきっかけとなって現代の航空技術が誕生し、それがまた人類文明の流れを変えた。

ほかならぬわれわれの未来がかかっている。量子コンピュータを作って使うことのできる者なら、だれにでもチャンスがある。だが、この革命がわれわれの日常生活に与えそうな影響を真に理解するには、かつてなされた果敢な挑戦をいくつか振り返ることが役に立つ。それは、コンピュータでわれわれを取り巻く世界をシミュレートして理解するという夢を実現するための挑戦だ。

すべての始まりは、地中海の底から見つかった、2000年前の謎めいた遺物だった。

第2章

コンピューティングの歴史

エーゲ海の底から、古代世界の最高に興味をそそられる魅力的な謎のひとつが姿を現した。1901年、ダイバーたちがアンティキテラ島の近くで珍奇なものを引き揚げた。難破船にあった陶器の破片、コイン、宝飾品、彫像のなかに、奇異なものを見つけたのだ。初め、それはサンゴに覆われたただの石のかけらに見えた。

ところが、何層も積もったゴミを取り除いた考古学者は、自分たちがきわめて珍しい唯一無二の宝物を目にしていることに気づきだした。それはいくつもの大小の歯車からなり、奇妙な刻字にあふれた、複雑で精巧なデザインの機械だった。

難破船のなかで見つけた人工物の年代から、その機械は紀元前150~100年ごろに作られたものと推定された。凱旋パレードをおこなうユリウス・カエサルへの贈り物として、ロードス島からローマへ運ばれる途中だったと考える歴史家もいる。

2008年、X線断層撮影と高分解能表面スキャンを用いた科学者たちは、この興味深い物

図1　**アンティキテラの機械**

2000年前、古代ギリシャ人はアンティキテラの機械を作った。それはコンピュータの長い進化の道筋でまさしく最初のもので、ここに示したのは元の機械にもとづくモデルだ。アンティキテラの機械がコンピュータ・テクノロジーの始まりだとしたら、量子コンピュータはその進化をきわめた段階と言えるかもしれない。

体の内部を見通すことができた。そして、自分たちが信じられないほど高度な機能をもつ古代の機械を目の当たりにしていることに気づくとぎょっとした。

これほど高度な機械について触れている記述は、古代の記録のどこにもなかった。科学者たちは、この見事な機械が古代世界の科学知識の粋を集めたものだったにちがいないと思いはじめた。それは、2000年前の過去から彼らを見つめる輝かしい超新星だったのである。まさに世界最古のコンピュータで、以後2000年のあいだそのようなものが作られることはなかった。

科学者は、この驚くべき機械の機構を再現したものを作ることにした。

そしてクランクを回すと、複雑に組み合わさった歯車が2000年ぶりに動きだしたのだ。それには少なくとも37個の青銅の歯車が付いていた。ある歯車のセットでは、月と太陽の動きが計算できた。別の歯車のセットでは、次の日食の到来を予測できた。また非常に精度が高いので、月の軌道のわずかな変則性まで計算することができた。機械に刻まれた文字を訳すと、そこには水星、金星、火星、木星、土星という古代人に知られていた惑星の動きのことが記されているが、機械の欠けている別の部分では、天空での惑星の動きが実際に描き出せたのではないかと考えられている。

その後も科学者は、機械の内部について手の込んだモデルを作り出し、そうしたモデルは古代人の知識と知力について、これまでにない知見を歴史家に与えている。この機械は、科学のまったく新しい分野の誕生を告げていた。機械の道具で宇宙をシミュレートする分野である。これは世界最古のアナログコンピュータ――連続的に変化する機械的運動を用いて計算ができる装置――なのだった。

このように、世界最初のコンピュータの目的は、天体の動きをシミュレートし、両手に収まるような機械で宇宙の神秘を再現することだった。古代の科学者は、夜空をただ見て畏怖(いふ)するのでなく、詳細な仕組みを理解し、天体の動きについてそれまでにない知見を得ようとしていたのである。

量子コンピュータ——究極のシミュレーション

考古学者は、アンティキテラの機械が、宇宙をシミュレートするという古代人の挑戦の頂に位置するものだと気づいた。実のところ、これと同じように、われわれを取り囲む世界をシミュレートするという古くからの欲求は、量子コンピュータを後押しする要因のひとつであり、量子コンピューティングは、宇宙から原子にまで至るすべてをシミュレートする、２０００年に及ぶ旅の究極の試みなのだ。

シミュレーションは、人間の根本的な欲求のひとつと言える。子どもは人形によるシミュレーションで、人間のふるまいを理解する。警官と泥棒、先生と生徒、医師と患者のごっこ遊びをする際に、大人の社会の一部をシミュレートすることで、複雑な人間関係を理解するのである。

残念ながら、科学者が、アンティキテラの機械並みにうまく世界をシミュレートできる複雑な機械を作れるようになるまでに、多くの世紀を要した。

バベッジと階差機関

ローマ帝国の凋落とともに、宇宙のシミュレーションを含む多くの分野で、科学の進歩が止まった。

19世紀になってようやく、徐々に関心がよみがえっていった。そのころには、アナログの機械式コンピュータでしか答えられない、実用上の差し迫った問題がいくつも持ち上がっていた。たとえば、航海士は詳細な地図と海図を頼りに船の針路を描いていた。だから彼らには、そうした地図をできるだけ正確に作れるようにする装置が必要だった。

人々が次第に多くの富をたくわえるようになると、交易による金品の動きを追うのにもますます複雑な機械が要るようになった。会計士は、預金の利率や抵当貸しの利息を記した大きな数表を手作業で作成するはめになっていたのだ。

しかし人間は、往々にして手痛い重大なミスを犯す。そのため、そんなミスをしない機械式の加算機への関心は高かった。加算機が複雑になっていくと、だれが一番高度なものを作れるかをめぐり、野心的な発明家のあいだで自然に競争が起きた。

そうした企てのなかで最も野心的なものを率いていたのは、英国の風変わりな発明家で夢想家のチャールズ・バベッジで、彼はコンピュータの父ともよく呼ばれる。バベッジはいろいろな分野、たとえば芸術や政治にまで首を突っ込んだが、いつでも彼の心をとらえていたのは数だった。幸運にも彼は裕福な家庭に生まれていたため、銀行家だった父親に助けられ、ばらばらに抱いた興味の多くを追いかけることができた。

バベッジの夢は、その時代で最も高度な計算機を作ることだった。銀行家や技術者、船乗り、軍人にも使われ、退屈だが必要な計算を誤りなくおこなえる計算機である。彼にはふたつの目標があった。王立天文学会の創設会員として、バベッジは惑星などの天体の動きをたどれる機械を作ることに興味をもっていた（アンティキテラの機械を作った人々と事実上同じ先駆的な道を歩んでいた）。そしてまた、海運業のために正確な航海用海図を作ることにも関心を寄せていた。英国は航海大国で、海図に誤りがあると大変な惨事をもたらすおそれがあったのだ。そこでバベッジは、惑星から海上の船、さらには利率にまで至る、あらゆるものの動きをたどれる最高性能の機械式コンピュータ（計算機）を作ろうと考えた。

バベッジは、自分の野心的な計画の推進を助ける熱心な弟子を弁舌巧みに引き入れていた。そのひとりがエイダ・ラヴレースであり、彼女は貴族の一員で、バイロン卿の娘だった。ラヴレースは、当時の女性としては珍しく、数学を本格的に学ぶ学生でもあった。バベッジの計画の小さな実用モデルを目にした彼女は、そのわくわくするような計画のとりこになった。

ラヴレースは、計算にいくつか新しい考えを取り入れてバベッジを手助けしたことで知られている。通常、機械式コンピュータでは、一群の歯車が、数の計算をひとつずつゆっくり手間をかけておこなう必要があった。しかし、（対数や利率、航海用海図のように）何千もの数で満たされた表を一度に作成するには、機械に何度も同じ作業を繰り返させるひとまとまりの指示が必要だった。つまり、ハードウェアで順番におこなう計算へ導くソフトウェアが必要だったのである。そこで彼女は、一連の具体的な指示を書いて、計算に必要なベルヌーイ数というものを機械が体系的に生成できるようにした。

ラヴレースは世界で最初のプログラマーと言ってもよかった。歴史家は、バベッジがソフトウェアとプログラミングの重要性に気づいていたのだろうと認めているが、ラヴレースが18

４３年に詳しく書いたノートは、コンピュータ・プログラムについて初めて公表された説明だった。

彼女は、コンピュータがバベッジの考えのように数を操作できるだけではなく、さまざまな領域で記号的な概念も表すように一般化できることにも気づいた。著作家のドロン・スウェイドはこう書いている。「エイダは、バベッジがある意味で見逃していたものを見ていた。バベッジの世界では、彼の考えた機関が扱うのは数だけだった。ラヴレースが気づいたのは……数が量以外の要素を表せるということだ。したがって、数を操作する機械ができて、そうした数がほかの物や文字、音符を表すとすれば、その機械は規則に従って記号を数の形で操作できるはずだった」[1]

一例としてラヴレースは、コンピュータにプログラムを組み込んで楽曲が作れると書いている。「この機関で、巧みで科学的な楽曲を、どんなに複雑で長くても作れるだろう」[2]。だからコンピュータは、ただ数を呑み込むだけのよくできた加算機ではなかった。科学や美術、音楽、文化の探究にも使えたのだ。しかし残念なことに、そんな世界を変える考えを練り上げる前に、彼女は36歳でがんのために世を去った。

一方で、バベッジはずっと資金不足で他人と論争も続けていたため、その時代で最も高度な機械式コンピュータを作るという夢を実現できなかった。彼が亡くなると、彼の設計図やアイデアの多くも一緒に失われた。

だがそれ以後、科学者はバベッジの機械がどれほど高度なものなのかをきちんと明らかにしようとしてきた。彼が完成させられなかったモデルのひとつの設計図には、2万5000個もの部品が存在した。実際に作れば、重さは4トンになり、高さは2・4メートルを超えていただろう。バベッジは時代を先取りしすぎていたので、彼の機械は50桁の数を1000個操作できるはずだった。それほど大きな記憶容量は、1960年までほかの機械で実現されることはなかった。

ところがバベッジの死からおよそ1世紀経って、ロンドン科学博物館の技術者たちが、バベッジが紙に描いた設計図に従ってモデルを完成させ、展示した。それは、前の世紀にバベッジが予測したとおりに機能したのである。

数学は完全なのか?

技術者は工業化の進む世界の需要を満たすべく、いっそう複雑な機械式コンピュータを作っていったが、純粋数学者はまた別の問いかけをしていた。数学においてあらゆる真の命題（真である命題）を厳密に証明できることを示すのは、古代ギリシャの幾何学者がずっと抱いていた夢のひとつだったのだ。

ところがなんと、この単純な考えが2000年にわたり数学者を悩ませた。何世紀も、ユークリッドの『原論』〔斎藤憲・三浦伸夫訳、東京大学出版会など〕を学んだ人々は、幾何学的対象についての定理を苦労して次々に証明していった。やがて、優れた頭脳の持ち主によって、ますますややこしい真の命題が証明できるようになった。今でも、数学者は生涯かけて、数学によって証明できる真の命題を多数積み上げている。だがバベッジのころ、数学者はさらに根本的な問いかけをしだした。数学は完全なのか？　数学の規則は、どの真の命題も証明できることを保証しているのか、それとも、実は証明できないから人類の最高に並外れた知性でもとらえられないような、真の命題が存在するのだろうか？

１９００年、ドイツの偉大な数学者ダーフィト・ヒルベルトが、当時証明されていなかった数学の問題でとりわけ重要なものをリストアップし、世界の超一流の数学者たちを挑発した。この注目すべき未解決問題の一群は、それから1世紀にわたり数学の議論をリードし、証明されていない定理がひとつずつ証明されていく。数十年のうちに、若き数学者たちがヒルベルトの未完成の定理のどれかを攻略するたびに、名声と栄誉を得ることになった。

しかし、そこにはかなり皮肉ななりゆきもあった。ヒルベルトが挙げた未解決問題のひとつに、ひと組の公理が与えられれば数学のいかなる真の命題も証明できるのかという古くからの問題があった。１９３１年、ヒルベルトがそんな問題を解決するみずからの計画について議論していた会議で、オーストリアの若き数学者クルト・ゲーデルが、それは不可能であることを明らかにしたのだ。

数学界全体に衝撃が広がった。２０００年に及ぶギリシャの考えが、完膚なきまでに打ち砕かれた。世界じゅうの数学者が、まったく信じられずに首を振るばかりだった。彼らは、数学がかつてギリシャ人が仮定したような、単純明快で完全で証明可能な定理の集成ではないという事実に突き当たるはめになったのである。われわれを取り囲む物理的世界を理解するうえで土台となる数学さえもが、混沌として不完全なのだった。

アラン・チューリング――コンピュータ・サイエンスの先駆者

数年後、ゲーデルの有名な不完全性定理に引きつけられた英国の若き数学者が、問題そのものを組み立てなおす巧みな手だてを見出した。これが、コンピュータ・サイエンスの方向性を決定的に変えた。

アラン・チューリングの並外れた才能は、幼いころから周囲に気づかれていた。小学校の女性の校長は、自分の生徒のなかには「賢い子や勤勉な子がいるが、アランは天才だ」と書いていた[3]。のちに彼は、コンピュータ・サイエンスと人工知能の父として知られることになる。

チューリングは、激しい反対や大きな困難に遭いながらも、数学をなんとしても修得するという強い決意をもっていた。事実、中学の男性の校長は「彼はパブリック・スクールで時間を無駄にしている」と述べ、数字や科学に対するチューリングの関心をあえて奪おうとした。だが、そんな反対は彼の決意をいっそう燃え立たせるばかりだった。14歳のときには全国的なストライキで多くの生産やサービスが停止したが、彼は学校で学びたくてしかたなかったので、授業が再開すると自転車を100キロメートル漕いで教室へ向かった。

バベッジの階差機関のように複雑さを増す加算機を作るのでなく、アラン・チューリングは究極的に別のことを自問した。機械式コンピュータにできることには、数学的な限界があるのか？

つまり、「コンピュータはなんでも証明できるのか？」ということだ。

これに答えるために、チューリングはコンピュータ・サイエンスという分野を厳密に定める必要があった。それまでは、異端の技術者による、とりとめのないアイデアや発明が適当に集まったものだったからだ。計算可能なことの限界といった問題を、体系的に議論することができなかった。そこで1936年に彼は、今では万能チューリングマシンと呼ばれている概念を導入した。これは一見したところ単純に思える装置だが、計算の本質をとらえ、この分野全体に確固たる数学的土台を与えることができた。チューリングマシンは、いまや現代のあらゆるコンピュータの基礎となっている。ペンタゴンの巨大なスーパーコンピュータからあなたのポケットに入った携帯電話まで、何もかもがチューリングマシンの実例だ。現代社会のほぼすべてがチューリングマシンによって作り上げられていると言っても過言ではない。

チューリングは、マス目の列からなる無限に長いテープを想定した。それぞれのマスのなかには、0か1を入れることもできるし、空白のままにすることもできる。

それからプロセッサ（処理装置）がテープを読み取ると、これに対してできる単純な操作は6つに限られる。基本的なものに絞れば、0を1に置き換えるかその逆をするか、プロセッサをひとマス右か左に動かすかである。

1. マスに入っている数を読む。
2. マスに数を書く。
3. ひとマス左に動く。
4. ひとマス右に動く。
5. マスに入っている数を変える。
6. 停止する。

（チューリングマシンは、10進法ではなく2進法の言語で書かれている。2進法の言語では、10進法の1は1で表し、同じく2は10、3は11、4は100といった具合になる。また、そうした数を保管できるメモリもある）。

そして最終的な結果の数が、プロセッサからアウトプットとして出てくる。

つまりチューリングマシンは、ソフトウェアの明確なコマンド（指令）に従って、なんらかの数を別の数に変えることができるのだ。したがって、チューリングは数学をゲームにしたわけで、決まった手順で0と1を入れ替えることで、数学のすべてを符号化することができた。

このようなアイデアを提示した論文で、チューリングは簡潔な命令のセットで、自分の考えたマシンを使えばあらゆる算術的操作ができる——つまり、加減乗除の計算ができる——ことを示してみせた。さらに、この結果を用いて、数学においてとりわけ難しい問題をいくつか証明し、すべてを計算可能性の観点に立って言い換えたのである。

たとえば、2＋2＝4をチューリングマシンでどのように実行するかを示そう。これで、四

図2　**チューリングマシン**

チューリングマシンは、(a)無限に長いインプットのデジタルテープ、(b)アウトプットのデジタルテープ、(c)決まったルールのセットに従ってインプットの情報をアウトプットに変換するプロセッサからなる。これは現代のあらゆるデジタルコンピュータの礎となっている。

則演算のすべてを符号化できることが実証できる。まず、数2、つまり2進数で010をインプットとして与えるテープを用意する。次に、その中央のマスに移動し、そこに入っている1を0に置き換える。それからひとマス左に動き、そこにある0を1に置き換える〔以上の操作が、010と010を足したことに相当する〕。するとテープは100になり、これは数4に等しい。こうしたコマンドを一般化すれば、足し算や引き算や掛け算にかかわるどんな操作も実行することができる。もう少しがんばれば、割り算もできる。

そのうえでチューリングは、単純だが重要な疑問を提起した――ゲーデルの忌まわしき不完全性定理は、高等数学にかかわるものだが、はるかに単純でありながら数学の本質をとらえるチューリングマシンによって証明できるのだろうか？

チューリングはまず、計算可能なものを定義した。要するに、チューリングマシンによって有限の時間で証明できる定理は計算可能だと言ったのである。チューリングマシンで証明に無限の時間を要する定理は、事実上計算不可能で、その定理が正しいかどうかはわからない。そのため、証明できないことになる。

端的に言って、チューリングはゲーデルが提示した問題をこんな簡潔な形で表現したのだ。ひと組の公理が与えられるとして、チューリングマシンによって有限の時間で計算できないような真の命題はあるのか?

ゲーデルの導き出した結果と同じく、チューリングもその答えがイエスであることを明らかにした。

またもや、数学の完全性を証明するという古くからの夢が打ち砕かれたが、今度は直感的にわかりやすかった。つまるところ、世界最高性能のコンピュータでも、ひと組の公理が与えられる条件のもとで、数学における真の命題のすべてを有限の時間で証明することはできないのである。

戦争におけるコンピュータ

明らかにチューリングは、最高に優れた数学の天才であることをみずから証明していた。ところが、彼の研究は第二次世界大戦によって中断する。戦争のための活動を支えるべく、チューリングはロンドン郊外のブレッチリー・パークにあった軍事施設で最高機密の仕事に従事させられた。そこで働く人間には、ナチスの暗号を解読する任務が課せられていた。ナチスの科学者は、すでにエニグマという機械を作っていた。この機械でメッセージを解読不能の暗号に書き換え、攪乱されたメッセージを世界各地のナチスの軍隊へ送ることができたのだ。その暗号には、世界でもとくに秘匿(ひとく)された指令が含まれていた。ナチスの軍、とくに海軍の戦術プランである。人類文明の究極的な運命は、エニグマ暗号の解読にかかっていたとも言える。

チューリングは同僚とともに、この難解な暗号をシステマチックに解読できる計算機を設計することで、この問題に取り組んだ。最初に開発したボンブというものは、どこかバベッジの階差機関に似ていた。それまでの機械のような、歯車がゆっくり動き、作るのが大変で、よく動かなくなる蒸気駆動の機構と違い、ボンブはローターとドラムとリレーを用い、すべて電気で動いていた。

だがチューリングは、さらに設計が巧みなコロッサスという別のプロジェクトにもかかわっていた。歴史家は、これが世界で最初の「プログラム可能なデジタル電子計算機」だったと考えている。階差機関やボンブのような機械部品ではなく、それはほぼ光速で電気信号を送れる真空管を使っていた。真空管は、水の流れを制御するバルブ（弁）になぞらえることができる。小さなバルブを回すことで、はるかに大きなパイプに水が流れるのを止めたり、自由に水を流したりすることができるのだ。するとこれで、数の0か1を表せる。そのため、水道のパイプとバルブのシステムでデジタルコンピュータを表現でき、水は電流のたとえとなる。ブレッチリー・パークの機械では、ずらりと並ぶ真空管を流れる電流のオン・オフによって、途方もない速さでデジタル計算をおこなうことができた。こうして、チューリングらの仕事によって、アナログコンピュータがデジタルコンピュータに置き換えられたのである。あるタイプのコロッサスは、2400個の真空管からなり、ひと部屋全部を占めていた。

処理が速くなるだけでなく、デジタルコンピュータには、アナログ方式に比べて大きな利点がもうひとつあった。オフィスのコピー機で画像の複写を繰り返すとしよう。コピーした画像をまたコピーするたびに、情報が一部失われる。そうして同じ画像を何度も使いまわすと、やがてぼんやりしたものになって、ついにはすっかり消えてしまう。このように、アナログ信号は画像をコピーするたびにエラーをもたらしやすいのだ。

今度は、画像を0と1の連なりになるようにデジタル化することにしよう。最初に画像をデジタル化した時点で、いくらか情報が失われる。だが、デジタルのメッセージは何度でもコピーでき、そのたびにほとんど情報が失われない。だから、デジタルコンピュータはアナログコンピュータよりも正確さがはるかに上回る。

さらに、デジタル信号は編集しやすい。画像のようなアナログ信号は、改変するのが非常に難しい。しかしデジタル信号なら、簡単な数学アルゴリズムを使ってボタンひとつで改変できる。

戦時中の大変なプレッシャーのもとで、チューリングのチームはついに1942年ごろナチスの暗号の解読に成功し、それが大西洋でナチス艦隊を打ち負かすのに役立った。ほどなく、連合国にドイツ軍の極秘計画が筒抜けになる。連合国は、ナチスが自軍に出す指令を傍受し、彼らの戦術プランを予想することができた。コロッサスの完成は1944年で、ノルマンディー上陸作戦に間に合った。ナチスはその上陸に十分備えておらず、これがナチスの命運を決めた。

これらの成果はとてつもない大発明で、その一部は２０１４年の映画『イミテーション・ゲーム』で人々の記憶に刻み込まれている。チューリングらの大きな手柄がなければ、戦争はまだ何年も長引き、大変な不幸と苦しみをもたらしていたかもしれない。ハリー・ヒンズリーなどの歴史家は、ブレッチリー・パークでのチューリングらの仕事が戦争の期間をおよそ２年縮め、１４００万以上の人命を救ったと見積もっている。世界の地図と、莫大な数にのぼる無辜の人の運命が、彼の先駆的な仕事によって決定的に変わったのである。

米国では、原子爆弾を作った人々が戦争の英雄として、また奇跡をなし遂げた人々として喧伝されたが、英国のチューリングには違う運命が待ち構えていた。国の機密保持の法律により、彼の成果は数十年極秘にされ、戦争努力に対する途方もない貢献については一般に知られなかった。

チューリングとＡＩ創造

戦後、チューリングは若いころに引きつけられていた長年の課題に立ち戻った。人工知能である。１９５０年に、彼はこのテーマの画期的な論文をこう書きはじめている。「私は次の問題について考えることを提案する。機械は考えることができるのか？」

あるいは、別の言い方をすればこうなる。脳はある種のチューリングマシンなのか？

チューリングは、意識の意味、魂、そして何がわれわれを人間たらしめているのかについて、何世紀も前から続いている哲学的議論に飽き飽きしていた。結局、こうした議論はすべて無駄なのだと彼は考えた。意識の決定的なテストや基準が存在しなかったからだ。

そこでチューリングは、有名なチューリングテストを考えついた。人間を密室に入れ、ロボットを別の部屋に入れる。あなたは両者になんでも書面で質問し、両者の答えを読むことができる。問題は、「あなたはどちらの部屋に人間がいるかを判定できるか？」だ。チューリングはこのテストをイミテーション・ゲーム（模倣ゲーム）と呼んだ。

論文に彼はこう書いている。「およそ50年以内に、ほぼ10^9の記憶容量をもつコンピュータにプログラムを組み込めるようになり、それがイミテーション・ゲームを実にうまくこなして、並みの尋問者には、5分間の質問によって70パーセント以上の確率で正しく判別することはできなくなるだろう」[4]

チューリングテストは、はてしない哲学的論争を、イエスかノーかの答えしかない単純で再現可能なテストに置き換えた。えてして答えのない哲学的疑問と違って、このテストはきちんと決定できるものなのだ。

さらに、これにより「思考」というあいまいな問題を、なんであれ人間ができることと比べるだけで、かわすことができる。「意識」や「思考」や「知能」の意味を定義する必要はない。つまり、アヒルのような見かけとふるまいをしていたら、アヒルをどう定義するかはともかく、おそらくそれはアヒルと言えるのだ。チューリングは、知能に実用上の定義を与えたのである。

これまでのところ、チューリングテストに必ず合格する機械はない。数年ごとに、チューリングテストがおこなわれるときには世間の注目を浴びるが、人間らしくふるまわせようと機械に嘘をつかせて話をでっち上げさせても、いつも審判は人間と機械の違いを見分けている。

ところが、不幸な事件によってチューリングの先駆的な仕事のすべてがいきなり打ち切られた。

1952年、何者かがチューリングの家へ盗みに入った。そして捜査にやって来た警察が、チューリングが同性愛者である証拠を見つけてしまった。このため、彼は逮捕され、1885年の刑法修正法によって判決が下された。処罰は非常に厳しいものだった。刑務所に入るか、ホルモン療法を受けるかの選択を彼に迫ったのだ。後者を選んだチューリングは、女性ホルモンのエストロゲンの合成タイプであるスチルベストロールを投与され、それによって乳房がふくらみ、性的不能になった。この物議をかもす治療は1年続いた。やがてある日、彼が自宅で死んでいるのが見つかった。死因は致死量のシアン化物（青酸化合物）の服用だった。チューリングのかたわらには食べかけの毒リンゴがあったといい、彼がそれで自殺したと考える人もいた（母親は事故と信じていた）。

コンピュータ革命の担い手のひとりで、1000万以上の人命を救い、ファシズムを打ち負かした人物が、ある意味で自分の国に殺されたというのは、悲惨なことである。

しかし、彼の遺産はこの惑星のあらゆるデジタルコンピュータに受け継がれている。今日、地球上のどのコンピュータも、基本設計はチューリングマシンにもとづいている。世界経済を動かしているのは、この男の先駆的な成果なのだ。

だが、これは私がする話の始まりにすぎない。チューリングの成果の礎には、決定論というものがある。すなわち、未来があらかじめ決まっているとする考えだ。すると、チューリングマシンに問題を与えると、毎回同じ答えが得られることになる。この意味では、何もかもが予測可能となる。

したがって、宇宙がチューリングマシンだったなら、未来のあらゆる出来事は宇宙が生まれた瞬間に決まっていたはずなのだ。

ところが、世界についてのわれわれの理解において、もうひとつの革命がこの考えをひっくり返した。決定論が覆されたのだ。ゲーデルとチューリングの手助けによって数学の不完全性が明らかになったように、未来のコンピュータは、物理学がもたらす根本的な不確定性に対処せざるをえないのかもしれない。

そこで数学者は、別の疑問に目を向けることになる。量子のチューリングマシンを作ることはできるのだろうか？

第3章

量子論

量子論を生み出したマックス・プランクは、多くの矛盾を抱えた男だった。一方では、このうえなく保守的だった。それは、父親がキール大学の法学教授で、公職を代々務める立派な伝統のある気高い家系だったためかもしれない。祖父も曽祖父も神学の教授で、おじのひとりは裁判官だった。

彼は慎重に仕事をし、いつでも几帳面で、体制側の中心人物だった。見たところ、この温厚な男が、史上最大級の革命を起こし、量子の水門を開けて、それまで何世紀も慈しまれてきた考えを完全に打ち砕くようになるとは考えられそうになかった。だが、まさにそれを彼はやってのけたのである。

1900年、主流の物理学者は、われわれを囲む世界が、みずからの法則で宇宙のあらゆる運動を説明したアイザック・ニュートンと、光と電磁気の法則を発見したジェームズ・クラーク・マクスウェルの成果により、すべて説明できると固く信じていた。巨大な惑星の運動から、砲弾の軌道や稲妻まで、何もかもがニュートンとマクスウェルによって説明できたのだ。米国の特許局は、発明できるものはもうすべて発明されてしまったから閉鎖を考えているとまで言われていた。

ニュートンによれば、宇宙は時計なのだった。その時計は、彼の運動の三法則に従って、あらかじめ決まっていたとおりに正確に時を刻んでいた。これはニュートンの決定論と呼ばれ、数世紀にわたり世界を支配していた（古典物理学と呼んで量子物理学と区別されることもある）。

しかし、ひとつ厄介な問題があった。いくつかゆるんだひもがあり、それを引っぱると、この精巧に構築されたニュートンのシステムがほぐれてしまうのだった。

古代の職人は、かまどで粘土を高温に熱すると、やがてまぶしく光ることを知っていた。初めは赤く、次は黄色で、最後は青白くなる。われわれも、マッチを擦(す)るたびにこれを目にする。炎のてっぺんは一番温度が低く、赤い。中央の炎は黄色い。そして条件が良ければ、炎の一番下は青白くなる。

物理学者たちは、高温の物体についてよく知られていたこの性質を明らかにしようとしたが、まるっきりだめだった。熱が原子の運動にほかならないことは、彼らにもわかっていた。物体の温度が上がるほど、物体の原子の運動は速くなる。原子が電荷をもつことも、彼らにはわかっていた。電荷を帯びた原子が速く動くと、ジェームズ・クラーク・マクスウェルの法則に従って、（電波や光のような）電磁放射を発する。高温の物体の色は、その放射の振動数を示している。

すると、ニュートンの理論を原子に当てはめ、マクスウェルの光の理論も用いると、高温の物体が発する光について計算することができる。ここまではいい。

ところが、実際に計算をおこなうと、ひどいことになる。計算では高い振動数で放射されるエネルギーが無限大になるはずだが、それは実際にはありえないのだ。これをレイリー＝ジーンズの破綻という〔レイリー卿とジェームズ・ジーンズは、古典物理学にもとづき、放射のエネルギー密度を与える計算式を導き、低振動数域では実験結果とよく一致していた〕。ニュートン力学に大きな穴があることが明らかになったのである。

ある日、プランクは物理学の講義のためにレイリー＝ジーンズの破綻を導き出そうとしたが、奇妙な新しい方法でやってみた。従来の方法でやるのに飽きていたので、あくまで学生に教えるためという理由で、突飛な仮定をしたのだ。彼は、原子の発するエネルギーが、量子というとびとびの小さなかたまりでしか存在しないと想定した。ニュートンの方程式によれば、エネルギーはかたまりごとではなく連続的なはずなので、これは非常識な考えだった。しかし、エネルギーがあるサイズのかたまりで生じるとプランクが仮定したところ、温度と光のエネルギーとをまさに正しく結びつける曲線が得られた。世紀の大発見だった。

量子論の誕生

それは、いずれ量子コンピュータを生み出すに至る長いプロセスの第一歩だった。

プランクの革命的な考察は、ニュートン力学が不完全で、新たな物理学が登場しなければならないことを示していた。宇宙についてわかっていると思っていたことのすべてを、すっかり書き換えないといけなくなったのだ。

だが、いかにも保守的だった彼は、自分の考えを用心深く提示し、試しにエネルギーのかたまりというトリックを持ち込めば、自然界で見られる実際のエネルギー曲線が正確に再現できる、とそつのない言い方をした。

計算のために、プランクはエネルギーの量子のサイズを表す数を導入する必要があった。それを彼はh（プランク定数ともいい、6.62……× 10^{-34}ジュール秒）と呼んだが、これはおそろしく小さな数だ。われわれの世界では、hが非常に小さいので量子効果は見えない。しかし、どうにかしてhの値を変えられたら、量子の世界から日常の世界へ途切れなく移行できる。ほとんどラジオのダイヤルを回すように、ずっと回してh＝0にすると、常識的なニュートンの世界になり、量子効果はなくなる。一方、逆に回すと原子未満の奇妙な量子の世界になる。この世界は、物理学者がまもなく明らかにしたように、『トワイライト・ゾーン』〔超常現象を扱ったSFテレビドラマシリーズ〕のようなものだった。

これをコンピュータにも応用できる。hをゼロに持っていけば、古典的なチューリングマシンに到達する。だがhを大きくすると、量子効果が現れだし、古典的なチューリングマシンが次第に量子コンピュータに変わる。

プランクの理論は実験データとまぎれもなく一致し、物理学のまったく新しい分野を切り開いたが、彼は何年も、古典的なニュートンの考えをかたくなに信じる人々に攻め立てられた。この反対の嵐について、プランクはこう書いている。「科学の新しい真理は、反対者を説き伏せ受け入れさせることによって勝利を収めるのではない。むしろ、反対者がやがて死に絶え、その真理になじんだ新たな世代が育つことによって勝利を収めるのだ」[1]

しかし、どれほど反対が激しくても、量子論を支持する証拠はどんどん増えていった。それはまぎれもなく正しかったのである。

たとえば光は、金属に当たると電子をたたき出し、その電子がわずかな電流を生み出す。これを光電効果という。こうしてソーラーパネルは、光を吸収して電気に変換することができる（多くの電化製品にもよく利用され、太陽電池式の電卓は乾電池の代わりに太陽電池を用い、現代のデジタルカメラは被写体からの光を電気信号に変換している）。

ついにこの効果の説明をなし遂げた男は、スイスのベルンにある地味な特許局でこつこつ働いていた、貧乏で無名の物理学者だった。学生時代、彼は多くの授業をサボっていたので、教授たちは推薦状に辛辣な内容を書き、その結果、彼は卒業後に応募したどの教職にも就けなかった。何度も失業しては家庭教師やセールスマンなどのアルバイトを転々とした。両親への手紙に、自分は生まれてこなかったほうがよかったのかもしれないと書きさえしていた。そしてようやく、特許局の下級職員になれた。たいていの人は、彼を落伍者と呼ぶだろう。

光電効果を説明したこの男の名はアルベルト・アインシュタインで、彼はそれをプランクの理論を用いてなし遂げた。プランクに倣い、アインシュタインは、光のエネルギーはとびとびのかたまり、つまりエネルギーの量子（のちに光子と呼ばれる）として生じ、それが金属から電子をたたき出すのだと主張した。

こうして、新しい物理学的原理が現れてきた。アインシュタインは、「二重性」つまり光エネルギーがふたつの性質をもつという概念を持ち込んだ。光は光子という粒子のようにふるまえ、光学では波のようにもふるまえるのだ。なぜか光はふたつの形態をとりうるのだった。

1924年、若き大学院生ルイ・ド・ブロイが、プランクとアインシュタインのアイデアをもとに、次の大きな飛躍をなし遂げた。光が粒子にも波にもなりうるのなら、物質がそうなってもいいのではないか？ 電子も二重性をもつのかもしれなかった。

これは常識はずれの考えだった。物質は原子という粒子でできていると考えられていたからだ。原子は、2000年前にデモクリトスが導入した概念である。しかし、ついに巧みな実験でこの考えが覆された。

池にいくつか石を投げ込むと、さざ波ができて広がり、互いにぶつかって、水面にクモの巣状の干渉縞（じま）が生じる。これは波の性質の説明になるが、物質のおおもとは点状の粒子なので、波のように干渉縞は作らないと考えられていた。

だが、今度はまず2枚の紙を用意して平行に立てて設置しよう。1枚目の紙に2本の小さなスリットを開け、光線を放射する。光は波の性質をもつので、明暗の明瞭な縞模様が2枚目の紙に現れる。両方のスリットを通り抜けた波は、互いに増幅したり打ち消し合ったりして、2枚目の紙に干渉縞と呼ばれる帯ができるのだ。これはよく知られている。

図3　**二重スリット実験**

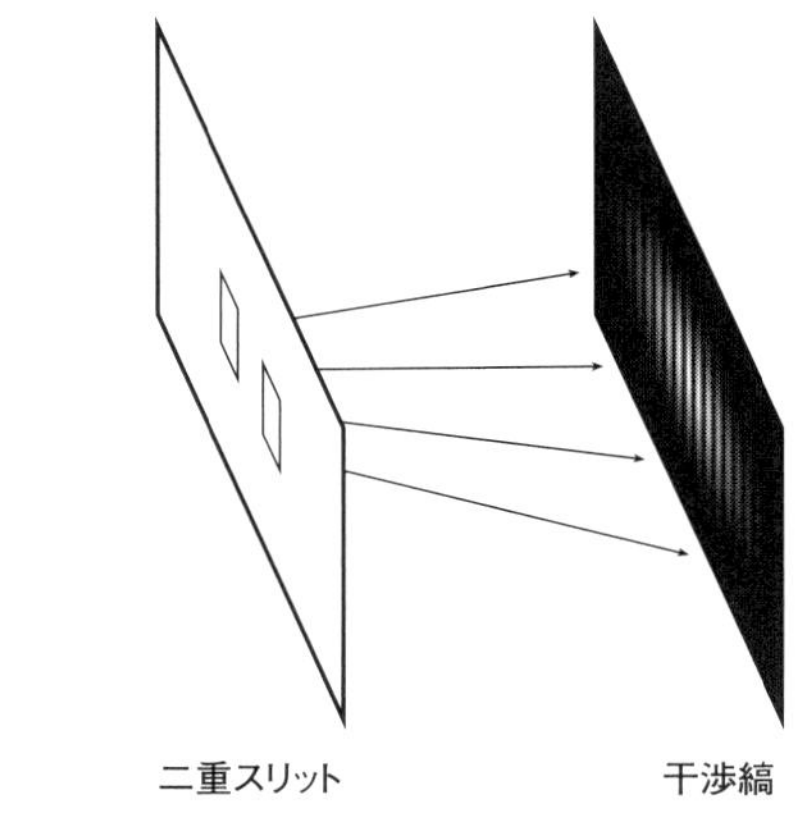

2本のスリットを開けた障壁に電子線を当てると、2本の明瞭なスリットの像ができるのではなく、複雑な波状の干渉縞ができる。電子を1個ずつ当ててもそうなる。1個の電子が両方の穴を通り抜けているとも言えるのだ。今日でも物理学者は、1個の電子がどうしたら同時にふたつの場所に存在しうるのかを議論している。

しかし次に、光線を電子線（電子のビーム）に替えてこの実験をやってみよう。電子線を1枚目の紙に開けた2本のスリットに放射すると、2枚目の紙に2本の明瞭なスリットができると予想できた。これは、電子が点状の粒子と考えられ、1個の電子は2本のスリットのどちらかを通るが、両方は通らないはずだったからだ。

この電子での実験を実際におこなったところ、光線の場合と同じように波状の模様が現れた。電子が単なる点状の粒子ではなく、波のようにふるまっていたのだ。原子は長らく物質の究極の単位と考えられていた。それが光のような波になろうとしていた。こうした実験で、電子と同じように原子も波と粒子の両方のふるまいをすることが実証されたのである。

あるとき、オーストリアの物理学者エルヴィン・シュレーディンガーは、物質を波と見なす考えについて仲間の友人と議論していた。そこで友人が、物質が波のようにふるまえるとしたら、それが従うべき方程式は何だろうかと尋ねた。

シュレーディンガーはその方程式に興味をそそられた。物理学者にとって、波はなじみ深い。光の光学的性質を調べるのに役立ち、海面の波や音楽における音の波として分析されることも多いからだ。そこでシュレーディンガーは、電子の波の方程式（波動方程式）を明らかにすることにした。その方程式は、宇宙に対するわれわれの理解を完全に覆すことになる。ある意味で、あなたも私も含め、あらゆる元素をもつ宇宙全体が、シュレーディンガーの波動方程式の解なのである。

波動方程式の誕生

今日、シュレーディンガーの波動方程式は、量子論の基盤としてどの大学院の高等物理学でも教えられている。これは量子論の核心をなしている。私はニューヨーク市立大学で、このひとつの方程式の意味をまる1学期かけて教えることもある。

歴史家は、シュレーディンガーが量子論の礎となるこの有名な方程式を発見したまさにそのときに、何をしていたかを知ろうとした。だれが、あるいは何が、20世紀最大級の創造のヒントを与えたのか？

伝記作家はずいぶん前から知っていたが、シュレーディンガーはガールフレンドがたくさんいたことで有名だった（彼は自由恋愛主義の考えの持ち主で、恋人全員について、それぞれとの出会いを秘密のマークで記したノートをもっていた。妻と愛人を両方連れて旅行をして人を驚かせることもよくあった）。シュレーディンガーのノートを調べた歴史家のあいだでは、彼が有名な方程式を発見したまさにその週末に、アルプスの山荘ヘルヴィッヒでガールフレンドのひとりと一緒にいたということで見方が一致している。なかには彼女を、量子の革命の着想を与えた女神と呼ぶ歴史家もいた。

シュレーディンガーの方程式は大きな衝撃を与えた。即座に圧倒的な成功を収めたのである。それまで、アーネスト・ラザフォードなどの物理学者は、原子が太陽系のようなもので、小さな点状の電子が原子核のまわりを回っていると考えていた。しかし、このイメージはあまりにも単純化しすぎていた。原子の構造や、とても多くの元素が存在する理由について、何も言っていなかったからだ。

だが、電子が波だとしたら、波は原子核のまわりを回るうちに、とびとびの決まった振動数で共鳴を起こすはずだ。1個の電子が起こしうる共鳴を調べたところ、水素原子の特性と完璧に一致する波のパターンが得られた（ここで共鳴する状態は物理学で言う定常波のこと）。

これはどういうことなのか？　シャワーを浴びながら歌うと、声の波の一部だけが壁と壁のあいだで共鳴し、心地良い音で響く。あなたも私も、いきなり立派なオペラ歌手になるのだ。

シャワー室のなかでうまく共鳴しないほかの振動数は、次第に消えてなくなる。同じように、太鼓をたたいたり、らっぱを吹いたりする場合も、太鼓の胴内やらっぱの管で一部の振動数だけが共鳴できる。これが音楽の礎だ。

シュレーディンガーの波動方程式で予測できた共鳴状態を実際の元素のものと比べてみると、驚くべき一対一対応が得られた。原子を理解しようとして数十年途方に暮れていた物理学者が、いまや原子そのもののなかを覗(のぞ)き見ることができるようになったのだ。そうした波のパターンを、化学者のドミトリ・メンデレーエフらが自然界から見つけた100あまりの元素の場合と比べることで、元素の化学的性質を純粋な数学によって説明することができた。

これはとんでもない偉業だった。物理学者のポール・ディラックは、予言するようにこう書いている。「物理学の大部分と化学のすべてに対する数学的処理に必要な基本法則は、こうして完全に明らかになったため、問題は、これらの法則を応用して得られる方程式が、複雑すぎて解けないという点だけだ」[2]

量子論と原子

化学者たちが何世紀も苦労して組み上げていた元素の周期表が、いまや単純な方程式を用い、原子核のまわりを回る電子の波の共鳴について解くことによって、説明できるようになっていた。

シュレーディンガーの方程式からどのように周期表が立ち現れるのかを知るために、原子をホテルと見なしてみよう。それぞれの階には異なる数の部屋があり、どの部屋も最大で2個の電子を収容できる。さらに、部屋は決まった順番に満たしていかないといけない。つまり、1階が満室にならなければ2階の予約はできないのである。1階には、1Sという部屋すなわち「軌道」がひとつあり、ここには電子を1個または2個収容できる。1Sの部屋は、電子が1個の場合は水素、電子が2個の場合はヘリウムに相当する。

2階には、2S軌道と2P軌道という2種類の部屋がある。2Sの部屋には2個の電子を収容できるが、ほかにPの部屋は3つあり、P_x、P_y、P_zと名づけられてそれぞれに電子が2個ずつ入る。したがって、2階には最大で8個の電子が入ることになる。それらの部屋に電子が満たされていくと、順にリチウム、ベリリウム、ホウ素、炭素、窒素、酸素、フッ素、ネオンになる。

電子が部屋のなかでペアにならないと、部屋に空きがある別のホテルとのあいだで共有される。そうして2個の原子が接近すると、不対電子（ペアになっていない1個の電子）の波が原子間で共有されるため、その電子は両者のあいだを行き来するようになる。これにより結合（共有結合）が形成され、分子ができる。

化学の法則は、このホテルの部屋を満たしていくうちに説明できる。一番低いレベル（電子軌道のエネルギーでは準位とも呼ばれる）については、S軌道に2個の電子が入ると1S軌道が満杯の状態になる。だから、電子が2個のヘリウムは、化学結合を形成できず、化学的に不活性で分子を作れない。同じように、

2番目のレベルに8個の電子があると、すべての軌道が満たされるので、ネオンも分子を作れない。こうして、ヘリウムやネオンやクリプトンなどの不活性ガスが存在する理由が説明できる。

これにより、生命の化学も説明できる。なにより重要な有機元素は炭素だ。炭素は4つの結合をもてるので、生命の構成要素となる炭化水素を作り出せる。周期表を見れば、炭素には2番目のレベルに4つ空席をもつ軌道があることがわかるから、酸素や水素など4つの原子と結合でき、タンパク質やDNAまでも作り出せる。われわれの体の分子は、この単純な事実の副産物なのだ。

要は、それぞれのレベルにいくつの電子があるかを決定することで、周期表の化学的性質の多くを、純粋な数学によって簡単かつ鮮やかに予測できるのである。このようにして、周期表のすべてが第一原理からほぼ予測できる。周期表の100以上の元素はすべて、電子が——ホテルの部屋を階ごとに満たしていくように——原子核を周回するさまざまな共鳴状態をとるという事実によって、おおまかに説明がつく。

ただひとつの方程式で、生命そのものも含め、全宇宙を構成する元素を説明できるというのは、なんとも驚きだった。にわかに、宇宙はだれも思っていなかったほど単純になった。化学は物理学に還元されたのである。

確率の波

シュレーディンガーの方程式は圧倒的で見事だったが、まだひとつ、重要だが厄介な疑問が残っていた。電子が波ならば、何が波打っているのか？

その疑問に対する答えは、物理学界をまっぷたつに割り、以後数十年にわたり物理学者同士を戦わせた。こうして、実在に対するわれわれの考えそのものを問いただす、科学史上最大級の物議をかもす議論に火がつくことになる。今でも、この分裂の数学的な意味合いや哲学とのかかわりをあれこれ議論する会議が開かれている。そしてこの議論のひとつの副産物が、やがてわかるが、量子コンピュータなのである。

物理学者のマックス・ボルンは、物質は粒子からなるが、しかし、その粒子が見つかる確率は波によって与えられると仮定して、この爆発的な議論の導火線に火をつけた。

これはたちまち物理学界をふたつに切り裂いた。一方には「古」株の創始者たちがおり（プランク、アインシュタイン、ド・ブロイ、シュレーディンガーなどで、皆この新しい解釈を排撃していた）、他方にはヴェルナー・ハイゼンベルクやニールス・ボーアがいて、量子力学のコペンハーゲン学派を形成していた。

この新しい解釈は、アインシュタインから見ても、度が過ぎていた。計算できるのは確率だけで、確実さがなくなってしまうからだ。粒子の正確な居場所はわからず、ある場所にいる可能性を見積もることしかできなくなるのである。電子は同時にふたつの場所に存在できるのだとも言えた。シュレーディンガーとは別の形だが等価な量子力学の定式化を思いついたヴェルナー・ハイゼンベルクは、これを不確定性原理と名づけた。科学のすべてが、人々の目の前でひっくり返された。かつて、数学者は不完全性定理に直面するはめになったが、今度は、物理学者が不確定性原理に直面せざるをえなくなった。物理学も、数学と同じくなぜか不完全だったのである。

すると、この新しい解釈をもとに、量子論の原理をついに書き表すことができた。ここに量子力学の基礎を（非常に単純化して）まとめておこう。

1. まず、波動関数$\psi(x)$で、点xに位置する電子を表す。
2. この波をシュレーディンガー方程式（波動方程式）$H\psi(x) = i(h/2\pi)\partial_t\psi(x)$に代入する（$H$はハミルトニアンといい、系のエネルギーに相当する）。
3. この方程式の解のそれぞれに添え字nをつける。すると一般に、$\psi(x)$はこのいくつもの状態のすべての重ね合わせになる。
4. 実際に観測をおこなうと、波動関数は「収縮」してひとつの状態$\psi(x)_n$だけが残る。つまり、ほかのすべての波はゼロになるのだ。この状態の電子が見つかる確率は、$\psi(x)_n$の絶対値の2乗によって与えられる。

この単純なルールで、理論上、化学や生物学で知られているあらゆることが導き出せる。量子力学で議論を呼ぶ問題は、先ほどの3番目と4番目の説明に存在する。3番目の説明では、原子未満の世界において、電子はさまざまな状態の重ね合わせとして同時に存在できると言っているが、それはニュートン力学においてはありえない。つまり、観測をおこなうまで、電子はさまざまな状態の集合としてこの別世界に存在することになるのだ。

しかし、なにより重要で突拍子もない説明は4番目のもので、観測をおこなったあとにようやく波が「収縮」して正しい答えが得られ、その状態の電子が見つかる確率が与えられると述べている。観測がなされるまで、電子がどの状態にあるのかはわからないのである。

これを観測問題という。

最後の説明に異を唱えたアインシュタインは、「神は宇宙でサイコロを振らない」と言った。だが言い伝えによれば、ニールス・ボーアは「神に何をすべきかなどと言うのはやめてもらいたい」と言い返したらしい。

そして、まさに第3と第4の仮定が量子コンピュータの原理を可能にしている。電子はいまや、さまざまな量子状態を同時に重ね合わせたものとして表せるようになり、これが量子コンピュータに計算能力を与えることになる。古典的なコンピュータは0と1を足し合わせるだけだが、量子コンピュータは0から1までのあらゆる量子状態 $\Psi_n(x)$ を重ね合わせるので、状態の数が大幅に増すおかげで、できることが広がり、性能が向上する。

皮肉にもシュレーディンガーは、自分の方程式がそもそも量子力学のブームそのものを生み出したのに、自分の理論をこのように応用するのを非難しだし、自分がそれになんらかの形で関与していることを嘆いた。そして、この過激な解釈の不合理を実証する単純なパラドックスがそれを永久に葬り去るだろうと考えた。そのパラドックスをもたらしたのは猫である。

シュレーディンガーの猫

シュレーディンガーの猫は、物理学において最も有名な動物だ。シュレーディンガーは、これでその異端の解釈を完全に粉砕できるだろうと考え、こう書いた。密閉された箱のなかに1匹の猫がいるとしよう。箱には毒ガスの小ビンも入っている。小ビンのそばにはガイガーカウンターに取り付けられたハンマーが設置され、ガイガーカウンターの脇には多少のウランがある。1個のウラン原子が崩壊すると、ガイガーカウンターがそれを検知し、ハンマーを動かすため、毒ガスが放たれて猫が死ぬ。

ここで、世界一流の物理学者を前世紀に悩ませた疑問がある。「箱を開ける前、猫は生きているのか、死んでいるのか？」

ニュートン理論の支持者なら、答えは明白だと言うだろう。常識から考えて、猫は生きているか死んでいるかのどちらかであり、両方ではないと。一度にひとつの状態しかとりえないのだ。箱を開ける前であっても、猫の運命はすでに決まっている。

ところが、ヴェルナー・ハイゼンベルクとニールス・ボーアはまったく異なる解釈をした。ふたりは、猫はふたつの波——生きている猫の波と死んでいる猫の波——の重ね合わせによって表すべきだと言った。箱が密閉されたままなら、猫は、生きている猫と死んでいる猫を

図4　シュレーディンガーの猫

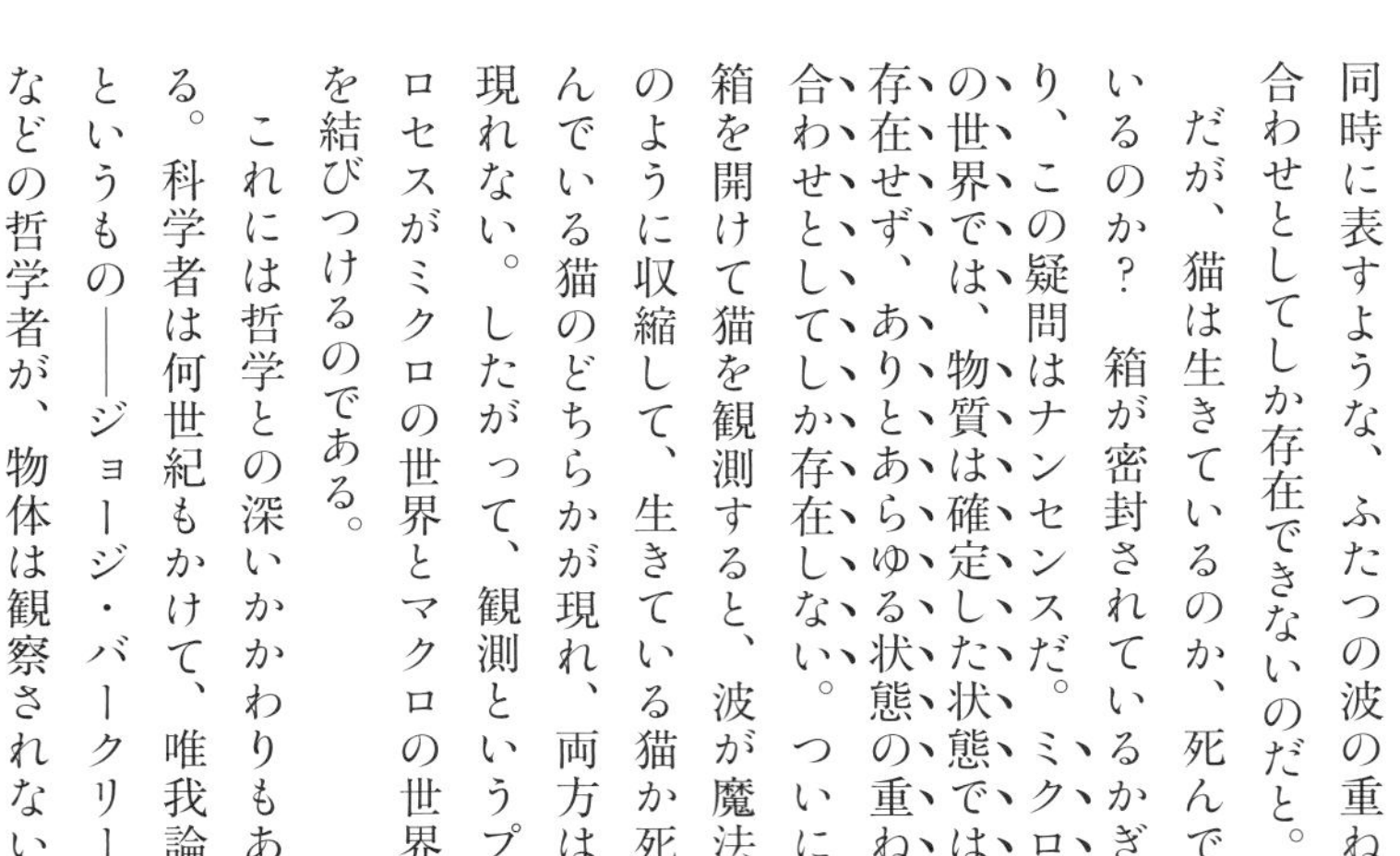

量子力学において、毒ガスの小ビンと、ガイガーカウンターが引き金となるハンマーとを入れて密閉された箱のなかの猫を表すには、生きている猫の波動関数と死んでいる猫の波動関数を重ね合わせないといけない。箱を開ける前、猫は生きていないし死んでもいない。ふたつの状態の重ね合わせになっているのだ。今でも物理学者は、どうしたら猫が生きていると同時に死んでいることができるのかという問題を議論している。

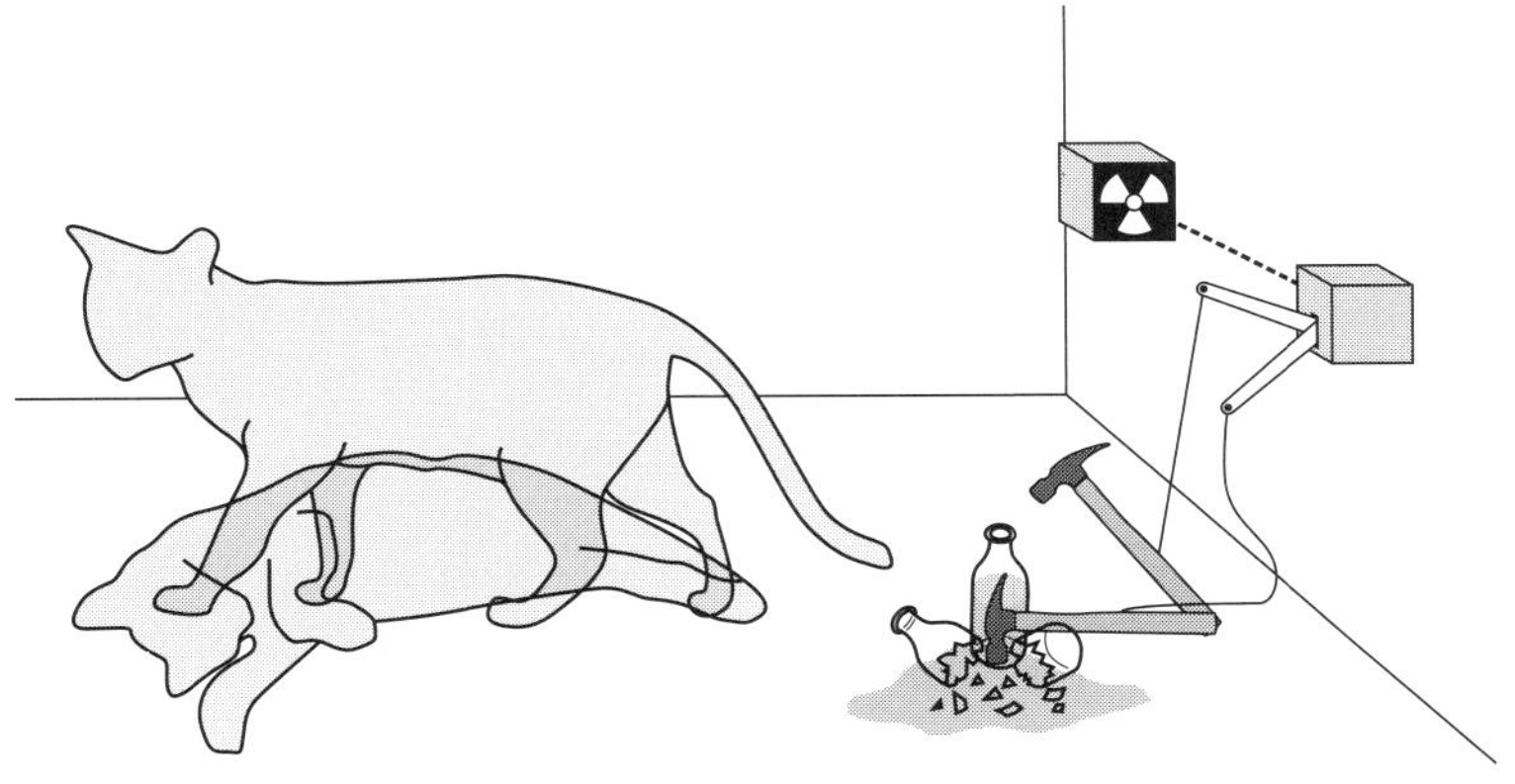

同時に表すような、ふたつの波の重ね合わせとしてしか存在できないのだと。

だが、猫は生きているのか、死んでいるのか？　箱が密封されているかぎり、この疑問はナンセンスだ。ミクロの世界では、物質は確定した状態では存在せず、ありとあらゆる状態の重ね合わせとしてしか存在しない。ついに箱を開けて猫を観測すると、波が魔法のように収縮して、生きている猫か死んでいる猫のどちらかが現れ、両方は現れない。したがって、観測というプロセスがミクロの世界とマクロの世界を結びつけるのである。

これには哲学との深いかかわりもある。科学者は何世紀もかけて、唯我論というもの——ジョージ・バークリーなどの哲学者が、物体は観察されないかぎり実在しないとした考え方――に反論してきた。この哲学的概念は、「存在することは、知覚されることだ」とまとめられる。森のなかで木が倒れても、だれもそこで倒れるのを耳にしていなければ、木はそもそも倒れていないのかもしれない。この見方では、現実は人間が作り上げるものなのだ。あるいは、詩人のジョン・キーツはこう言っていた。「何事も、経験されるまでは現実にならない」

ところが量子論は、この状況をさらにひどくした。量子論の場合、あなたが木を見る前、それは薪や材木、灰、爪楊枝、家、おがくずなど、ありとあらゆる状態で存在しうる。しかし、あなたが実際にその木を見ると、こうした状態を表すすべての波が魔法のように収縮してひとつの物体、ただの木になるのだ。

ところで観測者には意識が必要なので、これはつまり、意識が存在を決定するのだとも言える。ニュートンの支持者たちは、唯我論が物理学にも忍び寄っている事実に愕然とした。

アインシュタインはこの考えを嫌った。ニュートンと同じく、アインシュタインも「客観的実在」を信じていた。それは物体が明確に決まった状態で存在するという考えで、つまり、あなたは同時にふたつの場所に存在できないことになる。これはニュートンの決定論ともいい、前にも述べたとおり、基本的な物理法則を用いれば未来が厳密に決定できるとする考えである。

アインシュタインはよく量子論を揶揄していたらしい。自宅にだれかが訪れるたびに、月を見なさいと言い、月はどこかのネズミが見ているから存在しているのかなと尋ねていたのだ。

ミクロの世界とマクロの世界

量子論の物理学の発展に寄与した数学者のジョン・フォン・ノイマンは、ミクロの世界とマクロの世界を隔てる見えない「壁」があると考えた。それぞれの世界は異なる物理法則に従っているが、壁は前後に自由に動かせ、どんな実験の結果も変わらない。つまり、ミクロの世界とマクロの世界は異なるふた組の物理学に従いながら、ミクロとマクロの世界の厳密な境目としてどこを選んでもかまわないので、測定には影響しないというのだった。

この壁の意味を明らかにしてほしいと言われると、彼はこう答えたという。「慣れるしかないね」

しかし、どれほど量子論がいかれたものに見えても、実験で成功を収めるということは議論の余地がなかった。その理論による予測の多くが（量子電磁力学〔QED〕というもので電子と光子の特性を予測した場合）100億分の1以内の精度でデータと一致しており、古今を通じて最も成功を収めている理論となっているのだ。かつて宇宙で一番謎めいた物体だった原子が、いきなり深遠きわまりない秘密を漏らしだした。量子論を受け入れた新世代の物理学者たちが、いくつもノーベル賞を受賞していった。量子論に反する実験結果はひとつもなかった。

宇宙はまぎれもなく量子の宇宙だった。

それでもアインシュタインは、量子論の成功を総括しながらこう述べていた。「量子論が成功を収めるほど、ばかげたものに見えてくる」

量子力学を批判する人々がなにより異を唱えたのは、われわれが暮らしているマクロの世界と、奇妙でとんでもない量子の世界とが、人為的に隔てられる点だった。彼らは、ミクロの世界からマクロの世界へは滑らかにつながっていなければならないと言った。実際には、「壁」はないのだと。

完全な量子の世界にわれわれが暮らせると仮定すれば、常識的にわかっているあらゆることが間違いになる。たとえばその世界ではこうなる。

・同時にふたつの場所に存在できる。
・姿を消して別の場所に現れることができる。
・壁を通り抜けたり障害を突き抜けたりすることが容易にできる。これをトンネル効果という。
・この宇宙で死んだ人が別の宇宙で生きることもありうる。
・部屋を横切るとき、どれほど奇妙であっても、とりうる無数の経路のすべてを同時に実際にとっている。

ボーアもこう言っていた。「量子論に衝撃を受けない者はそれを理解していない」

こうしたすべては、『トワイライト・ゾーン』の格好のネタになる。だが驚いたことに、まさにこれを電子がおこなっている。ただし、主に原子のなかでおこなっていて、その芸当を演じているところはわれわれには見えない。そのおかげで今、レーザーやトランジスタ、デジタルコンピュータ、インターネットがある。アイザック・ニュートンは、コンピュータやインターネットを機能させるために電子がおこなっているあらゆる動きをどうにかして目にしたら、ショックを受けるだろう。とはいえ、量子論をなくしてプランク定数をゼロにすると、現代の世界は崩壊してしまう。あなたの部屋にある驚異の電子デバイスはすべて、電子がこうしたとんでもない芸当をやってのけられるからこそ働いているのだ。

しかし、われわれのふだんの暮らしでこのような効果を目にすることはない。それは、われわれが無数の原子でできていて、量子効果が均(なら)されているためでもあり、そうした「量子ゆらぎ」のサイズがプランク定数hというきわめて小さな値だからでもある。

からみ合い

1930年、アインシュタインはうんざりしていた。ブリュッセルで開かれた第6回ソルヴェイ会議で、彼は量子力学を率先して擁護するボーアと真正面からぶつかる決意をした。それはタイタンの戦い〔タイタンはギリシャ神話の巨人の神々のこと〕となる。当代きっての物理学者同士が、物理学のまさしく運命と実在の本質をめぐって議論を戦わせたのだ。問題になったのは、存在の意味そのものである。物理学者のパウル（ポール）・エーレンフェストはのちにこのように書いている。「対戦するふたりが大学のクラブの部屋から出てきたときの様子が忘れられない。アインシュタインは堂々たる姿で、かすかに皮肉っぽい笑みを浮かべて静かに歩き、ボーアはその脇を足早に歩きながら、ひどく取り乱していた」。その後ボーアは、動揺のあまり、「アインシュタイン……アインシュタイン……アインシュタイン」とひとりでつぶやいていた。[3]

物理学者のジョン・アーチボルド・ホイーラーはこう思い返している。「それは、私の知るかぎり、知の歴史において最大の論争だった。それから30年のうちに、彼らより偉大なふたりが、これより長い期間、われわれがいるこの奇妙な世界の理解に対してこれ以上に大きな影響を及ぼす、これほど深遠な問題を議論したというのは聞いたことがない」[4]

再三再四、アインシュタインは量子論の矛盾を挙げてボーアを攻め立てた。無慈悲なまでに。ボーアは批判の砲火を浴びるたびにいっとき呆然としたが、次の日には考えをまとめ、説得力のある隙のない答えを返した。あるとき、アインシュタインは光と重力にかんするボーアの矛盾を突いた。ついにボーアはとどめを刺されたかに思われた。だが皮肉にも、ボーアはアインシュタイン自身の重力理論を引き合いに出して、アインシュタインの考えの欠陥を見出したのである。

ほとんどの物理学者の裁定では、ボーアが有名なソルヴェイ会議でアインシュタインのすべての主張を論破していた。それでもアインシュタインは、この敗北に憤慨したのか、もう一度量子論を倒そうとした。

5年後、アインシュタインは最後の反撃に乗り出した。教え子のボリス・ポドルスキーとネイサン・ローゼンとともに、完全に量子論を打ち砕こうと最後の挑戦をしたのだ。彼ら3人の名にちなむＥＰＲ論文は、量子論に対する決定的な打撃となった。

この大いなる挑戦の意外な副産物が、量子コンピュータだった。

彼らは言った。互いに干渉する2個の電子があるとしよう。電子は同期して――つまり同じ振動数だが一定の位相だけずれて――振動している。よく知られているように、電子はスピンをもつ（だからこの世界に磁石が存在する）。スピンの和がゼロになる2個の電子を用意し、片方の電子のスピンをたとえば右回り（上向き）にすると、もう片方の電子のスピンは左回り（下向き）になる。それで正味のスピンがゼロになるからだ。

では、2個の電子を引き離してみよう。電子のスピンの和は、たとえ片方の電子が銀河の反対側にあったとしても、やはりゼロにならないといけない。量子論によれば、測定をするまでその電子がどのようなスピンなのかはわからない。ところが不思議なことに、片方の電子のスピンを測定して右向きとわかったとたん、銀河の反対側にあるもう片方の電子は左向きのスピンでなければならないことがわかる。この情報は、2個の電子のあいだで即座に、光速より速く伝わっている。つまり、この2個の電子を引き離すとき、両者のあいだに見えないへその緒が現れ、そのへその緒を通して光速より速く通信できるようになるのだ。

しかし、光より速く移動できるものはないのだから、これは特殊相対性理論に反しており、それゆえ量子力学は間違っている、とアインシュタインは主張した。これは量子論にとどめを刺す反証だ、と彼は思った。それで話を終わらせ、からみ合いによって生じる「気味の悪い遠隔作用」はまやかしにすぎないと断言したのである。

図5　**からみ合い**

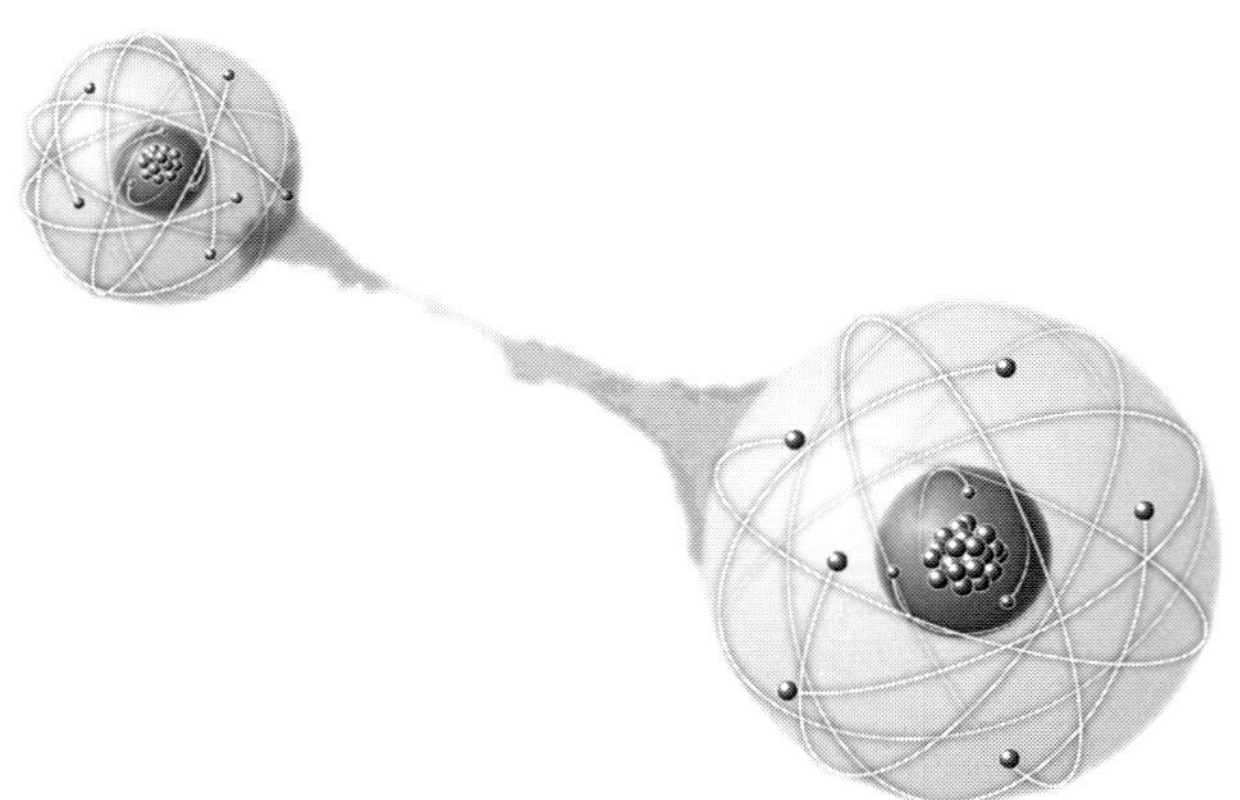

互いに干渉する2個の原子を隣同士にすると、同期して――同じ振動数だが一定の位相だけずれて――振動することができる。だがそれらを引き離して片方を揺すっても、まだ干渉するので、その攪乱の情報が光速より速くもう片方に伝わる（それでも、光速の障壁を破って送られる情報はランダムなので、相対性理論に反しはしない）。これは量子コンピュータが非常に高性能になるひとつの理由だ。混じり合った状態のすべてを同時に計算できるからである。

アインシュタインは、これで量子論を完全に葬り去る最後の一撃を加えたと思った。量子論はさまざまな実験で成功を収めていたが、このいわゆるＥＰＲパラドックスは、実験をおこなうには難しすぎたため、数十年解決できなかった。だが長い年月をかけて、ついにこの実験が何通りかの方法でおこなわれた。１９４９年と１９７５年と１９８０年、そのたびに量子論が正しいことが明らかになった。

（とはいえ、これでは情報が光より速く伝わり、特殊相対性理論に反することになるのではないか？　アインシュタインはここで最後に笑うのか。いや、2個の電子のあいだで情報が即座に伝わっていても、その情報はランダムなので意味をなさない。したがって、ＥＰＲ実験では、意味のあるメッセージを含むコードを光より速く送ることはできない。実際にＥＰＲの信号を解析しても、ちんぷんかんぷんなものしか見つからない。だから、情報は干渉し合う粒子のあいだで即座に伝わるとしても、意味のあるメッセージをもつ情報は光より速く伝えられないのだ。

今日、この原理はからみ合いと呼ばれている。ふたつの物体が互いに干渉し合う（同じように振動する）場合、たとえきわめて遠く離れていても干渉しつづけるという考えだ。

これは量子コンピュータに大きく関係する。つまり、量子コンピュータのキュービット同士が離れていても、互いに相互作用することができるので、途方もない計算能力をもたらすのである。

量子コンピュータがきわめてユニークで有用である理由は、要するにここにある。通常のデジタルコンピュータは、オフィスで別々に働く経理担当者たちにも似ている。おのおのがひとつの計算をおこない、その答えを次の者に渡すのだ。一方、量子コンピュータは、部屋いっぱいにいて互いにやりとりする経理担当者たちのようで、全員同時に計算しており、重要なのは、からみ合いによって互いに連絡をとっていることだ。それゆえ、彼らは干渉し合いながら共同で問題を解いているのだと言える。

戦争の悲劇

不幸にも、この活気に満ちた知的論争は、世界大戦の気運が高まると中断した。いきなり、ナチスドイツと米国の双方が原子爆弾を開発する突貫計画に乗り出し、量子論の学術的な議論が、おそろしく深刻なものに変わってしまった。第二次世界大戦は、物理学界に破壊的な影響を及ぼしたのである。

プランクは、ユダヤ人物理学者がドイツから大勢出ていくのを目の当たりにして、アドルフ・ヒトラーにじかに会い、ドイツの物理学が壊滅するからユダヤ人物理学者の迫害をやめてほしいと嘆願した。ところがヒトラーは、ヒステリックにプランクを怒鳴りつけた。

のちにプランクは言っている。「あんな男を説得することなどできない」。ところが悲しいことに、プランクの息子のひとりエルヴィンが、その後ヒトラー暗殺の企みにかかわった。エルヴィンは逮捕され、拷問(ごうもん)を受けた。プランクはヒトラーに直訴して息子の命を救おうとしたが、エルヴィンは1945年に処刑された。

ナチスはアインシュタインの首に賞金をかけた。彼の写真が「いまだ処刑されず」という説明とともに、ナチスの雑誌の表紙を飾った。アインシュタインは1933年にドイツから逃げ、その後戻ることはなかった。

エルヴィン・シュレーディンガーは、ベルリンの街頭でナチスの親衛隊に殴られているユダヤ人男性を見かけて止めに入ったが、彼自身殴られるはめになった。怖くなった彼は、ドイツを出てオックスフォード大学にポストを得た。ところが、彼が妻と愛人も連れてきたので物議をかもす。その後、プリンストン大学に招聘(しょうへい)されたものの、歴史家の推測によれば、彼がそれを辞退したのは、型破りな生き方にこだわったためだという。結局、アイルランドに腰を落ち着けた。

量子力学を創始したひとり、ニールス・ボーアは、命がけで米国へ逃げることになり、ヨーロッパを抜け出す途中でほとんど死にかけた。

ヴェルナー・ハイゼンベルクは、ドイツで最高の量子物理学者だったかもしれないが、ナチスのための原爆開発を任された。しかし、彼の研究所は連合国の爆撃によってたびたび場所を移された。戦後、彼は連合国に身柄を拘束される（幸いにも、ハイゼンベルクにはウラン原子の核分裂の確率という重要な数値がわからなかったために、原子爆弾を作るのが難しくなり、ナチスは核兵器を開発できなかった）。

戦争の悲劇的な結果として、人々は量子の途方もないパワーに気づかされるようになる。そのパワーが、広島と長崎の上空で解放されたのだ。とたんに量子力学は、物理学者のおもちゃであるばかりか、宇宙の秘密を解き明かし、人類の運命をも握るものとなった。

だが、戦禍の跡から、量子にかかわる新たな発明が立ち現れ、それは現代文明の基礎そのものを変えることになる。トランジスタだ。原子のとてつもないパワーは、平和をもたらすためにも使えるのかもしれなかった。

第4章

量子コンピュータの夜明け

トランジスタはパラドックスをはらんでいる。

通常、発明されるものは、大きいほど強力だ。巨大な2階建てのジェット旅客機は、たくさんの乗客を十数時間で地球の裏側まで運べる。現在のロケットは高々とそびえ、何トンものペイロード（積み荷）を火星まで送り込める。全周27キロメートル近い大型ハドロン加速器（ＬＨＣ）は、総費用が１００億ドルを超え、いつの日かビッグバンの謎を解き明かしてくれるかもしれない。装置の全周はあまりにも大きいので、ジュネーヴの街の多くをそのなかに収められる。

ところがトランジスタは、20世紀で最も重要な発明かもしれないが、非常に小さくてあなたの爪の面積に何十億個ものる。それが人類社会のあらゆる面に革命を起こしたと言っても過言ではない。

このように、ときには小さいほうがいいこともある。たとえば、あなたの胴体の上には、今知られている宇宙で一番複雑な物体がのっている。人間の脳だ。１０００億のニューロン（神経細胞）をもち、それぞれがほかの約1万のニューロンとつながってできているその脳は、複雑さにおいて科学で知られているどんなものをも上回る。

したがって、何十億個ものトランジスタからなるマイクロチップと人間の脳は、どちらも片手でもてるが、われわれの知るかぎり最も高度な物体なのである。

なぜそうなのか？　それらのきわめて小さなサイズには、莫大な量の情報をなかに収めて操作することができるという事実がひそんでいる。さらに、その情報の収め方はチューリングマシンに似ているので、とてつもない計算能力が与えられる。マイクロチップは、インプットのテープが有限であるようなデジタルコンピュータの核心をなしている（チューリングマシンのテープは理論上無限になりうるが）。そして脳は学習するマシンで、新しいことを学習しながらつねに自身を変更する神経ネットワークなのだ。チューリングマシンもそのように変更できるので、神経ネットワークのように学習できる。

だがトランジスタのパワーが、微小であることによるとしたら、次の疑問はこうなる。コンピュータはどこまで小さくできるのか？　最小のトランジスタはどんなものになるのだろう？

トランジスタの誕生

1956年、3人の物理学者がこの驚異のデバイスでノーベル賞を受賞した。ベル研究所のジョン・バーディーンとウォルター・ブラッテンとウィリアム・ショックリーだ。今日、世界最初のトランジスタのレプリカが、ワシントン市にあるスミソニアン博物館のガラスケースのなかに展示されている。それはお粗末で不格好なデバイスだが、世界じゅうから訪れる科学者たちが静かに敬意を払いながらこのトランジスタに歩み寄り、なかには何かの神を前にしたかのように頭を垂れる人もいる。バーディーンとブラッテンとショックリーは、半導体という量子論的な特性をもつ新しい物質を利用した（金属は導体で、電子が自由にそれを流れる。絶縁体はガラスやプラスチックやゴムなどで、電気を通さない。半導体はその中間で、電子を流すことも止めることもできる）。

トランジスタはこの重要な性質を利用している。これは、チューリングらが巧みに利用していたあの真空管のあとを継ぐものだ。前に述べたように、真空管もトランジスタも、パイプを流れる水を制御するバルブにおおよそたとえられる。小さなバルブで、パイプを通るはるかに大きな水流を制御することができる。バルブを閉めれば0に相当し、開ければ1に相当する。そのようにして、複雑につながったパイプで水流を厳密に制御できるのだ。ここでバルブをトランジスタに置き換え、水の流れるパイプを電気を流すワイヤーに取り替えれば、トランジスタ方式のデジタルコンピュータが作れる。

トランジスタはこのように真空管に似ているが、似ているのはそこまでだ。真空管は、いわばがさつで気難しい（子どものころ、私は古いテレビを分解して全部の真空管を手ではずし、スーパーマーケットにあるテスターで一個一個調べて、どれが壊れているか確かめたものだった）。かさばるし、不安定で、すぐにだめになった。

一方、トランジスタはシリコンのウエハー（薄片）でできていて、丈夫で安く、顕微鏡で見るような大きさだ。いまやそれは、Tシャツと同じように大量生産することができる。柄物(がらもの)のTシャツはふつう、所望の絵柄を切り抜いたプラスチックの型を使ってできる。その型をTシャツにのせてから、ペイントを型の上からスプレーするのだ。型を取り去ると、絵柄がTシャツに転写される。

トランジスタも同じようにして作られる。まず、所望の回路のイメージ(図像)を切り抜いた型を用意する。次に、シリコンのウエハーにその型をのせる。それから紫外線を型に照射すると、型のイメージがウエハーに転写される。その後、型をはずして酸をかける。シリコンチップには特別な薬品処理がされているので、酸をかけると所望のイメージがウエハーに残るのだ。

そうしたイメージの強みは、紫外線の波長ぐらい小さなものにできる点だろう。原子よりわずかに大きい程度だ。すると、コンピュータに使われている一般的なチップには、トランジスタが10億個も収められることになる。現在、トランジスタの製造は一大事業で、国家全体の経済に影響を及ぼすほどだ。トランジスタを製造する最先端の工場には、1棟あたり数十億ドルの建設費用がかかっている。

ある意味で、マイクロチップは大都市の街路にたとえられる。不断の車の流れは、エッチング(食刻)した回路を走る電子に似ている。交通を調整する信号はトランジスタに相当する。車を止める赤信号はいわば0で、車を進めさせる青信号は1だ。

1個のチップにどんどん多くのトランジスタをエッチングするとしたら、街区のサイズを小さくして車と信号の数を増やしていくような状況になる。しかし、決まった面積に道路を密に詰め込むのには限界がある。いずれ、街区が小さくなりすぎて、車が歩道にはみ出してしまうのだ。これは、シリコンの層が薄くなりすぎた場合のショート（短絡）にあたる。

シリコンチップの配線の幅が原子のサイズに近づくと、ハイゼンベルクの不確定性原理が働きだし、電子の位置が不確かになって漏電が生じ、回路がショートする。さらに、1か所にたくさんのトランジスタが密集することで生じる熱が、回路を溶かすほどになる。

つまり、すべては移ろいゆくのだ——シリコンの時代も。新たな時代が幕を開けようとしているのかもしれない。量子の時代である。

その道を開いたのは、20世紀を代表する物理学者のひとりだった。

アクティブな天才

リチャード・ファインマンはユニークな人物だった。彼のような物理学者は、この先もきっと出ないだろう。

一方では、ファインマンは人を引きつけるエンターテイナーで、過去にやんちゃをした話やいかれた行動でよく聴衆を楽しませた。荒っぽい言い方で、トラックの運転手のように自分の人生についてあれこれ面白い話をした。

ファインマンは、じょうずに錠を開けたり金庫を破ったりするのを得意がり、ロスアラモス研究所で働いていたときに原子爆弾の機密を収めた金庫を開けてしまいさえした（その際にけたたましい警報を作動させている）。いつでも新しい突飛な体験を求めた彼は、あるとき高圧酸素室に閉じこもり、幽体離脱して離れたところに浮かんで自分を見ることができるか試している。また、四六時中ボンゴ（キューバ音楽に用いられる太鼓の一種）をたたくのに夢中になりもした。

彼の言うことを聞いていると、1965年にノーベル物理学賞をとり、おそらくその世代で最高の物理学者のひとりとして、光子と相互作用する電子の相対論的な理論の複雑な基礎を築いたことを忘れてしまいそうになるかもしれない。この理論は量子電磁力学（QED）といい、100億分の1の精度で測定結果と一致するので、これまでのあまたの量子論による測定のなかでも、最も成功を収めている。ほかの物理学者はファインマンの一言一句にじっと耳を傾け、自分にも名声と栄誉をもたらしてくれそうな知見を吸収しようとした。

ナノテクの誕生

何はともあれ、ファインマンには先見の明があった。ファインマンは、コンピュータがどんどん小さくなっていくだろうと気づいていた。そこで単純な自問をした。どこまで小さなコンピュータが作れるだろうか？彼は、将来トランジスタはとても小さくなり、ついには原子のサイズになると思ったのだ。さらに、物理学の次なるフロンティアは原子ぐらい小さなマシンを作り、今ではナノテクノロジーと呼ばれている成長分野を開拓することではないかと考えた。

原子サイズのピンセットやハンマー、レンチに、量子力学がどんな制約を課しているのだろう？　原子サイズのトランジスタで計算するコンピュータには、どこに究極の限界があるのか？

ファインマンは、原子の領域では新たに奇想天外な発明が可能になることに気づいた。マクロのスケールで現在使われている物理法則が原子のスケールでは使えなくなり、われわれはまったく新しい可能性に心を開く必要があると。その考えを初めて彼が表明したのは、１９５９年にカリフォルニア工科大学で開かれた米国物理学会の講演でのことだった。講演のタイトルは「下のほうにはたっぷり余地がある」で、新たな科学の誕生を見越していた。

その先駆的な議論で彼はこう問うた。「24巻のブリタニカ百科事典のすべてをピンの頭に書けないものなのか？」

ファインマンの基本的な考えは単純だった。「所望の形に原子を並べる」ことのできる微小なマシンを作るというものだ。作業場で使われているどんな道具も、素粒子のサイズにまで小型化できるようになると。母なる自然はいつでも原子を操作している。われわれにできないものなのか？

彼は、量子コンピュータにかんする自分の考えを次のようにまとめた。「自然は腹立たしいことに古典的ではない。自然のシミュレーションをおこないたければ、量子力学にもとづいておこなうべきだ」

これは深遠な見方だ。古典的なデジタルコンピュータでは、どれほど高性能でも、量子のプロセスをうまくシミュレートすることはできない（IBMの副社長ボブ・スーターは、この比較をよくしたがる。古典的なコンピュータでカフェインのような単純な分子を一対一のシミュレーションで再現するには、10の48乗ビットの情報が必要になる。それほど大きな数は、地球を構成する原子の数の10パーセントにあたる。だから、古典的なコンピュータは単純な分子さえもうまくシミュレートすることができない）。

講演でファインマンは、驚くべきアイデアをたくさん持ち出した。たとえば、非常に小さくて、血管を流れて医療処置をおこなえるロボットを提案した。そして「医師を呑み込む」と表現している。それは白血球のように働き、体内をうろついて見つけた細菌やウイルスを消し去れる。あるいは、体内を循環しながら外科手術もおこなう。したがって、医療を体の外からでなく、中からおこなうことになるのだ。そのため、皮膚を切開したり痛みや感染症を気にしたりせずにすむだろう。

ファインマンは予言者のように未来を見通し、いつか原子が「見える」超高性能の顕微鏡が作り出せるだろうと主張さえしていた（実際にその予言の数十年後、1981年に走査型トンネル顕微鏡としてそれが作り出されている）。

彼の見通した未来はあまりにも突飛だったため、講演で話したことは数十年後までおおかた無視されていた。残念なことだったが、時代の先を行きすぎていたわけで、いまや彼の予言の多くは実現している。

ファインマンは、次のふたつのどちらかでも発明した者に1000ドルの賞金を出すとさえ告げた。ひとつめの課題は、本の1ページを電子顕微鏡でしか見えないほど小型化することで、ふたつめは、1辺が64分の1インチ（約0・4ミリメートル）の立方体に収まる電気モーターを作ることだった（のちにふたりがそれらを発明したと主張したが、コンテストの厳密な条件を満たしていなかった）。

別の予言は、原子1個分の厚みしかない炭素のシートであるグラフェンなど、ナノ素材の発見によって実現した。グラフェンを発見したのは、英国のマンチェスター大学で働いていたふたりのロシア人科学者、アンドレ・ガイムとコンスタンチン・ノヴォセロフだ。彼らはセロハンテープでグラファイト（黒鉛）の薄い層をはぎ取れることに気づいた。そしてこの剥離作業を繰り返すと、最終的に炭素原子1個分の厚みの単層をはぎ取れることを明らかにしたのだ。この単純だが驚くべき大発見によって、ふたりは2010年にノーベル賞を受賞した。その炭素原子は対称的な配列できわめて密に詰め込まれているので、グラフェンは科学において知られているなかで最も強靱（きょうじん）な物質であり、ダイヤモンドの強度を上回る。グラフェンのシートはきわめて強靱なため、鉛筆の尻にゾウをのせ、その鉛筆の先端をグラフェンのシートに付けて立てたとしても、シートは破れない。

少量のグラフェンは容易に作れるが、大量の純粋なグラフェンを作るのは非常に難しい。それでも理論上、純粋なグラフェンはとても強靱なので、薄すぎて見えないほどの超高層ビルや橋が作れる。グラフェンの長い繊維は1本でも非常に強く、宇宙エレベーターを支えられる。宇宙エレベーターは、ボタンひと押しで宇宙空間へ人を連れて行ける、天まで届くエレベーターのようなものだ（このエレベーターは、グラフェンのケーブルに付けて宙ぶらりんになっているが、ひもに玉を付けてぐるぐる回すように、地球の自転によって地球のまわりを回るので、落ちない)。グラフェンはまた、電気を通す。じっさい、世界最小クラスのトランジスタのいくつかは、わずかな量のグラフェンから作れる。

ファインマンは、莫大な計算能力をもつ量子コンピュータによって、途方もない進歩が可能になることにも気づいていた。前に、量子コンピュータにさらに1キュービット加えるだけで、能力が倍になることは述べた。すると、原子300個でできた量子コンピュータは、1キュービットの量子コンピュータの「2の300乗倍」の能力をもつことになる。

ファインマンの経路積分

ファインマンがなし遂げたもうひとつの偉業は、物理学の道筋を変えたことだろう。量子力学の理論全体を体系的に説明しなおす画期的な方法を見出したのだ。

すべての始まりは、高校時代だった。彼は計算して問題を解くのに夢中になった。得意技のひとつは、問題の答えをいくつか違うやり方ですばやく計算することだった。ある方向で行き詰まっても、別のやり方で解く数学的手口を心得ていたのだ。彼は、どの物理学者の目標も「なるべく早く自分の間違いを証明する」ことだと言ったとしてよく知られている。要は、プライドを捨てて、自分のしていることが手詰まりになる可能性を認め、なるべく早くそれを証明して次のアイデアに移れるようにするということである。

（理論物理学者として、私も実はこの言葉について考えることがよくある。ある時点で物理学者は、気に入っていた考えが間違いかもしれないと認め、ただちに新しいアプローチを試すべきだと判断する必要があるのではないか）

若きファインマンがつねに科学でクラスのだれよりも先を行っていたので、高校の先生は彼を退屈させずに楽しませるうまい手だてを考えついた。面白いが深みのある課題で彼を挑発したのだ。

ある日、先生は最小作用の原理というものを紹介した。この原理で、古典物理学のすべてが画期的に解釈しなおせる。先生は、玉が坂を転がり落ちる場合、とりうる経路は無数にあるが、実際にとる経路はひとつに限られると言った。では、玉はとるべき経路をどうやって知るのだろうか？

300年前に、ニュートンがこの問題を解いた。彼ならこう言うだろう。ある瞬間に玉に働く力を計算し、私の方程式を使って次の瞬間にどちらへ向かうかを決定する。この作業を繰り返すのだと。マイクロ秒ごとに次々と続く瞬間をつないでいくと、全体の経路をたどることができる。300年後の今でも、このようにして物理学者は恒星や惑星、ロケット、砲弾、野球のボールの動きを予測している。これはニュートン物理学の根本的な土台だ。古典物理学ではほぼすべてが、こうして計算されている。そして、このように少しずつ変わっていく動きのすべてを合算する数学的処理を微積分といい、やはりニュートンが考案した。

ところが次に、先生はこれに対して奇妙な見方を持ち込んだ。彼は、いかに奇妙であっても、玉がとりうるすべての経路を描けと言った。そうした経路のなかには、月や火星に行ってくるようなばかげたものもあるだろう。宇宙の果てまで行くものさえあるかもしれない。それぞれの経路について、作用（作用積分とも）というものを計算する（作用は系のエネルギーに似ており、それは運動エネルギーから位置エネルギーを引いたものだ）。すると、玉の実際の経路は作用が最小の値をもつものになる。つまり、なぜか玉は、ばかげたものも含めてとりうるすべての経路を「嗅ぎ」出して、最小の作用となる経路をとる「決断を下す」のだ。

計算をしてみると、ニュートンとまったく同じ答えが得られる。ファインマンは仰天した。この単純な説明で、込み入った微分方程式を使わずに、ニュートン物理学のすべてをまとめられたのだ——最小の作用となる経路を見つけるだけでよかった。ファインマンは大喜びだった。古典力学のあらゆる問題を解くふたつの等価な方法を手に入れたからである。

古典的なニュートンの見方では、玉の経路は、まさにその空間と時間における点で玉に働いている力によって決定されるにすぎない。遠くの点は玉にまったく影響を及ぼさないのだ。ところが先述の新しい見方によれば、玉はとりうるすべての経路をいきなり「認識し」、最小の作用となる経路をとる「決断を下す」。どうしてそんな無数にある経路を調べて正しいものだけを選ぶ手だてが「わかる」のだろうか？

（たとえば、玉が床に落ちるのはなぜなのか？　ニュートンなら、玉をマイクロ秒ごとに地面の方向へ押す重力があると言うだろう。だが一方で、玉はなぜかありとあらゆる経路を嗅ぎ出してから、最小の作用あるいはエネルギーとなる、まっすぐ下に落ちる経路をとる決断を下すとも言えるのだ）

何年ものちにファインマンは、ノーベル賞をとることになる研究をしていて、高校時代のこのアプローチに立ち戻っている。最小作用の原理が古典的なニュートン物理学に使えるのなら、この奇妙な結果を量子論にも一般化できるのではないか？

量子の経路積分

彼は、量子コンピュータにおいて、これがとてつもない計算能力を発揮することに気づいた。迷路を考えよう。古典物理学的なマウスを迷路に入れると、マウスは考えられる多くの経路を延々と試すので、解くのに時間がかかる。しかし、量子のマウスを迷路に入れると、マウスはありとあらゆる経路を同時に嗅ぎ出す。この原理を量子コンピュータに応用すると、その能力は飛躍的に向上する。

そこでファインマンは、量子論を最小作用の原理によって書き換えた。この見方によれば、素粒子はありとあらゆる経路を「嗅ぎ出す」。それぞれの経路について、彼は作用にかかわる因子とプランク定数を加味した。これは今では経路積分法と呼ばれている。対象がとりうるすべての経路による寄与を足し合わせるからだ。

ファインマンは、そこからシュレーディンガー方程式も導き出せることに気づき、なんとも驚いた。そればかりか、量子物理学のすべてがこの単純な原理によってまとめられることにも気づいた。つまり、シュレーディンガーが波動方程式をなんの導出過程も経ずに魔法のように

図6　**経路積分**

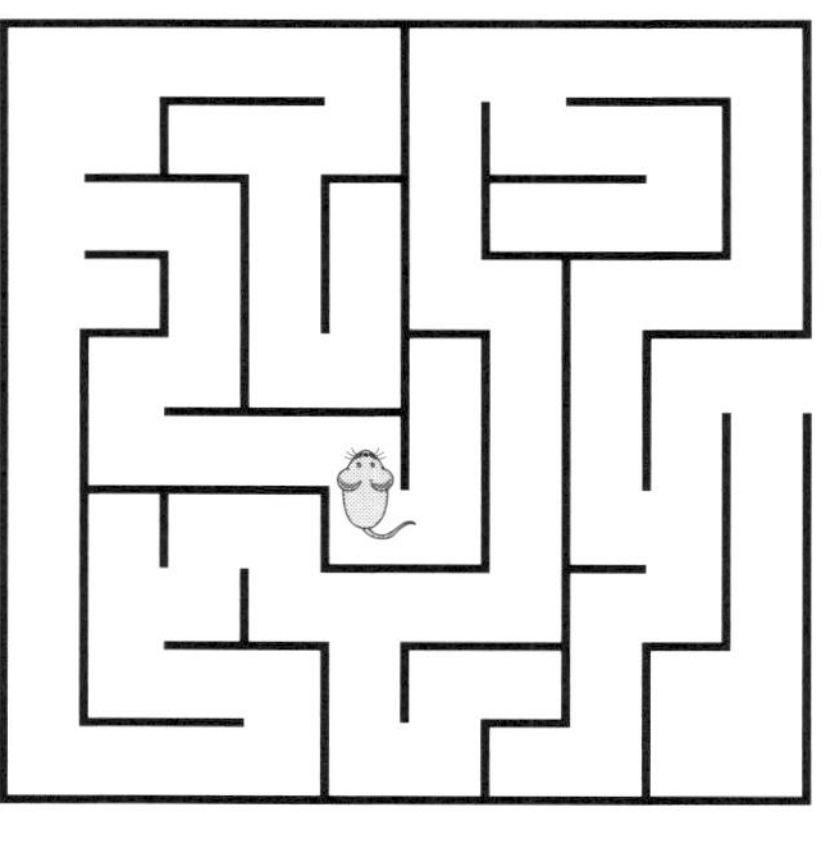

古典物理学的なマウスは、迷路で分岐点ごとにどちらへ行くか決めなければならず、一度にひとつの決断しかできない。ところが量子のマウスは、ある意味でありとあらゆる経路を同時に調べることができる。これが、量子コンピュータが通常の古典的なコンピュータより圧倒的に高性能となる理由のひとつだ。

提示した数十年後に、ファインマンはシュレーディンガー方程式も含む量子力学のすべてを、この経路積分のアプローチでひとつにまとめることができたのである。

ふだん、私は物理学で博士課程の学生に量子力学を教えるとき、最初にシュレーディンガー方程式を、帽子の手品よろしく、いきなり現れたかのように見せる。この方程式はどこから出てきたんですかと学生に訊かれたら、私は肩をすくめ、最初からそのままだと言うだけだ。しかし、のちの講義でついに経路積分を議論するときに、私は学生に、量子論のすべてはファインマンの経路積分を用い、どれほどばかげていても、ありとあらゆる経路について作用を足し合わせることによって、体系的に説明しなおせると語る。

私はファインマンの経路積分を自分の専門的な仕事で使うだけでなく、ときには家で、部屋を横切るときにそれについて考えることもある。カーペットを歩きながら、自分のコピーがたくさん、同じカーペットを歩き、どれも自分が部屋を横切っている唯一の人間だと思うのを知っているという、奇妙きてれつな感じを抱くのだ。そうしたコピーのなかには、火星まで行って帰ってくるのさえいる。

物理学者として私は、シュレーディンガー方程式の相対論的なタイプに取り組んでいる。場の量子論といい、高エネルギーの素粒子にかんする量子論のことだ。場の量子論で計算するにあたり、私はまず初めに、ファインマンに従って作用から手がける。続いてありとあらゆる経路について計算し、運動の方程式を得る。すると、ファインマンの経路積分のアプローチは、見方によっては場の量子論のすべてを包含しているとも言えた。

だが、この表現形式はただの見せかけではない。地球上の生命にも深くかかわっているのだ。前に、量子コンピュータは絶対零度近くに保たないといけないという話をした。しかし母なる自然は、常温で驚異的な量子の反応を起こせる（光合成や、植物の養分となるような窒素の固定など）。古典物理学によれば、常温ではノイズや原子の振動がありすぎて、多くの化学反応が起こりえないものとなるはずなのだ。すると、光合成はニュートンの法則に反していることになる。

では、母なる自然はどうやって干渉性の消失（デコヒーレンス）という、量子コンピュータにおいて最も困難な問題を解決し、常温での光合成を実現しているのだろうか？

あらゆる経路について足し合わせることによってだ。ファインマンが明らかにしたように、電子はありとあらゆる経路を「嗅ぎ」出して、奇跡のような仕事をすることができる。つまり光合成は、それゆえ生命そのものは、ファインマンの経路積分によるアプローチの副産物かもしれないのである。

量子のチューリングマシン

１９８１年にファインマンは、量子コンピュータでしか量子のプロセスを真にシミュレートすることはできないと主張した。だが彼は、具体的にどうすれば量子コンピュータが作れるのかは語らなかった。そのあとを引き継いだのは、オックスフォード大学のデイヴィッド・ドイチュだ。数ある成果のなかでもとくに、彼は次の疑問に答えを出した――量子力学をチューリングマシンに適用することはできるのか？　ファインマンもこの問題をほのめかしてはいたが、量子のチューリングマシンの方程式は書き留めていなかった。ドイチュはその詳細を補うところまでいき、仮想的な量子のチューリングマシンで実行できるアルゴリズムを考案さえしていた。

すでに見たとおり、チューリングマシンは単純な古典的デバイスで、無限に長いテープに記された数を別の数に変える数学的操作を次々とおこなうプロセッサに基礎を置いている。チューリングマシンのすばらしさは、デジタルコンピュータのあらゆる特性を簡潔な形にまとめ、それを数学的に厳密に検討できる点にある。次の段階は、チューリングが考案したものに量子論を付け足し、量子コンピュータの奇妙な特性を厳密に探ることとなる。量子のチューリングマシンでは、古典的なビットが量子のキュービットに置き換わる、とドイチュは考えた。これでいくつか重要な変化がもたらされる。

まず、チューリングマシンの基本的な操作（0と1を入れ替え、テープを前後に動かすなど）はほぼ変わらない。しかし、ビットがまるっきり異なる。もはや0か1かではない。むしろ、重ね合わせ（異なる状態を同時にとれること）という奇妙な量子の特性を用いてキュービットを生み出せ、0と1のあいだの値をいろいろとれるのだ。また、量子のチューリングマシンではすべてのキュービットがからみ合うので、あるキュービットで起こる現象は遠く離れたほかのキュービットにも影響を及ぼす。最後に、計算の最終的な数を得るには「波が収縮」しなければならないので、キュービットは0と1の連なりに収まる。このようにして、量子コンピュータで実際の数や答えを導き出せる。

チューリングがチューリングマシンの具体的なルールを持ち込んでデジタルコンピュータの領域を厳密に決定したように、ドイチュは量子コンピュータの基礎を厳密に決定する手助けをした。キュービットの扱い方の本質をとらえることで、量子コンピュータでの作業の標準化に貢献したのである。

並行宇宙

だが、ドイチュは量子コンピュータの基本概念を考案したことで有名というだけではない。量子コンピュータが提起する深遠な哲学的問題を真剣に考えもした。量子力学の一般的なコペンハーゲン解釈というものでは、観測をおこなうことで初めて電子の位置が確定する。観測をおこなう前、電子は複数の状態がぼんやり混じり合ったものとして存在している。ところが、電子の状態を観測すると、波動関数が魔法のようにひとつの物理的状態に「収縮」する。こうして量子コンピュータから数値の答えが導き出されるのだ。

しかし、この「収縮」が20世紀に量子物理学者を悩ませた。波が「収縮する」というプロセスは、まるでなじみがなく、強引で不自然に思えるが、量子の世界を出てわれわれのマクロの世界に入るために欠かせない。その波を見ることにしたとたん、なぜ急にはっきり定まるのだろう？　これはミクロの世界とマクロの世界をつなぐ橋と言えるが、その橋には哲学の大きな穴が開いている。

それでも、この考えでうまくいく。だれもこれを否定できないのだ。

だが多くの科学者は、世界についてわれわれの知る何もかもが、ある日吹き飛ばされてもおかしくない砂のように不確かな土台の上に築かれているのだと気づくと、落ち着かない気分になる。これまで数十年のあいだに、この問題に決着をつけるべく、おびただしい数の提案がなされてきた。

そうした提案のなかでも一番突飛だったのは、１９５６年に大学院生のヒュー・エヴェレットが示したものかもしれない。量子論がおおよそ4つの原理にまとめられることを思い出してもらおう。最後の原理が論議の的で、波動関数が「収縮」して系の状態が決定するという点だ。エヴェレットの案は、大胆で物議をかもした。彼の理論によれば、波が「収縮する」という最後の原理は省かれ、そんなことは起こらない。考えられるどの解も現実に存在しつづけ、「多世界」を作り出すのだ。そのためこの理論は多世界解釈と呼ばれている。

川が多くの小さな支流に分かれるように、電子のさまざまな波はわらわらと増殖し、分裂を繰り返して果てしなくほかの宇宙に枝分かれする。すると、並行宇宙が無数にあって、いっさい収縮しないことになる。このマルチバース（多宇宙）のどの枝もほかの枝と同じぐらい実在するように見えるが、それらはありうる量子状態のすべてを表しているのだ。

そのため、ミクロの宇宙とマクロの宇宙は同じ方程式に従う。収縮がなくなると、両者を隔てる「壁」がもはやなくなるからである。

たとえば大海原の波を考えてみよう。なかを探ると、その波は実は何千もの小さな波で構成されている。コペンハーゲン解釈では、そうした小さな波のひとつだけを選び、残りは捨てることになる。しかしエヴェレットの解釈では、すべての波を存在させる。すると、波は小さな波に分岐しつづけ、小さな波のそれぞれがさらに多くの波に分岐していく。

この考えはとても都合がいい。波が収縮しないので、波の「収縮」について気に病まなくてすむのだ。したがって、この表現は標準的なコペンハーゲン解釈よりも単純になる。スマートで、エレガントで、驚くほど単純なのだ。

多世界

ところが、エヴェレットやドイチュの理論は現実の本質をおびやかす。多世界理論は、存在そのものに対するわれわれの概念を覆すのだ。その影響の大きさには圧倒される。

たとえば、あなたがこれまでの人生で重要な決断をしなければならなかったときについて考えてみよう。どの仕事に応募するか、だれと結婚するか、子をもうけるかどうかなどの決断だ。けだるい午後には、ありえた可能性をあれこれ考えることもあるかもしれない。多世界理論によれば、あなたのコピーがいて、まったく違う人生を生きるような並行宇宙が存在する。ある宇宙では、あなたは億万長者で、今度はどんな世間の注目を浴びる投機をしようかと考えている。別の宇宙のあなたは貧しく、次の食事にどこでありつけるかと考えているかもしれない。あるいはまた、そのあいだの生き方をして、地味で退屈な仕事で少ない定収入を得ながら、とくに将来の見込みはないかもしれない。どの宇宙でも、あなたは自分の宇宙が現実で、ほかの宇宙はすべて偽物だと言い張る。さて、これを量子のレベルで考えよう。個々の原子のふるまいのひとつひとつが、われわれの宇宙を複数の宇宙に分裂させるのだ。

ロバート・フロストの詩「選ばなかった道」で、彼はだれもが空想した経験のあることについて書いている。人は皆、人生で大きな選択をしたときにどんなことがありえただろうかと思いをめぐらす。そうした重大な決断は、以後の人生を左右するかもしれない。フロストはこう書いている。

黄葉した森のなかで　道がふたつに分かれていた
残念ながら　両方へは行けないし
私はひとりなので　長く立ち止まり
片方の道を　なるべく遠くまで見通した
やぶのなかで曲がるところまで

彼はその詩を、自分の決断が人生に大きな影響を及ぼし、行く人の少ない道を選んだのが転機だったと断じて結んでいる。

ずいぶん先のいつの日か
私はため息交じりに　こう語ることになる
森のなかで　道がふたつに分かれていて　私は――
私は行く人の少ないほうを選んだ
それが大きな違いを生んだと

これはあなたの人生のみならず、世界全体にも敷衍できる。フィリップ・K・ディックの小説にもとづくテレビシリーズ『高い城の男』では、宇宙がふたつに分かれている。片方の宇宙では、暗殺者が米国大統領フランクリン・D・ローズヴェルトを殺そうとするが、銃が故障して大統領は生き延び、連合国を第二次世界大戦の勝利へ導く。ところがもう片方の宇宙では、銃が不発にならず、大統領は殺される。無能な副大統領が役目を引き継ぎ、米国は敗れる。その結果、ナチスが米国の東海岸を占領し、大日本帝国の軍が西海岸を掌握する。

このまったく異なる宇宙の分かれ目は、1個の銃弾が詰まったことだ。しかし、銃の不発は発射火薬のわずかな欠陥のせいかもしれず、ひょっとしたらその火薬の分子構造に量子論的な欠陥があったためかもしれない。すると、ひとつの量子論的事象が宇宙をふたつに分ける可能性がある。

あいにく、エヴェレットのアイデアはあまりにも斬新で奇想天外だったため、数十年のあいだ、物理学者におしなべて無視されていた[1]。最近になってようやく、物理学者が彼の成果を再発見して、息を吹き返したのである。

エヴェレットの多世界

ヒュー・エヴェレット3世は、1930年に軍人の家庭に生まれた。父親は、離婚後に彼を養育し、第二次世界大戦中は参謀本部の中佐だった。戦後、父親は西ドイツに駐在し、ヒューもそこへ呼び寄せた。

幼いころから、彼は物理学に興味を示した。アインシュタインに手紙を書きさえし、なんと長年の哲学的問題についてぶつけた疑問に対し、こんな返事までもらえた。

拝啓　ヒュー君

抗えない力や動かせない物体などというものはありません。けれども、どうやらこのためにみずからこしらえた奇妙な難題を見事に解決してきた、とても粘り強い少年がいるようですね。

敬具

A・アインシュタイン

プリンストンでエヴェレットは、ついにみずからの科学への興味を追求した。興味の対象となったのは主にふたつの領域だ。ひとつは、科学が軍事に及ぼしうる影響を明らかにすること（たとえば、ゲーム理論によって戦争を理解するなど）で、もうひとつは、量子力学のパラドックスを解決しようとすることだった。彼の博士論文の指導教官はジョン・アーチボルド・ホイーラーで、リチャード・ファインマンの指導教官と同じだった。ホイーラーは、物理学の大御所のひとりで、ボーアやアインシュタインと共同研究したこともある。

エヴェレットは、波動関数が不思議と「収縮」し、われわれが生きているマクロの世界の状態を決定するという、量子力学の伝統的なコペンハーゲン解釈に不満をもっていた。

彼の出した答えは過激だったが、単純でエレガントでもあった。ホイーラーはすぐに教え子の成果の重要性に気づいたが、彼は現実主義者でもあった。この理論が主流の科学界に徹底的にけなされるだろうとわかっていたのである。そこで何度かエヴェレットに、理論のトーンを和らげ、とんでもないものに見えないようにしてくれと言った。エヴェレットはそれが気に入らなかったが、ただの大学院生だったので、その修正の要求を呑んだ。ホイーラーはときおり教え子の理論についてほかの著名な物理学者と議論しようとしたが、たいていすげない対応をされた。

1959年、ホイーラーは、エヴェレットにコペンハーゲンでニールス・ボーアと会わせる場まで設けた。それはホイーラーにとって、教え子の成果をいくらかでも世に認めさせようとする最後の試みだった。だが、エヴェレットはライオンの棲みかに入った子羊のようで、面会はひどい結果に終わった。その場にいたベルギー人の物理学者レオン・ローゼンフェルトは、エヴェレットは「なんとも言いようがないほど愚鈍で、量子力学の一番簡単なことも理解できていない」と言った[2]。

のちにエヴェレットは、この面会は「地獄で……最初から絶望的だった」と振り返っている。エヴェレットの理論をトップクラスの物理学者たちに公平に聞いてもらおうとしていたホイーラーさえ、結局は「あまりにも厄介だ」と言ってその理論を見捨てた。

物理学の超大物たちの全員に背を向けられ、理論物理学でやっていける見込みがほとんどなくなったので、エヴェレットは軍事研究に戻り、ペンタゴンの兵器システム評価グループに職を得た。以後、彼は大陸間弾道弾ミニットマン、核戦争と死の灰、ゲーム理論の軍事応用にかんする極秘研究をおこなうことになる。

並行宇宙の復活

一方、エヴェレットが核戦争について研究していた年月のあいだに、彼のアイデアが物理学界に少しずつ浸透していった。量子力学を宇宙全体に適用しようとした際、つまり量子重力理論を生み出そうとしたときに、ひとつの問題が生じることとなったからだ。

量子力学ではまず、1個の電子が多くの並行した状態で同時に存在するさまを波によって表現する。最終的に、観測者が外から測定をおこなうと、波動関数が収縮する。ところが、この手順を宇宙全体に適用すると、問題に直面する。

アインシュタインは、宇宙を膨張する球のようなものと考えた。われわれはその球の表面で生きている。これがビッグバン理論というものだ。しかし、量子論を宇宙全体に適用すると、宇宙も電子のように多くの並行した状態で存在しないといけなくなる。

したがって、宇宙全体に重ね合わせを適用しようとしたら、エヴェレットが予言したように、いやおうなく並行宇宙に行き着くはめになる。結局のところ、量子力学の出発点は、電子が同時にふたつの状態で存在しうるというところにある。量子力学を宇宙全体に適用すると、宇宙も並行した状態で、つまり並行宇宙として存在しなければならないのだ。それゆえ、並行宇宙の存在は避けられない。

このように、宇宙全体を量子論によって表そうとすると、必然的に並行宇宙が出現する。並行電子の代わりに、並行宇宙になるのだ。

だが、すると次のような疑問がわく。そうした並行宇宙に行くことはできるのか？　どうしてこの無限にある並行宇宙が見えないのか？　そのなかには、われわれの宇宙に似たものもあれば、奇想天外でとんでもないものもあっておかしくない（また私はよくこんな質問を受ける――すると別の宇宙ではエルヴィス・プレスリーがまだ生きているんですか？　現代科学の答えはこうだ――そうかもね）。

あなたの部屋の並行宇宙

ノーベル賞受賞者のスティーヴン・ワインバーグは、あるとき私に、多世界理論を頭が爆発しないように理解する手だてを語ってくれた。自分の部屋で静かに座っているとしよう、と彼は言った。周囲には、あちこちのラジオ局から届く電波が満ちている。理論上、部屋には何百ものラジオ局のシグナルが存在する。だが、あなたのラジオはひとつの局だけ拾い、ひとつの周波数にしか合わせられない。もはやほかの局とは同期できなくなるのだ。言い換えれば、あなたのラジオは部屋に満ちているほかの電波との「干渉性を失った」ことになる。あなたの部屋にはさまざまなラジオ局の電波が混在しているが、それらの周波数に合わせていないので、つまりそれらと干渉しないので、聞こえないのだ。

ここで、電波を電子や原子の量子波に置き換えよう、とワインバーグは言った。あなたの部屋には、並行宇宙のさまざまな波が存在する。恐竜の波、エイリアンの波、海賊の波、火山の波などだ。しかし、あなたはもうそれらと干渉性を失っているのでかかわり合えない。もはや恐竜の波と同期して振動することができないのだ。そうした並行宇宙は、必ずしも遠くの宇宙空間や別の次元のものとは限らない。あなたの部屋に存在する可能性もある。だから並行宇宙に入ることも可能だが、それが起こる確率を計算すると、天文学的な時間待たないといけないことがわかる。

われわれの宇宙で亡くなった人々が、どこかの並行宇宙では実は健在で、まさにあなたの部屋にいるかもしれない。だが、もはや彼らとの干渉性を失っているので、かかわり合うことはほぼできない。したがって、エルヴィスが生きているとしても、われわれとは別の並行宇宙でヒットソングを高らかに歌っているのだ。

そんな並行宇宙に入ることのできる確率は、ほとんどゼロに等しい。ここで重要なのは、「ほとんど」という言葉だ。量子力学では、何もかもが確率で語られる。たとえば、博士課程の学生に、明日火星で目覚める確率を計算させることがある。古典物理学によれば、答えは完全にゼロだ。われわれを地球につなぎ留める重力のくびきから逃れられないのだから。ところが量子の世界では、重力のくびきから逃れるいわば「トンネル」を抜けて火星で目覚める確率を計算できる（実際に計算すると、それが起こるには宇宙の一生より長く待たなければならないので、ほぼまちがいなく、あなたは明日自分の寝床で起きることになる）。

デイヴィッド・ドイチュは、そうしたあっけにとられるような考えを真剣に受け止めている。なぜ量子コンピュータはそんなにも高性能なのか、と彼は問うた。電子が複数の並行宇宙で同時に計算しているからだ。電子はからみ合いによって互いに相互作用し、干渉し合っている。そのため、ただひとつの宇宙で計算する従来のコンピュータを即座にしのぐことができる。

これを実証するために、ドイチュはオフィスに常備している携帯型のレーザー実験用品を持ち出す。それは、1枚の紙に穴がふたつ開いているだけのものだ。彼がふたつの穴に向けてレーザービームを照射すると、向こう側に美しい干渉縞ができる。それは、波が両方の穴を同時に通り抜け、向こう側でみずからと干渉を起こすからだ。

これは何も新しいことではない。

しかしここで、レーザービームの強度を次第に下げてほとんどゼロにしよう、と彼は言う。すると、ついには波面がなくなり、ただ1個の光子が両方の穴を通り抜けることになる。だが、どうしたら1個の光子がふたつの穴を同時に通り抜けることができるのか？

通常のコペンハーゲン解釈では、観測する前、光子は実はふたつの波の重ね合わせとして存在し、それぞれの波がそれぞれの穴を通る。それを観測するまで、1個の光子だけ選ぶことに意味はない。しかし観測したとたん、それがどちらの穴を通り抜けたのかがわかる。

エヴェレットはこの見方が気に入らなかった。「観測する前、光子はどちらの穴に入ったのか?」という疑問に答えられないことになるからだ。ではこれを電子にあてはめてみよう。エヴェレットの多世界理論では、電子は点状の粒子で確かにひとつの穴だけを通り抜けているが、並行宇宙に双子のもう片方にあたる別の電子があって、もうひとつの穴を通り抜けている。すると、異なるふたつの宇宙にあるこのふたつの電子がからみ合いによって相互作用し、電子の軌跡が変わって干渉縞を作り出す。

結局、1個の光子はひとつのスリットしか通り抜けられないが、それでも並行宇宙を飛んでいる片割れと相互作用することができるので、干渉縞ができるのだ。

(物理学者は、なんと今でも、波動関数の「収縮」にかんするさまざまな解釈をめぐって論じ合っている。それでも今日、物理学者のみならず、小学生までもが並行宇宙の概念に夢中になっている。大好きな漫画のスーパーヒーローの多くがマルチバースに生きているからだ。そんなスーパーヒーローが窮地に陥ると、並行宇宙にいるもうひとりが助けにくることがある。だから、量子物理学は子どもにとってもホットな話題になっている)

量子論のまとめ

では、量子コンピュータを実現させる量子論の奇妙な特徴をまとめてみよう。

1. 重ね合わせ。物体を観測する前、それはありうる多くの状態で存在している。そのため、電子は同時にふたつの場所にいられる。これによってコンピュータの性能は大幅に向上する。多くの

図7　**トンネル効果**

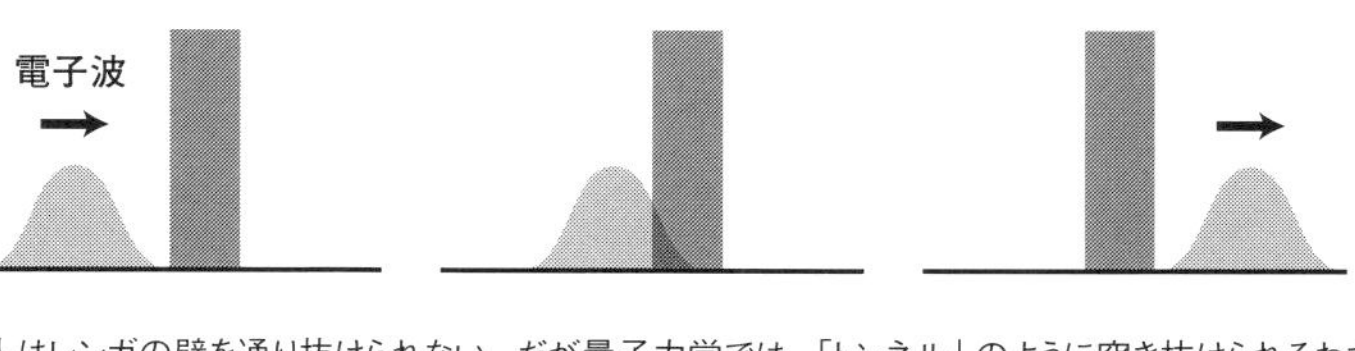

通常、人はレンガの壁を通り抜けられない。だが量子力学では、「トンネル」のように突き抜けられるわずかだが有限の確率がある。原子以下の世界では、トンネル効果は一般的に見られるので、これによって、生命を誕生させる特異な化学反応が起こりうると説明できるかもしれない。

状態を計算に使えるからだ。

2. **からみ合い**。2個の粒子が干渉し合っていると、それを引き離してもなお互いに影響を及ぼせる。この相互作用は瞬時に起こる。これによって、原子は引き離されても互いに連絡できる。すると、コンピュータの性能は、相互作用できるキュービットをどんどん足していけば飛躍的に向上し、従来のコンピュータよりはるかに高速で計算できるようになる。

3. **経路積分**。粒子が2個の点のあいだを動くとき、その2点を結ぶありとあらゆる経路が足し合わされる。最も有望な経路は量子論によらない古典的な経路だが、ほかのすべての経路も量子論で最終的に決まる経路に寄与している。したがって、ほとんどありえないような経路さえ現実のものになりうる。もしかしたら、生命を作り出した分子の経路もこの作用によって現実のものになり、その結果、生命が誕生したのかもしれない。

4. **トンネル効果**。大きなエネルギー障壁に突き当たると、ふつう、粒子はそれを突破できない。ところが量子力学では、その障壁を「トンネル」のように通り抜けるわずかだが有限の（ゼロではない）確率がある。これは、生命の複雑な化学反応が常温で大量のエネルギーもなしに進行する理由となるのではないか。

ショアの発見

1990年代まで、量子コンピュータはまだほぼ理論家の遊び道具だった。科学者、熱烈に信じ込む人、純粋に学問を究める人のなかでも、少数だが優秀な中核的一団の頭のなかにしか存在しなかったのだ。

しかし、AT&T（米国電話電信会社）のピーター・ショアが1990年代の前半に出した成果が、事態を一変させた。職場の休憩所でなにげなく語られるちょっとした余談に出るどころか、量子コンピュータはいきなり世界じゅうの主要な政府で議題にのぼるようになったのだ。それまで物理学の素養はほとんど要らなかったセキュリティの分析家も、量子論の謎を解いてほしいと頼まれるようになった。

ジェームズ・ボンドの映画を観る人なら、多くの国益がぶつかり合い、敵対さえする世界に、スパイや暗号があふれかえっていることを知っている。これはハリウッドの誇張かもしれないが、そうした諜報機関にとって一番の要（かなめ）となるのは、国家の最高機密を守るために用いる暗号だ。チューリングがナチスのエニグマ暗号の解読に成功したのが歴史の転換点となり、戦争の終結を早めて人類史の道筋を変えたことを思い出してもらおう。

話を戻すと、そのころまで量子コンピュータにかかわる研究はあくまで思弁的で、ごく一部の電気工学者の領分だった。ところがショアが、量子コンピュータで現在使われているどんなデジタル暗号も破れ、その結果、莫大な金をインターネットで送る際に完全な秘匿性を要する世界経済が、危険にさらされることを明らかにしたのだ。

秘密の通信に使われる主な暗号はRSA規格というもので、非常に大きな自然数の素因数分解にもとづいている。たとえば、100桁の素数（1とそれ自身でしか割れない自然数）をふたつ用意する。これらを掛け合わせると、ほぼ200桁の数が得られる。ふたつの数の掛け算は容易な作業だ。

だが、最初に200桁の数が与えられて、素因数分解しろ（掛け合わせてその数になるようなふたつの素数を見つけろ）と言われたら、デジタルコンピュータでも何世紀もかかるかもしれない。これを落とし戸関数（一方向性関数）という。ある方向に従い、ふたつの数を掛け合わせるとき、この落とし戸関数は単純明快だ。しかし、逆方向は非常に難しくなる。これが落とし戸と呼ばれるゆえんだ。古典的なコンピュータでも量子コンピュータでも、大きな数を素因数分解することはできる。それどころか、古典的なコンピュータで理論上、量子コンピュータにできるどんな計算もでき、逆もまた言えるが、データが複雑になりすぎると、古典的なコンピュータでは手に負えなくなる。

量子コンピュータの一番の強みは時間だ。古典的なコンピュータも量子コンピュータも決まったタスクを実行できるが、古典的なコンピュータが難しい問題を解くのに時間がかかりすぎると、まったく実用性がなくなるおそれがある。

したがって、古典的なコンピュータで大きな数の素因数分解にかかる時間はとんでもなく長くなるので、われわれの秘密を暴くのは非現実的になる。ところが量子コンピュータではある程度の時間で暗号を破れる。その時間はまだ長くても、現実的と言えるぐらいには短いとも考えられるのだ。

ハッカーがあなたのコンピュータに侵入しようとするとき、コンピュータは彼らにたとえば200桁の数の素因数分解をさせることになる。その作業にかかる時間を考えて、ハッカーはあきらめるかもしれない。しかし、あなたが送信した相手にメッセージを読んでほしければ、その人にあらかじめ答えのふたつの数を与えておけばいい（実際にはもう少し複雑だが説明のために単純化している）。これで、相手はメッセージを保護しているコンピュータ・プログラムの鍵を容易に開けることができる。

このRSAアルゴリズムは今のところ安全だが、将来は、量子コンピュータで200桁の数の素因数分解も可能になるかもしれない。

その仕組みを理解するために、ショアのアルゴリズムを見ていこう。何世紀にもわたり、数学者はなんらかの数を素数に分解するのを助けるアルゴリズムを考案してきた。素因数分解では、たとえば16＝2×2×2×2となる。2は1とそれ自身でしか割れないので素数なのだ。

ショアのアルゴリズムではまず、任意の数を素因数分解する標準的な手法として古典的な数学で知られているものを用意する。次に、その作業の終わりのほうで、フーリエ変換という操作をおこなう。これはひとつの状態について積分するだけなので、計算はふつうにおこなう。だが量子の場合、はるかに多くの状態について積分するので、代わりに量子フーリエ変換をおこなうことになる。その結果、非常に多くの状態を扱えるから、短時間で計算ができる。

つまり、古典的なコンピュータも量子コンピュータもほぼ同じやり方で素因数分解をおこなうが、量子コンピュータは多くの状態について同時に計算できるので、作業が圧倒的に速くなるのだ。

素因数分解したい数をNで表そう。従来のデジタルコンピュータでは、素因数分解にかかる時間tは、おおよそe^N（eは自然対数の底で2.718……）になんらかの係数を掛けた量となるように指数関数的に増加する。そのため、計算にかかる時間は、たちまち宇宙の年齢に匹敵する天文学的な長さにまで達する。だから、巨大な数の素因数分解は可能ではあるが、従来のコンピュータでおこなうのはまるっきり非現実的になる。

しかし、同じ計算を量子コンピュータでおこなうと、素因数分解にかかる時間tはおおよそN^nといった具合にしか増えない。増え方が指数関数ではなく多項式に収まる。量子コンピュータはデジタルコンピュータよりも天文学的に速く計算できるからである。

ショアのアルゴリズムを打ち負かす

諜報機関は、ショアの発見が及ぼす影響を十分認識すると、それに対処する策を講じだした。

まず、米国政府のために技術標準を定めている国立標準技術研究所（ＮＩＳＴ）が、量子コンピュータについて声明を出し、量子コンピュータによる脅威が現実になるのはまだ相当先だと述べた。しかし、今すぐ考えはじめるべきで、将来、量子コンピュータが人々の暗号を破りだしたら、即座に全産業の改革をおこなっても遅すぎるかもしれないと。

次にＮＩＳＴは、この脅威にある程度立ち向かうために企業がとれる単純な対策を提示した。ショアのアルゴリズムに対処する最も簡単な手だては、素因数分解すべき数を単に大きくすることだ。それでもいずれは量子コンピュータで修正版ＲＳＡ暗号を破れるだろうが、ハッカーを足止めでき、ひょっとしたら解読にとんでもなく金がかかるようになるかもしれない。

だが、この問題に取り組む一番直接的な手だては、より高度な落とし戸関数を考え出すことだ。ＲＳＡアルゴリズムは量子コンピュータによる解読を行き詰まらせるには単純すぎるので、ＮＩＳＴの声明では、元のＲＳＡ暗号よりも複雑な新しいアルゴリズムをいくつか挙げている。しかし、そうした新しい落とし戸関数はプログラムへの実装が容易ではない。それらが量子コンピュータによる解読を阻止できるかどうかはまだわからない。

政府は企業や機関に、このデジタル大変動に備える策を講じるようにうながした。米国では、こうした国家の安全保障への新たな脅威を撃退する土台の築き方について、ＮＩＳＴが指針を公表している。

しかしどうしようもなくなれば、政府や大きな機関は最後の手段に頼るかもしれない。量子コンピュータを打ち負かすのに量子暗号を使う、つまり量子のパワーで量子そのものに対抗することになるのだ。

レーザーによるインターネット

将来、極秘のメッセージは電線ではなくレーザービームによって、ほかと切り離された専用のインターネットのチャンネルで送られるようになるかもしれない。レーザービームは偏光している。つまり、その光の波が進行方向を含むひとつの面のなかだけで振動しているのだ。どこかの犯罪者がそのレーザービームを傍受しようとすると、それによってレーザーの偏光方向が変わるので、監視している者がすぐに気づく。こうして量子論の法則により、だれかがあなたの通信を傍受したことがわかるのだ。

そのため、犯罪者が通信を傍受しようとした場合、必ず警報が鳴りだす。だが、国家の最高機密を送信するのに必要な、レーザーによる専用のインターネット接続は、高価な手段となる。すると、将来はインターネットにふたつの層ができる可能性がある。銀行や大企業や政府など、一部の組織は高い金を払い、安全が保障されたレーザーによるインターネットでメッセージを送るかもしれないが、それ以外は皆、そこまで保護が厚くない通常のインターネットを利用するのだ。

このセキュリティの問題から、量子鍵配送（ＱＫＤ）という新技術も現れつつある。この技術では、からみ合ったキュービットによって暗号鍵を送るため、だれかがネットワークに侵入したらすぐにわかる。すでに日本の東芝は、２０２０年代の終わりまでにＱＫＤによる収益が最大で30億ドルに達しているのではないかと予測している。

したがって、今のところこれは長期戦だ。多くの人は、これまで脅威が誇張されていたと思っている。だが、それでも世界の主要企業は、どの技術が将来支配することになるかを見通す競争をやめていない。

ネットの脅威の先を見越せば、量子コンピュータによって勝ち取るまったく新しい世界が存在し、各企業はいまや、押し合いへし合いしながら、この刺激的な生まれたての技術によって優位に立とうとしている。

勝者が未来を決定できるのかもしれない。

第5章

レースは始まっている

シリコンバレーの超大物の何人かは、現在、このレースでどの馬が勝つかを賭けようとしている。今の時点でどの馬なのかを判断するのは時期尚早だが、ほかならぬ世界経済の未来がかかっているのだ。

レースがどのように進んでいるかを理解するためには、コンピュータの基本設計として使えるものが複数あることを認識する必要がある。チューリングマシンの根底をなす一般的な原理が、幅広いテクノロジーに応用できることを思い出そう。たとえば、水道のパイプとバルブからデジタルコンピュータを作ることができる。本質的な要素は、0と1の連なりを特徴とするデジタル情報を運べるシステムと、その情報を処理する手だてなのだ。

同じように、量子コンピュータについても多様な設計が考えられる。基本的に、0と1の状態を重ね合わせ、からみ合いを起こして情報を処理することができるような量子のシステムは、どれも量子コンピュータになりうる。上向き（右回り）か下向き（左回り）のスピンをもつ電子やイオンはこの目的にかない、右回りか左回りのスピンをもつように偏光した光子もそうだ。量子論は宇宙のあらゆる物質とエネルギーを支配しているので、量子コンピュータの作り方は何千通りもありうる。けだるい午後に物理学者は、まったく新しい量子コンピュータを作り出すために、0と1の重ね合わせを表す方法をたくさん思い浮かべるかもしれない。

ならば、そうした多様な設計はどのようなもので、それぞれの利点と欠点は何なのだろうか？　前にも話したとおり、企業や政府はこのテクノロジーに何十億ドルも投資しており、それぞれの設計の選択が、だれがこのレースで勝つかを左右するかもしれない。今のところ、ＩＢＭが４３３キュービットでトップに立っているが、競馬と同じく、順位はいつ変わってもおかしくない。

本書を印刷に回すころに、ＩＢＭは４３３キュービットの量子コンピュータ「オスプレイ」を発表した。２０２３年には１１２１キュービットの量子コンピュータ「コンドル」も発表する予定となっている*。ＩＢＭの上席副社長で研究部門のトップでもあるダリオ・ギルは、こう述べている。「われわれは、数年以内に量子優位性――実用的な価値をもちうる状態――の実証に到達できると思っている。それがわれわれの目標だ[1]」。それどころかＩＢＭは、自分たちの目標はいずれ１００万キュービットの量子コンピュータを作ることだと公言している。

では、そうした業界をリードする設計はどのようにして実際に機能し、どんな競争が起きているのだろうか？

1．超伝導量子コンピュータ

現在は、超伝導量子コンピュータが演算能力の基準となっている。2019年に、グーグルがまず出走ゲートを飛び出し、「シカモア」という超伝導量子コンピュータで量子超越性を達成したと公表した。

ところが、IBMも大きく遅れていたわけではなく、その後量子プロセッサ「イーグル」で前に出た。これで2021年に100キュービットの壁を破り、さらに433キュービットのプロセッサ「オスプレイ」を開発した。

超伝導量子コンピュータには、大きな利点がひとつある。デジタルコンピュータ産業が開発した既存の技術を使えることだ。シリコンバレーの企業は、数十年かけてシリコンウエハーに小さな回路をエッチングする技術を極めてきた。どのチップのなかでも、回路に電子があるかないかで0か1の数を表すことができる。

超伝導量子コンピュータも、この技術を利用する。絶対零度までほんのわずかという温度まで冷やすことで、回路が量子力学的状態すなわち干渉性をもつ状態になるため、電子の重ね合わせが乱されなくなるのだ。それから複数の回路をまとめると、からみ合いを起こして量子計算が可能になる。

＊ 訳注　予定どおり同年12月に発表されているが、その前の10月にアトム・コンピューティング社が、方式は異なるが1180キュービットの量子コンピュータを発表している。

超伝導量子コンピュータ

名称	開発者	キュービット
オスプレイ	IBM	433
九章	中国	76
ブリッスルコーン	グーグル	72
シカモア	グーグル	53
タングルレイク	インテル	49

しかし、このやり方の欠点は、マシンを冷やすのに複雑に配置されたチューブとポンプが必要になるということだ。それにより、コストも上がり、新たに障害やエラーが生じる可能性も出てくる。ほんのわずかな振動や不純物が、回路の干渉性を失わせるおそれもある。だれかがそばでくしゃみをしたら、実験が台無しになるのだ。

科学者はこの感度を可干渉時間というものによって測る。可干渉時間とは、複数の原子が干渉性を保って振動しつづける時間の長さのことだ。一般に、温度が低いほど、その環境にある原子の動きは遅くなり、可干渉時間は長くなる。宇宙空間よりさらに低い温度にまでマシンを冷却すると、可干渉時間は最大限長くなる。

だが、実際に絶対零度に到達することはできないので、どうしても計算にエラーが忍び込んでしまう。通常のデジタルコンピュータならば気にすることはないが、量子コンピュータでは大きな悩みの種になる。結果を完全には信頼できなくなるのだ。何十億ドルもの取引がかかわっていれば、これは深刻な問題だろう。

図8　**量子コンピュータ**

ここに示したような量子コンピュータは、大きなシャンデリアに似ている。写真に写っている複雑なハードウェアのほとんどは、コアを絶対零度近くにまで冷やすのに必要なパイプとポンプで構成されている。量子コンピュータの実際の心臓部はおそらく4分の1ほどのサイズで、写真の下のほうにある。

この問題に対するひとつの解決策は、各キュービットを複数のキュービットでバックアップすることだ。これにより冗長性が生まれ、システムのエラーが減る。たとえば、量子コンピュータの各キュービットについてバックアップを設け、3キュービットで計算した結果、101という数列が得られたとしよう。数値が一致していないので、中央の数が誤っている可能性が最も高く、これは1に置き換えたほうがいい。このように冗長性は最終的な結果のエラーを減らせるが、代償として、システムのキュービットの数が大幅に増える。

計算に忍び込むエラーをこうして複数のキュービットで訂正するには、1キュービットに対してバックアップが1000キュービット必要かもしれないとも言われている。しかし、そうなると1000キュービットの量子コンピュータのために、１００万キュービットが必要になる。これはテクノロジーを極限まで追い込む莫大な数だが、グーグルは、１００万キュービットのプロセッサが10年以内に達成できるものと見込んでいる。

2. イオントラップ型量子コンピュータ

別の競争相手は、イオントラップ型量子コンピュータだ。電気的に中性の原子から電子をいくつかはぎ取ると、正電荷のイオンができる。イオンは、複合的な電場と磁場で作ったトラップに入れて宙吊りにすることができ、複数のイオンにすると互いに干渉するキュービットとして振動する。たとえば、原子のスピンが上向きなら状態は0、下向きなら状態は1とする。すると、量子の世界の奇妙な影響による結果は、ふたつの状態がいくつも重なり合ったものとなる。

それからマイクロ波やレーザービームをそうしたイオンに当てると、イオンのスピンが裏返り、状態が変わる。したがって、このようなビームはプロセッサの働きをする。デジタルコンピュータのCPUがトランジスタの状態をオンとオフのあいだで切り替えるのと同じように、原子の配置を切り替えるのだ。

すると、これはランダムな電子の集まりから量子コンピュータがどうやって生まれるのかを、最もわかりやすく示すやり方かもしれない。ハネウェルはこの方式を主導している企業のひとつだ。

図9　**イオントラップ型量子コンピュータ**

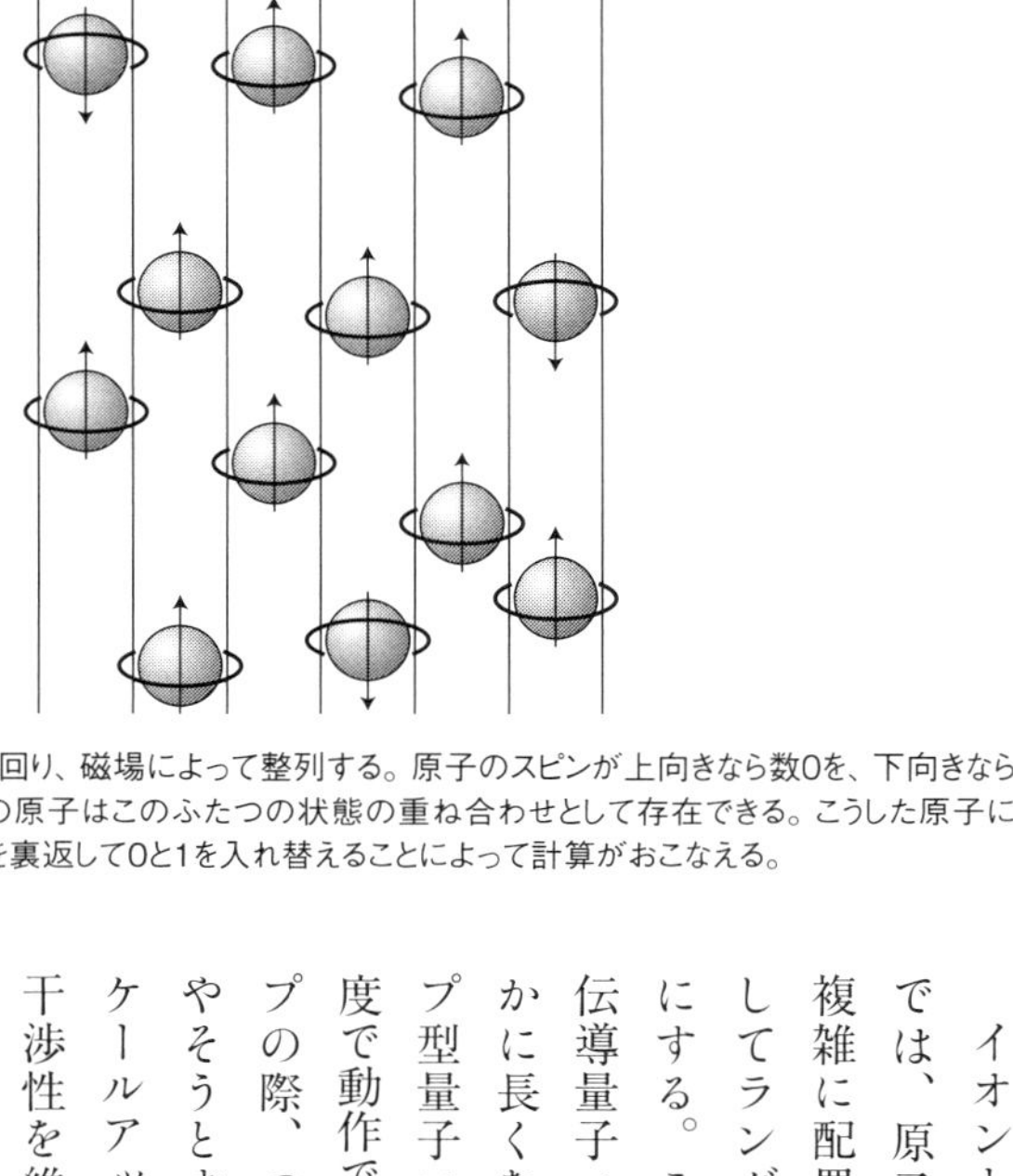

原子は独楽（こま）のように回り、磁場によって整列する。原子のスピンが上向きなら数0を、下向きなら数1を表せる。だが、複数の原子はこのふたつの状態の重ね合わせとして存在できる。こうした原子にレーザーを当てると、スピンを裏返して0と1を入れ替えることによって計算がおこなえる。

イオントラップ型量子コンピュータでは、原子をほぼ真空状態で維持し、複雑に配置した電場と磁場で宙吊りにしてランダムな運動を吸収できるようにする。これにより、可干渉時間は超伝導量子コンピュータの場合よりはるかに長くなり、じっさいイオントラップ型量子コンピュータのほうが高い温度で動作できる。しかし、スケールアップの際、つまりキュービットの数を増やそうとする場合に問題が生じる。スケールアップがかなり難しくなるのは、干渉性を維持するのに電場と磁場を絶えず調整しなおす必要があり、それは複雑な作業だからだ。

3．光（ひかり）量子コンピュータ

グーグルが量子超越性の達成を主張

した直後、中国が、さらに大きな壁を打ち破り、デジタルコンピュータで5億年かかる計算を200秒以内でおこなったと発表した。

ローマ・サピエンツァ大学の量子物理学者ファビオ・シャリーノは、この知らせを受けたとき、「最初に思ったのは『すごい！』だった」と振り返っている。[2] 中国の量子コンピュータは、電子ではなくレーザー光で計算をおこなっているのだ。

この光量子コンピュータというものは、光がさまざまな方向すなわち偏光状態で振動しうるという性質を利用している。たとえば、光は縦に——上下に——振動することもあれば、横に——左右に——振動することも考えられる（浜辺で太陽光のまぶしさを和らげるために偏光レンズを入れたサングラスを買う人は、この性質を利用している。あなたの偏光サングラスに鉛直方向の溝が平行に並んでいたら、水平方向に振動する太陽光をさえぎるのだ）。すると、0か1の数を、異なる偏光方向で振動する光によって表すことができる。

光量子コンピュータはまず、レーザービームをビームスプリッターという精巧に磨き上げられたガラスに45度の角度から照射する。ビームスプリッターに当たったレーザービームはふた手に分かれ、片方はそのまままっすぐ進み、もう片方は真横に反射する。ここで重要なのは、2本のビームが干渉性をもち、互いに同期して振動する点だ。

その後、干渉性をもつ2本のビームはそれぞれ磨き上げられた鏡に当たり、2本とも同じ一点に集まると、そこで2個の光子が互いにからみ合う。このようにして、1キュービットが作れる。したがって、結果的にビームはからみ合った2個の光子の重ね合わせになる。では、テーブルの上に何百ものビームスプリッターと鏡が配置され、干渉性をもつ光子が次々とからみ合うとしよう。光量子コンピュータは、そのようにして驚くべき離れ業を演じる。中国が発表した光量子コンピュータは、１００個のチャンネル（光路）を通り抜ける76個のからみ合った光子で計算することができた。

だが、光量子コンピュータには重大な欠点がひとつある。不格好に集まった鏡とビームスプリッターが、広いスペースをとってしまいやすいのだ。問題を解くたびに、たくさんの鏡とビームスプリッターの配置をなおさなければならず、即座に計算をおこなうプログラムを組める万能のマシンにはならない。計算を終えるたびに、解体して部品を正確に並べなおす必要があるので、時間を食うのだ。さらに、光子がほかの光子と容易に相互作用しないため、キュービットの複雑さを増すのが難しい。

それでも、量子コンピュータに電子でなく光子を使うメリットはいくつかある。電子は電荷をもつので通常の物質と強く反応する（だから環境による撹乱がかなり大きくなりうる）が、光子は電荷をもたないから、環境によるノイズがはるかに少なくなる。事実、光がほかの光を通り抜けても、ほとんど撹乱は起きない。光子はまた、電子よりもずっと速く、電気信号の10倍の速度で進む。

しかし、光量子コンピュータの大きな利点で、結局のところほかのどの利点をも上回りそうなのは、常温で動作させられるということだ。すぐにコストを跳ね上げる、絶対零度近くまで冷やすための高価なポンプやチューブが要らないのである。

光量子コンピュータは常温で動作するので、可干渉時間はとても短い。ところがこれは、レーザービームは高エネルギーにできるから、可干渉時間よりもずっと短い時間で計算ができ、その環境にある分子がスローモーションで動いているように見えるという事実で帳消しになる。このため、環境との相互作用によるエラーの量も減る。長い目で見ると、エラー率が少なくコストが抑えられるという利点が、ほかの設計方式の利点をしのぐかもしれない。

もっと最近では、カナダのザナドゥというスタートアップが、圧倒的に優れた光量子コンピュータを発表した。それは、（テーブルを埋め尽くすほどの光学的ハードウェアではなく）小さなチップで、ビームスプリッターの微小な迷路を通る赤外レーザー光を操作するというものだ。中国の設計と違って、ザナドゥのチップはプログラム可能で、そのコンピュータはネット上で使える。だが、情報量が8キュービットしかなく、超伝導のための冷却装置もまだいくつか要る。それでもザナドゥのザカリー・ヴァーノンはこう語る。「長いこと、フォトニクス（光工学）は量子コンピューティングのレースで負け犬と考えられてきました。……これらの結果によって……フォトニクスが負け犬ではなく、むしろ最有力候補であることが明らかになってきているのです」[3]。答えはいずれわかるだろう。

4．シリコンフォトニクス・コンピュータ

最近になって、ある新企業がレースに加わり、大変な物議をかもした。生まれたてのスタートアップ、プサイクォンタムが、自社のシリコンフォトニクス・コンピュータの設計で投資家

たちを説得し、企業評価額をなんと31億ドルにまで上げてウォールストリートを驚かせたのである。しかも、プロトタイプも作っておらず、実証プロジェクトで実際に動作することを示してもいなかった。

シリコンフォトニクス・コンピュータの大きな利点は、半導体産業が完成させた実証済みの方法が使えることだろう。事実、プサイクォンタムは、世界の3大チップメーカーのひとつであるグローバルファウンドリーズと提携関係を結んでいる。この名のあるハイテク企業との合弁事業によって、その若い企業はウォールストリートですぐに認知されるようになった。

プサイクォンタムがメディアの注目を集めた一因は、今のところ最も野心的な将来計画を立てていることにある。同社は、今世紀の半ばまでには実用レベルとなる100万キュービットのシリコンフォトニクス・コンピュータを作ると公言している。彼らの感覚では、およそ100キュービットの量子コンピュータに焦点を当ててきた競合他社は、わずかずつ進歩することばかり考えているので、あまりにも保守的すぎるのだ。プサイクォンタムは、慎重で臆病なライバルを出し抜いて、未来へ大きく飛躍したいと考えている。

彼らの企ての鍵を握るもののひとつは、シリコンがもつふたつの性質だ。シリコンは、トランジスタを作り、それによって電子の流れを制御するのに使えるばかりか、一部の振動数の赤外線に対して透明なので、光を伝送するのにも使える。このふたつの性質は、からみ合う光子にとって非常に重要となる。

ひとつの大きなセールスポイントは、エラー訂正の問題に取り組めることだ。環境との相互作用によって、どんな計算にもエラーは忍び込むので、余分にキュービットを作ってシステムに冗長性を組み込んだほうがいい。１００万キュービットあれば、そうしたエラーの抑制に乗り出せるから、真に実用的な計算をコンピュータでおこなえるようになる。

5. トポロジカル量子コンピュータ

このレースのダークホースは、マイクロソフトの設計で、トポロジカルなプロセッサを用いるものだ〔連続的に変えた形状を同じものと見なすトポロジーの性質を利用する方式〕。

すでに見たとおり、これまでの設計方式のいくつかが直面する大問題は、温度を絶対零度近くに保つ必要があることだ。しかし量子論によれば、イオントラップ方式と光方式のほかにも、極低温でなくても動作する量子コンピュータを作る方法はある。システムは、つねに不変となるいくつかの特殊なトポロジーの性質を維持すれば、常温で安定に保てる。結び目をもつロープの輪を考えよう。両端のない輪なので、ロープを切らないかぎり、どんなにがんばっても結び目はなくせない。ロープのトポロジー（形、この場合は結び目のある状態）は、ロープを切る以外のどんな操作をしても変えられない。同じように、物理学者は、どんな温度でも系のトポロジーが維持される物理的な系を見つけようとしている。もし見つかれば、量子コンピュータのコストを大幅に減らせ、安定性を格段に増すことができるだろう。そのようなシステムでは、干渉性をもつキュービットがそうしたトポロジカルな形状から生み出せるはずだ。

２０１８年、オランダのデルフト工科大学の物理学者たちが、そういう性質をもつ材料を発見したと発表した。アンチモン化インジウムのナノワイヤーである。この材料は、多くの構成物質の複雑な相互作用が続いて生じ、それゆえ「発現」したとされていた。これはマヨラナゼロモード準粒子と名づけられた。メディアはこれを、常温でも安定な（ここでは先述のトポロジーが維持されるという意味）魔法の材料と褒めそやした。マイクロソフトは、気前よく資金を出して大学構内に新たな量子研究所を設置しようとまでした。

とてつもないブレイクスルーが起きたように見えた一方で、別のチームが、結果を再現できなかったと発表した。デルフトのチームは厳密に調べ上げて、自分たちは結果の解釈を早合点したかもしれないと告げ、論文を取り下げた。

機が熟しているので、物理学者もそうしたプレスリリースを真に受けだしているのだ。それでも、エニオンと呼ばれる仮定上の粒子など、ほかのトポロジカルな物質がまだ研究されているので、このアプローチはなお実現可能と考えられている。

6. D-waveの量子コンピュータ

最後にもうひとつ、量子アニーリングというタイプの量子コンピューティングが、現在、カナダに拠点を置く企業D-waveによって推進されている。これは量子コンピュータの能力をフルに利用してはいないが、D-waveは、競合する設計方式による数値をはるかに超える5600キュービットに到達するマシンを作れ、数年後には7000キュービットを超えるコンピュータを提供する計画もあると主張している。すでにいくつかの著名な企業や機関が、一般市場で1000万〜1500万ドルで売られているD－waveのコンピュータを購入している。ロッキード・マーティン、フォルクスワーゲン、日本のNEC、米国のロスアラモス国立研究所やNASAなどである。

D－waveの量子コンピュータはひとつの領域で秀でているようで、それは最適化だ。事業にかかわるパラメータ（廃棄物の減少、効率の最大化、増益など）の最適化に関心のある組織が、このテクノロジーに投資している。D－waveのコンピュータは、電場と磁場を使って超伝導ワイヤーを流れる電流を操作し、最終的に最低のエネルギー状態に到達させることで、データを最適化できる。

要するに、企業のみならず政府のあいだでも、この新技術で先んじるべく熾烈な競争が演じられている。この分野の進歩の速さはめざましいものがある。主要なコンピュータ企業はどこも、独自の量子コンピュータの事業計画を擁している。プロトタイプはすでに真価を示しており、販売されさえしている。

だが、次に大きな課題となるのは、量子コンピュータで現実世界における実際の問題を解決することだ。科学者や技術者は、デジタルコンピュータではとうてい解けない問題に目を向けている。科学技術における最大級の問題の解決に量子コンピュータを活用することが、目標になっているのだ。

研究のひとつの主眼は、生命の起源の背後にある量子力学を明らかにすることである。これは、光合成の謎を解明し、地球を養い、人類社会にエネルギーを供給し、不治の病を治すのに役立つだろう。

第Ⅱ部
世界の問題を解決する

第6章

生命の謎を解く

どの文化にも、生命の始まりについて、大切に育まれてきた神話がある。人々はよく、地球上の華々しく豊かで多様な生命をどうしたら説明できるだろうかと考えてきた。たとえば聖書では、神が天地を6日で創造したとされている。神は自分の似姿として人を塵(ちり)から創り、それに命を吹き込んだ。神はあらゆる動植物を創り、人に治めさせた。

ギリシャ神話では、初めに形のないカオス(混沌の神ともされる)と虚空しかなかった。だが、この広大な空っぽの状態から、大地の女神ガイア、愛の神エロス、光の神アイテルなどの神々が生まれた。それからガイアと夜空の神ウラノスが結ばれると、地球に棲まう生き物が創られた。

生命の起源は、古今を通じて指折りの謎のひとつかもしれない。この問題は、なによりも宗教や哲学や科学の議論で中心となってきた。これまでずっと、深い洞察をする思想家の多くは、無生物に命を吹き込める謎めいた「生命力」があると考えていた。それどころか、多くの科学者は、生命が無生物からひとりでに魔法のように生じる自然発生というものを信じていた。

19世紀になると、科学者は、生命の出どころについて、多くの手がかりをつなぎ合わせることができた。ルイ・パストゥールらが注意深くおこなった実験では、それまで一般に考えられていたのと違い、生命は自然発生しないことが立証できた。パストゥールは、水を沸騰させることで、生物が自然に生じない無菌の環境を作れることを示したのである。

現在でも、生命がほぼ40億年前に地球で最初にどのように生まれたかについては、われわれの理解に多くの空白がある。実のところ、この問題を解き明かすために、原子レベルでおもとの生物学的・化学的プロセスを解析するとなると、デジタルコンピュータは役に立たない。単純きわまりない分子のプロセスでも、デジタルコンピュータの能力ではすぐにとうてい及ばなくなる。しかし、量子力学ならそうした理解の空白の多くを説明し、生命の謎の解明につなげられるかもしれない。量子コンピュータはこの問題にうってつけで、いまや分子レベルで生命の奥深い秘密をいくつか解き明かしはじめている。

ふたつのブレイクスルー

1950年代に、ふたつのブレイクスルーが起きて、生命の起源の研究をさらに進めるための課題が示された。最初のブレイクスルーは1952年、シカゴ大学の大学院生スタンリー・ミラーが、ハロルド・ユーリーのもとで研究していて単純な実験をおこなったときに起きた。ミラーは、まずフラスコに入った水を用意し、メタンとアンモニア、水素などからなる、原初の苛酷な地球の大気を模していると考えた有毒な調合物をそれに加えた。この系にエネルギーを加えるために（稲妻や太陽からの紫外線を模していたのかもしれない）、電気で小さな火花も散らした。そして1週間、その実験から離れていた。

やがて戻ってきた彼は、フラスコのなかに赤い液体を見つけた。注意深く調べてみると、着色の原因はアミノ酸であることがわかった。アミノ酸はわれわれの体のタンパク質を構成する基本要素だ。つまり、生命の基本的な素材が外からの関与なしにできたのである。

それ以来、この単純な実験は、何百回となく繰り返されて変化も加えられ、生命を生み出したとおぼしき太古の化学反応を科学者たちに垣間見させた。たとえば、海底の熱水噴出孔で見つかる有毒な化合物が、生命の最初の化合物を作り出す基本的な要素を提供し、さらにそうした火山熱水系が、その化合物を生命に必須のアミノ酸に変えるエネルギーを与えたという可能性が考えられる。じっさい、地球上でとりわけ原始的な細胞がいくつか、海底の火山熱水系のそばで見つかっている。

今では、生命の構成要素をいかに簡単に作れるかがわかっている。アミノ酸は、何千光年も離れたガス雲や、宇宙空間から落ちてきた隕石のなかにも見つかっている。炭素が基本のアミノ酸は、宇宙全体で生命の種（たね）を形成しているとも考えられる。そしてこのすべては、シュレーディンガー方程式が予言するとおり、水素や炭素や酸素の単純な結合特性によるものなのである。

すると、量子力学を用いれば、地球に生命を生み出した量子論的なプロセスを、段階的に明らかにできるはずだ。初歩的な量子論から、ミラーの実験が非常にうまくいった理由がわかるし、それはまた将来のさらに深遠な発見に道をつけてくれるかもしれない。

第一に、量子力学をもとに、アミノ酸を作るためにメタンやアンモニアなどの化学結合を断ち切るのに必要なエネルギーが算出できる。量子力学の方程式は、十分にそれができるだけのエネルギーが、ミラーの実験のような電気火花にあることを示している。そればかりか、そうした化学結合を断ち切るのに必要な活性化エネルギーがなんらかの理由ではるかに大きかったなら、生命は現れなかったはずだということも示している。

第二に、炭素には6個の電子がある。2個は第1レベルの軌道にあり、残りの4個は第2レベルの軌道の4つのスペースに別々に入っている。このおかげで、4つの化学結合を作る余地がある。4つの結合をもてる元素は周期表のなかで珍しい。しかし、量子力学の法則がこの構造に炭素や酸素や水素の長く複雑な鎖を作らせて、アミノ酸ができるのだ。

第三に、こうした化学反応は水（H_2O）のなかで起こる。水はるつぼのような役目を果たし、そのなかで異なる分子が出合い、複雑な化合物を形成する。量子力学にもとづけば、水分子は山形をしていることがわかり、ひとつの酸素原子を頂点に2個の水素原子が互いに104・5度の角度をなしていると計算できる。すると、水分子の実質的な電荷がその分子のまわりに偏って分布していることになる。この電荷が十分に大きいので、ほかの化合物の弱い結合を断ち切る結果、水は多くの化合物を溶かすのだ。

このように、基本的な量子力学から生命の条件を作り出せることがわかる。だが次の問題は、ミラーの実験を超えて、量子論からＤＮＡを作り出せるかどうかがわかるのかだ。さらに、量子コンピュータをヒトゲノムに用いて、病気や老化の秘密を解き明かすことはできるのだろうか？

生命とは何か？

ふたつめのブレイクスルーは、量子力学から直接訪れた。１９４４年、すでに波動方程式で名を馳せていたエルヴィン・シュレーディンガーが、『生命とは何か』〔岡小天・鎮目恭夫訳、岩波書店〕という独創的な本を著した。そのなかで彼は、生命そのものが量子力学の副産物で、生命の設計図が未知の分子にコードされているとする驚くべき主張をしていた。多くの科学者が、謎めいた「生命力」があらゆる生物に命をもたらしているとまだ考えていた時代に、シュレーディンガーは、量子物理学の応用によって生命を説明できると訴えたのである。波動方程式の解を調べることで、生命は純粋数学に従い、謎めいた分子によって手渡されるコードの形をとって生じるのではないかと彼は考えた。

それは突拍子もない考えだった。ところが、物理学者のフランシス・クリックと生物学者のジェームズ・ワトソンというふたりの若き科学者が、これを挑戦ととらえた。生命の礎がなんらかの分子に見出されるとしたら、ふたりがやるべき仕事は、その分子を見つけて、それに生命のコードがのっている事実を明らかにすることだったのだ。

「シュレーディンガーの『生命とは何か』を読んだときから、私は遺伝子の秘密を解き明かすべく方向づけられた」とワトソンは思い返している[1]。

クリックとワトソンは、シュレーディンガーが想定したように、生命の分子が細胞核の遺伝物質にひそんでいるにちがいないと考えた。そして細胞核の多くは、DNAという化合物で構成されている。だが、DNAのような有機分子はとても小さい（可視光の波長にも及ばない）ので、見ることができず、ふたりの仕事は困難に思われた。そこで彼らは間接的な手段を選び、X線結晶構造解析という量子論にもとづく手法を用いて、この謎の分子を明らかにしようとした。

X線は、可視光と違って、原子のサイズよりも短い波長になりうる。すると、おびただしい数の分子がなんらかの格子状に配置された結晶にX線を照射すると、散乱したX線が独特の干渉パターンを作り出し、それを写真に収められる。熟練した物理学者がその写真乾板をよく調べると、どんな結晶のパターンがそのイメージを生み出したのかを明らかにすることができる。

ロザリンド・フランクリンが撮影したDNAのX線写真をひと目見るなり、クリックとワトソンは、そのパターンを作り出す構造が二重らせんにちがいないと気づいた。DNAの全体的な構造が二重らせんで、2本の階段が互いに巻きついたような形だと知ったことで、ふたりはDNAの構造を原子単位で組み立てることができた。

量子力学は彼らに、炭素原子、水素原子、酸素原子などの結合が形作る角度を教えてくれた。そこで、レゴで何かを作る子どものように、ふたりはDNAの完全な原子構造を再現でき、それが自身のコピーを作って生物の発生のすべてについて指示を与えることも説明できたのである。

これはまた、生物学と医学を本質的に変えることとなった。19世紀にチャールズ・ダーウィンは、生命の系統樹を描いてみせ、そのさまざまな枝は非常に多様な形態を表していた。このばかでかい生命の系統樹が、たったひとつの分子から始まっていたのだ。しかも、シュレーディンガーが思い描いたとおり、すべては量子力学の帰結として導き出すことができる。

DNA分子を解き明かしたクリックとワトソンは、それが4種類の原子団――ヌクレオチド〔塩基とリン酸と糖の化合物〕という――で構成されていることを見出した。それらを区別する4種類の塩基はA、C、T、Gで表され、1列につながったヌクレオチドが平行に並んで2本の長い鎖になっている。それらがからみ合って階段のようになり、DNA分子ができあがる（DNAの1本の鎖を通常は見ることはできないが、それをほどくと、この1個の分子の長さはおよそ180センチメートルになる）。細胞分裂にともなって複製するときには、DNAの2本鎖がほどけて2本のヌクレオチドの鎖に分かれる。その後、それぞれの鎖が鋳型の働きをし、しかるべき順序でほかから原子団〔相補的なヌクレオチド〕をつかみ取っていくと、どちらの1本鎖もふたたび2本鎖になる。このようにして、生命は自身を複製できる。

今では、量子論の数学を用いてDNA分子を作り出す方法がわかっている。しかし、DNA分子の基本的な形を明らかにするのは、ある意味で簡単だ。難しいのは、この分子のなかにひそむ何十億ものコード（塩基配列）を解読することなのである。

それはまるで、音楽を理解しようとして、ようやくピアノの鍵盤でいくつかの音の出し方を身につけたようなものだ。それでモーツァルトになれるわけではない。いくつかの音を覚えただけでは、長い旅の始まりにすぎない。

物理学とバイオテクノロジー

われわれの全遺伝子配列を明らかにするという取り組みの先鋒を務めたひとりは、ハーヴァード大学の生化学者でノーベル賞を受賞した、ウォルター・ギルバートだ。私のインタビューを受けたとき、彼は、その分野がもともと自分の計画に入っていたわけではないと打ち明けた。むしろ彼は、ハーヴァードで物理学の教授として働きだし、強力な加速器で作り出す素粒子のふるまいを研究していた。生物学に取り組むことは、まったく頭になかったのだ。

ところが、ギルバートは考えを改めだした。まず、競争の激しいハーヴァードで終身在職権を得るのがいかに大変なことかに気づいた。素粒子物理学の分野には、自分と競う聡明な研究者がたくさんいたのだ。その後、妻の上司だったジェームズ・ワトソンに、ケンブリッジ大学にいたころに会っていたことに気づき、アイデアと発見が相次いでいたバイオテクノロジーという新しい分野で進んでいる先駆的研究について、よく知るようになった。興味をそそられた彼は、素粒子の難解な方程式に取り組みながら、気づけば生物学に手を染めていた。

つまり、自分のキャリアで特大の賭けに出たのだ。

物理学の教授として、ギルバートはひとっ飛びに素粒子の理論物理学から生物学に転向した。

それでも賭けは成功した。１９８０年に彼はノーベル化学賞を受賞したのである。ほかにも多くの成果を上げたが、彼はとくに、ＤＮＡ分子の塩基配列をすばやく読み取る手法をいち早く開発したひとりとなった。

物理学の素養をもって生物学にやって来たことは、彼にとって実に助けになった。それまで、ほとんどの生物学の研究部門にいるのは、ひとつの動物や植物を専門とする人ばかりだった。なかには、新たな種を見つけて名前をつけることを生業（なりわい）としている人もいる。そこへ突然、量子物理学者が高度な計算を用いてブレイクスルーをなし遂げたのだ。量子力学の難解な言語に長けていたおかげで、ギルバートは生命の分子的基礎に対する理解を一変させるブレイクスルーをなし遂げることができた。

さらに彼は、ヒトゲノム計画にはずみをつける役目も果たした。１９８６年、ニューヨークのコールド・スプリング・ハーバー研究所における講演で、彼はこの空前の野心的な試みに要するコストを30億ドルと見積もった。「聴衆は仰天した」と『ジーンウォーズ』〔石館宇夫・石館康平訳、化学同人〕の著者、ロバート・クック＝ディーガンは振り返っている。「ギルバートの予測にどよめきが起きた」。多くの人は、ありえないほど少ない額のように感じたのだ。彼がその驚くべき予測をしたころ、かぞえるほどの遺伝子しか配列が明らかになっていなかった。多くの科学者は、ヒトゲノムの解読は永久に無理だろうとさえ考えていた。

だが、その額がヒトゲノム計画の予算として米国議会に承認されることとなった。技術はおそろしく急速に進歩していたので、この計画は予定より早く、予算以下で完了した。米国政府でもそんなことは前代未聞だった（私はギルバートに、どうしてその額を予想したのかと訊いたことがある。彼は、われわれのＤＮＡに30億の塩基対があると知っていたので、1塩基の配列決定に要するコストが最終的に1ドルになると見積もっていた）。

ギルバートは、将来についてこんな予言さえしていた。「薬局に行ってあなた自身のＤＮＡ配列をＣＤで受け取ることもできるだろう。それをあなたは自宅のマッキントッシュで解析できるし……『自分の』ポケットからＣＤを取り出して『こいつが人間だ。僕だよ！』と言うこともできる」

こうした事実に強く感化されたひとりの人物が、フランシス・コリンズだった。彼は２００９年から２０２１年まで米国立衛生研究所（ＮＩＨ）の所長を務めており、いまや医学界で最高に影響力の大きな医師のひとりだ。何千万もの人が、テレビで新型コロナウイルス感染症（Ｃｏｖｉｄ－19）のパンデミックについて最新の状況を語る彼を目にしていただろう。

私はコリンズに、初めは化学を専攻していたのに、どうして生物学に興味をもつようになったのかと尋ねた。すると彼は、生物学はずっと、たくさんの動植物にたくさんの勝手な名前がついていて、とても「面倒」なものに思えていたと打ち明けた。理不尽だと思ったのだ。化学には、秩序と規則とパターンが見られ、それらを調べて再現することができた。だから彼は、物理化学を教え、シュレーディンガー方程式を用いて分子の内部の仕組みを説明していた。

しかし、やがてコリンズは、自分が間違った分野にいることに気づいた。物理化学はすっかりできあがっていて、原理も概念もよく知られていたのだ。

そこで彼は、生物学を見なおしはじめた。生物学では未知の昆虫や獣に耳慣れないギリシャ語の名前が与えられていたが、バイオテクノロジーの分野には新たなアイデアや概念があふれかえっていた。新参者を待ち受ける未踏の領域だったのである。

コリンズはほかの人の意見を聞いてまわった。ウォルター・ギルバートも相談を受け、自分が素粒子物理学からDNAの配列決定に転向した話をした。そして同じことをすればいいとコリンズを励ました。

それでコリンズは思い切って新分野に飛び込んでみたが、後悔することはなかった。彼はこう思い返している。「『なんとまあ、ここには本物の黄金時代がやって来ているではないか』と気づいた。私は、熱力学をひどく嫌う学生たちに、それを教えようとしているのではないかと不安になっていた。ところが生物学で起こっていることは、1920年代の量子力学の状況のように見えたのだ。……すっかり圧倒されてしまった」

すぐさまコリンズは名をなした。1989年に、嚢胞(のうほう)性線維症の原因となる遺伝子変異を明らかにしたのだ。DNAのなかで、わずか3つの塩基対の欠失（ATCTTがATTになる）が引き起こすことを見出した。

やがて、コリンズは保健医療の行政機関のトップにのぼりつめた。それでも彼は、ワシントンに自分の流儀を持ち込み、オートバイに乗って通勤した。自分個人の宗教的信念も手放さなかった。彼は『DNAに刻まれた神の言語』〔中村昇・中村佐知訳、いのちのことば社〕というベストセラー書籍まで著している。

バイオテクノロジーの3段階

ギルバートとコリンズは、ある意味でこの分野の発展段階の一部を象徴している。

第1段階：ゲノムの地図を作る

第1段階では、ウォルター・ギルバートらが、科学における史上最大級の挑戦、ヒトゲノム計画を完遂した。だが、ヒトゲノムのカタログは、2万の見出し語があって定義がのっていない辞書のようなものだ。それ自体、不朽の成果だが、使えない成果でもある。

第2段階：遺伝子の働きを明らかにする

第2段階では、フランシス・コリンズらが、そうした遺伝子の定義を書き込んでいこうとした。病気や組織や器官などにかかわる配列を決定することで、遺伝子の働き方を少しずつまとめていける。これはひどく遅々とした作業だが、徐々に辞書ができあがっていく。

第3段階：ゲノムを修復し改良する

しかし、いまやわれわれは、この辞書を使ってみずから作家になれる第3段階に入りつつある。これはつまり、量子コンピュータで遺伝子の働きを分子レベルで解明するということなので、われわれは新たな治療法を考案し、新たなツールも作り出して、不治の病と戦えるようになる。そうした病気がどのようにしてダメージを与えるのかを分子レベルで理解できれば、その知識をもとに、病気を無害化したり治したりする新たな手だてを考え出せるかもしれない。

生命のパラドックス

生命の起源をたどろうとするときに、立ちはだかる大きなパラドックスがまだ残っている。ランダムな化学的事象から、どうして生命のこのうえなく複雑な分子を、こんなにも短い時間で作り出せるのだろう？

地質学者は、地球の年齢が46億歳だと考えている。10億年近くにわたり、地球は溶融状態で、熱すぎて生命を維持できなかった。小天体の衝突や火山の噴火が繰り返されたため、太古の海はきっと何度か干上がり、生命を育めなくなっていただろう。だが、38億年前ごろには、地球は次第に冷えて海ができるほどになっていた。DNAは37億年前あたりに出現したと考えられているので、2億年ほどのうちに、いきなりDNAが、エネルギーを使って複製することのできる化学的プロセスを備えて登場したことになる。

こんなことはありえないという考えを述べた科学者もいる。宇宙論の偉大な先駆者のひとり、フレッド・ホイルは、DNAがこれほどすばやく現れたように見えるのなら、生命はあまり時間をかけずに地球に生まれたことになってしまうので、宇宙からやって来たにちがいないと考えた。宇宙空間にある岩石やガス雲にはアミノ酸が含まれていることが知られているから、生命はどこか別の場所で誕生したのかもしれなかった。

これをパンスペルミア説といい、近年新たな証拠がふたたび関心に火をつけている。隕石に含まれる鉱物と微小な気泡を調べてみると、宇宙探査機が火星で見つけた岩石のものと正確に一致しているものがあるのだ。これまでに発見された6万個の隕石のうち、少なくとも125個は火星からやって来たものと確定されている。

一例を挙げよう。ALH84001という隕石は、1万3000年前に南極に落下したものだ。それは、おそらく1600万年前の小天体の衝突によって火星から宇宙へ吹き飛ばされ、そのまま漂流して最終的に地球に落ちてきた。内部の顕微分析から、いくつかミミズ状の構造が明らかになっている（現在でも、その構造が太古の多細胞生物の化石か自然に起きた現象の産物かをめぐり、議論がある）。岩石が火星から地球へ旅することができるのなら、DNAにもそれができるのではないか？

今では、たくさんの小惑星が、火星と金星、月、地球のあいだを漂っていて、十分に大きな小惑星衝突によってそうした惑星や月から岩石が宇宙へ放り出され、やがて別の惑星や月にたどり着いていると考えられている。DNAがどこかほかの星から地球にやって来た可能性も排除できないのだ。

ところが、この謎に対して別の説明もできる。

すでに見たとおり、量子論によって可能になるいくつかのメカニズムは、化学的なプロセスを大幅に加速する。前に取り上げた経路積分法は、化学反応において、ありそうにないものも含め、考えられるすべての経路について足し合わせる。通常のニュートン物理学のルールでは禁じられる経路も、量子力学では実際にありうるのだ。そうした経路のなかに、複雑な分子構造の創造へ導くものがあるかもしれない。

酵素が化学反応を加速しうることもわかっている。酵素は化学物質同士を引き合わせるので、すばやく反応を起こす。それで必要なエネルギーの閾値(いきち)が下がる結果、反応物はエネルギーの障壁をトンネルのように抜けられるのだ。すると、とてもありそうにない化学反応も、実現しうる。見たところエネルギー保存則に反するような反応が、量子論のもとでは許されるのである。

したがって、要するに量子力学で、生命が地球でとても早く出現した理由を説明することもできる。量子コンピュータの登場によって、生命についてわれわれに理解できていないことの多くが解明される望みもある。

計算化学と量子生物学

量子コンピュータの急速な進歩は、計算化学と量子生物学という新しい科学を生み出しつつある。ついに、量子コンピュータによって、分子のリアルなモデルが作れるようになり、科学者は化学反応がどのように起きるのかを、原子単位で、ナノ秒ごとに眺められるようになってきているのだ。

料理本をもとに食事を用意するとしよう。ひとつひとつ手順を追うだけなのは便利だが、調味料と食材の相互作用でどのようにしておいしい食事ができるのかはわからない。料理本がなければ、すべてが試行錯誤と当て推量になる。それでは時間がかかるし、行き詰まってしまうことも多い。ところが、今日の化学のかなり多くがそのような状態なのだ。

では、今度はすべての材料を分子レベルで分析できるとしよう。理論上、分子の相互作用がすべてわかっていれば、第一原理から新たにおいしい料理のレシピが作れるだろう。これが量子コンピュータで期待できる。遺伝子やタンパク質や化学物質の相互作用を分子レベルで理解できるのだ。

IBMの研究者、ジャネット・M・ガルシアは次のように言っている。「分子が大きくなると、あっという間に古典的なコンピュータでシミュレートできる領域を超えてしまう[2]」

別のときにも、ガルシアは書いている。「単純な分子でも、完全に正確にふるまいを予測するのは、ほとんどの高性能コンピュータの能力を超えている。そこで量子コンピューティングが、この先何年かの著しい進歩の可能性を提供することになる[3]」。彼女は、デジタルコンピュータでは2個ほどの電子のふるまいしか正確に計算できないと指摘する。それ以上になると、思い切った近似をしなければ、どんな古典的なコンピュータでもとうてい計算できなくなるのだ。

ガルシアはこう続ける。「いまや量子コンピュータは、水素化リチウムなど、小さな分子のエネルギーや性質をモデル化できる段階にある――従来より明確に発見に至る道筋を示すモデルができる可能性を提供しているのだ」

ヴァージニア工科大学のジュー・リンフアの言葉ものせよう。「原子は量子で、コンピュータも量子で、私たちは量子を使って量子をシミュレートしている。古典的な方法を使う場合は必ず近似を用いるが、量子コンピュータでは、それぞれの原子がほかの原子と起こす相互作用を正確に知ることができる」[4]

たとえば、芸術家が名画『モナ・リザ』の複製画を描こうとするとしよう。芸術家に爪楊枝しか与えなかったら、できあがる絵は棒線からなるおおざっぱな姿にしかならない。直線では人間の形の複雑さをとらえきれないのだ。しかし、芸術家にいくつもの色を描ける細字のインクペンを与えたら、曲線の形をたくさん生み出せて、名画のある程度の複製ができる。つまり、曲線をシミュレートするには曲線が必要なのである。それと同じく、量子コンピュータでしか、化学物質や生命の構成要素など、量子の系がもつ複雑さはとらえられない。

どういうことかをわかってもらうために、第3章で触れたシュレーディンガーの波動方程式に立ち戻ろう。そのとき、対象となる系の全エネルギーを表すH（ハミルトニアン）という量を導入したことを思い出してほしい。すると、大きな分子では、その量は次に挙げるようなたくさんの項の和になる。

・それぞれの電子と原子核の運動エネルギー
・各粒子の静電エネルギー

・あらゆる粒子のあいだの相互作用
・スピンの影響

考えられる最も単純な系——電子1個と陽子1個だけの水素原子——を調べる場合、これは大学院1年生の物理学で解ける。答えを導き出すのに、ほとんど大学3年の微積分しか必要としない。それでも、そのような単純な系で、水素原子のすべてのエネルギー準位など、まさしく宝の山が手に入る。

ところが、電子が2個になり、ヘリウム原子になるだけで、一気に問題は込み入ってくる。2個の電子のあいだで複雑な相互作用が生じるからだ。3個以上の電子では、すぐにデジタルコンピュータでは手に負えなくなる。そのため、それなりに正確な結果を得るのにも、相当な近似をおこなわないといけない。量子コンピュータにはこの点で強みがある。

じっさい、2020年にグーグルのシカモアコンピュータが新記録を打ち立てた。12個の水素原子の鎖を、12キュービットで正確にシミュレートできたのだ。「その結果にわれわれはかなり興奮した。それまでのどの量子化学のシミュレーションと比べても、キュービットの数も電子の数も倍を超えているからだ。しかも正確さは同じレベルだった」と、新記録を出したチームの一員だったライアン・バブッシュは語る[5]。

量子コンピュータはさらに、水素と窒素を含む化学反応を、たとえ水素原子の1個の位置を変えてもモデル化することができた。バブッシュはこう言い添えている。「これは、実のところ、このデバイスが完全にプログラム可能なデジタル量子コンピュータであり、やろうとするどんなタスクにも使えることを示している」

ガルシアはこう結論づけている。「古典的なコンピュータでは、カフェインほどありふれた物質の複雑さのレベルにも対処できない」。彼女に言わせれば、未来は量子なのだ。

だが、こうした初めの成果は、量子科学者の欲望をかき立てるばかりだった。彼らは地球の生命の基礎と言える光合成など、さらに野心的な企てに取り組みたがっている。どうやって太陽光を取り込んでこの世界の恵みとなる果物や野菜を作り出しているのかという謎が、いつか量子コンピュータで解き明かされるのだろうか。だから、次のターゲットは光合成かもしれない。この惑星でとりわけ重要な量子論的プロセスのひとつだ。

第7章

世界を緑化する

うららかな春の日に深い森に入ると、私は生気あふれる鮮やかな緑の草木と、あちらこちらに咲き乱れる優美な花に囲まれ、思わず圧倒される。どこに目を向けても、この多彩な色が見える。生命が四方八方にはじけ、植物は懸命に日光を取り入れ、どうにかしてそのエネルギーをこのたくさんのものに変えているのがわかる。

一方で私は、30億年を超えて演じられてきたドラマ、まさしく地球に複雑な生命の生存を可能にするプロセスを目撃していることにも気づいて、圧倒される。この惑星の生命活動をうながしているのは、光合成だ。この一見したところ単純なプロセスによって、植物は二酸化炭素と日光と水を糖と酸素に変えている。光合成で毎秒1万5000トンのバイオマス（生物量）が生み出され、そのおかげで地球は緑の草木で覆われている。

生命の存在は光合成なくして考えられないが、意外にも、科学がこれほど進歩している今でも、生物学者には、この重要なプロセスがどのように進行しているのかが明確にわかっていいない。なかには、光合成はエネルギーとなる光子を捕捉する割合がほぼ100パーセントなので、量子力学的プロセスにちがいないと考える生物学者もいる（だが、光が燃料とバイオマスという最終産物に変換される全体的な効率を計算すると、一連の複雑な段階と込み入った化学反応を必要とするので、最終的な効率は1パーセントに落ちる）。いつか量子コンピュータで光合成の秘密が解き明かせたら、ほぼ完璧な効率の光電池が作れ、「太陽の時代」が現実のものになるだろう。作物の収穫量も増して、食糧の足らない地球を養えるはずだ。ひょっとすると、苛酷な環境でも植物が繁茂できるように、光合成を改良することもできるかもしれない。あるいは、いつの日か火星への入植が始まったら、その赤い惑星で草木がよく育つように、光合成に手を加えることもできるのではなかろうか。

ひとつの驚くべき研究のアプローチは、いつか「人工の葉」を作れるかもしれない人工光合成というものだ。これはもっと万能のタイプの光合成で、植物全般の効率を上げることができるだろう。ときにわれわれは、光合成が数十億年に及ぶ完全にランダムで混沌とした化学反応の最終結果であることを忘れてしまう。それはその驚くべき特性をまったく偶然に発達させたのだ。したがって、量子コンピュータが量子のレベルで光合成の謎を解き明かしたら、植物の育ち方を改良し変更することもできるようになるのではないか。数十億年に及ぶ植物の進化が、量子コンピュータで数か月に縮められる可能性がある。

たとえば、カリフォルニア州バークリーにあるカヴリ・エネルギー・ナノサイエンス研究所のグレアム・フレミングは、次のように語っている。「私は、光合成の初期段階で自然がどんな働きをするのかを、心底知りたいと思っている。それがわかれば、その知識をもとに、種子を作ったり、生きながらえたり、それを食べる虫から身を守ったりしなければならない負担はなしに、自然のシステムの有益な特性をすべて備えた人工的なシステムが作れるだろう」[1]

歴史を通じて、植物は謎だった。ひとりでに花を咲かせ、たまにしか水を必要としないように見えたのだ。太古より、植物はどうにかして土を食べることによって育つと考えられていた。17世紀の半ばになってようやく、その見方が変わった。ベルギーの科学者ヤン・ファン・ヘルモントが、植物とそれが生える土の重さを量ったのだ。すると、土の重さがずっと変わらないことに気づいて驚いた。彼は、植物が水によって育つと結論づけた。

その後、英国生まれの化学者ジョーゼフ・プリーストリーがさらに詳細な実験をおこなった。そのひとつでは、植物をろうそくとともにガラスのビンに入れた。彼は、ろうそくが単独ならすぐに火が消えるが、植物があると燃えつづけることに気づいた。植物が空気中の二酸化炭素を消費して、ろうそくのために酸素を供給するからだった。

19世紀の初めごろには、生物学者はすべての断片を組み合わせだし、植物が日光と水と二酸化炭素を必要とし、酸素を放出することを理解するようになっていた。

光合成は地球にとってきわめて重要であり、まさしくこの惑星の大気を作り変えた。地球ができたとき、その初期の大気はもっぱら二酸化炭素で、太古の火山から放出されたガスによるものだった。火星や金星の大気が実際にそうで、ほとんどそれらの火山による二酸化炭素だけで構成されている。

ところが、地球に光合成が現れると、二酸化炭素は、われわれが今呼吸で吸っている酸素に変換された。だから息をするたびに、私は数十億年前に起きたこの重大な変化を思い起こす。

1950年代までに、科学者はこまごまとした結果を総合して、カルヴィン回路というものを明らかにした。この複雑な化学的プロセスによって、二酸化炭素と水が炭水化物に変わる。炭素14〔地球上の炭素の99パーセントを占める炭素12の放射性同位体（数字は原子核を構成する陽子と中性子の数の和）〕の分析など、さまざまな手法を用いて、彼らは個々の化学物質が植物のなかをどのように移動するかをたどることができた。

こうした手だてによって、生物学者は少しずつ植物のライフサイクルを理解できるようになった。それでも、ある段階はずっとわからないままだった。植物はそもそも、どうやって光子のエネルギーをとらえるのか？　何が、日光のエネルギーの捕捉から始まるこの長いプロセスを生じさせるのだろう？　それは今日でもなお謎のままだ。しかし、量子コンピュータがその解明に役立つかもしれない。

光合成の量子力学

多くの科学者は、光合成が量子のプロセスだと考えている。このプロセスではまず、光が光子という個々のかたまりとして、葉緑素を含む葉に当たる。葉緑素は特殊な分子で、赤と青の光を吸収し、緑の光は吸収せずに周囲に跳ね返す。だから、植物が緑色をしているのは、緑を吸収しないという事実によるのだ（自然がなるべく多くの光を吸収する植物を生み出していたら、植物の色は緑でなく黒になっていただろう）。

葉に光が当たると、光は四方八方に散らばって失われるようにも思える。ところが、ここで量子の手品が演じられる。光子が葉緑素に当たると、葉に励起子（れいきし）というエネルギーの振動状態を生み出し、それがなぜか葉の表面を移動する。やがて、そうした励起子は葉の表面にある反応中心と呼ばれるものに入り、そこで励起子のエネルギーが二酸化炭素を酸素に変えるのに使われる。

熱力学第二法則によれば、エネルギーがある形態から別の形態に変換されるとき、そのエネルギーの多くは周囲の環境へ失われる。すると、光子のエネルギーの多くは、葉緑素の分子に当たった際に散逸するはずなので、このプロセスで廃熱として失われると考えられる。

ところが驚いたことに、励起子のエネルギーはほとんど損失なしに反応中心まで運ばれる。なぜかはまだわかっていないが、このプロセスの効率はほぼ100パーセントなのだ。

光子の生み出す励起子が反応中心にたまるこの現象は、ゴルフの試合で各選手が四方八方へランダムにボールを打つ状況にたとえられる。その後、まるで手品のように、毎度すべてのボールがなぜか方向を変えてホール・イン・ワンになるのだ。そんなことはあるはずもないが、実際に実験室で観測されている。

ひとつの説は、この励起子の移動が、リチャード・ファインマンが導入したあの経路積分によって可能になるとするものだ。ファインマンが量子論の法則を経路によって書き換えたことを思い出そう。電子はどこかの点から別の点に動く場合、その2点間でたどりうるすべての経路をどうにかして探り出す。それから各ルートの確率を計算するのだ。したがって、電子は点と点を結ぶありとあらゆる経路をなぜか「知っている」。そのため、最も効率の良い経路を「選ぶ」のである。

ここには別の謎もある。光合成のプロセスは常温で進行するが、常温では、環境中の原子のランダムな運動で励起子のあいだのどんな干渉性も失われてしまうはずなのだ。通常、量子コンピュータは、そうした無秩序な運動をできるだけなくすために、絶対零度近くまで冷やさなければならない。ところが植物は、常温でまったく問題なく機能している。どうしてそんなことが可能なのだろう?

人工光合成

量子効果の存在を実験で証明または反証する一手は、干渉性の徴候を探ることだ。原子が同期して振動する際にはっきり現れる量子効果である。通常は、何もなければ個々の振動がランダムに混じり合ったものになりそうだが、互いに同期した振動が見つかったら、量子効果の存在を直接示すことになる。

2007年、グレアム・フレミングが、このとらえがたい現象を見出したと報告した。彼が光合成における干渉性の発見を宣言できたのは、フェムト秒（1000兆分の1秒）の光パルスを作り出せる特別な超高速の多次元分光器を使っていたからだ。環境によるランダムな衝突で干渉性が失われる前に、干渉する光線を見つけるためには、そうした非常に持続時間の短いレーザーが必要なのだった。このレーザーにとっては、環境中の原子はほとんど時間が止まったように見えるので、ほぼ無視できる。フレミングは、光の波がふたつ以上の量子状態で同時に存在できることを示せた。つまり、光は反応中心に至る複数の経路を同時に探れるわけだった。これは、励起子がほぼ100パーセント反応中心を見つけられることの説明になるかもしれない。

バークリーでのフレミングの同僚、K・バーギッタ・ホエーリーは、こう付け加える。「この励起によって、ありうる経路を網羅した量子のメニューから……最も効率の良いルートをうまいこと『選べる』。そのためには、移動する粒子のありとあらゆる状態が、零コンマ数フェムト秒のあいだ、ひとつの干渉する量子状態に重なり合う必要がある」[2]

これで、どうして光合成が、物理学の実験室にあるようなたくさんのパイプとチューブがなくても、常温で起こるのかも説明できるかもしれない。

量子コンピュータは、こうした量子の計算をおこなうのにうってつけだ。この経路積分を利用するやり方が有効なら、光合成のメカニズムをいじってさまざまな問題が解けることになる。植物で何千もの実験をおこなうのは途方もない時間がかかるが、その代わりにそれらの実験をバーチャルでおこなえるのだ。

たとえば、もっと効率の良い作物やもっと果実や野菜を生み出す作物を育てられるようにして、農家の収穫を増すこともできないだろうか。

また、人間の食生活は、コメやコムギなど、わずかな種類の穀物に集中的に頼っているので、いきなり病害が穀物を襲うと、食物の生産から消費までの流れを崩壊させるおそれがある。たったひとつの基本的な食物の供給がいきなり断たれるだけで、われわれはどうすることもできなくなる。

科学者が新たに人工光合成をおこなう「人工の葉」の創造に目を向けていることは、天然の重要なプロセスへの依存を減らすのに役立つはずだ。

人工の葉

世界でとりわけ大きな問題を話題にする場合、CO_2（二酸化炭素）はたいてい悪役のひとつとして語られる。CO_2は太陽のエネルギーをとらえ、地球の温暖化を引き起こす。だが、この温室効果ガスをリサイクルして無害にできるとしたらどうだろう？　さらに、リサイクルするCO_2から商業的に価値のある化学物質が作れるかもしれない。科学者は、日光でまさにそれができるのではないかと提案している。その新技術では、空気からCO_2を取り出し、日光と水を加えて燃料などの役に立つ化学物質を作る。葉に近いことをするわけだが、人工的に作るのだ。できた燃料を燃やすとまたCO_2ができるが、それにふたたび日光と水を加えて燃料を作ると、リサイクルがどこまでも続き、CO_2が正味では増えない。このようにすれば、悪役だったCO_2が有用な資源となる。

このリサイクルがうまくいくためには、2段階で進めることになる。

第1段階では、日光で水を水素と酸素に分解する。できた水素を燃料電池に使えば、クリーンな（無公害の）水素燃料電池車を動かせる。電気自動車が抱えるひとつの問題は、使う電池のエネルギーが主に石炭や石油を燃料とする発電所から得られる点にある。電池そのものはクリーンに放電するが、その電気はもともと大気を汚染する火力発電所で生み出されたものなのだ。そのため、今は電池を使うと隠れた環境負荷をもたらす。ところが燃料電池では、水素と酸素が化合し、廃棄物として水ができる。だからクリーンに発電し、石油や石炭を燃やす発電所は要らない。しかし、燃料電池を用いる産業インフラは、従来の電池を用いるものに比べ、まだまだできあがっていない。

第2段階として、水の分解によってできた水素をCO_2と化合すれば、燃料や有用な炭化水素を作り出せる。この燃料を燃やすとふたたびCO_2ができるが、そのCO_2をまた水素と化合させられるので、リサイクルできる。こうしてできる新たなサイクルでは、CO_2は絶えず再利用されて大気中にたまらないから、この温室効果ガスの量を安定させたまま、エネルギーを供給することができる。

「われわれの目標は、炭素燃料のサイクルを閉じることにある」と、米国エネルギー省内で人工光合成に出資している部門、人工光合成ジョイントセンター（JCAP）の所長ハリー・アトウォーターは語る。「大胆な考えだ[3]」

うまくいけば、これは地球温暖化を防ぐ戦いにおけるパラダイムシフト（考え方の枠組みの転換）になるだろう。CO_2は、社会を動かしつづける大きな歯車を構成する1個の歯として作りなおされるのだ。量子コンピュータは、炭素のリサイクルをなし遂げるうえで決定的な役割を果たすのではなかろうか。『フォーブス』誌で、量子科学者のアリ・エル・カーファラニはこう書いている。「量子コンピュータは、二酸化炭素の効率的なリサイクルを実現しながら、水素や一酸化炭素などの有用なガスを作り出す、新たなCO_2の触媒の発見を加速できるかもしれない」[4]

こんなことは夢のように思えるだろうが、最初のブレイクスルーは1972年に起きている。藤嶋昭(ふじしまあきら)と本多健一(ほんだけんいち)が、二酸化チタンの電極と白金の電極を使って、光で水を水素と酸素に分解できることを示したのである。効率はわずか0・1パーセントだったが、この原理の証明は、人工の葉が作れることを明らかにしていた。

以後、化学者はこの実験のコストを下げようとしてきた。白金はきわめて高価だからだ。たとえばJCAPの化学者は、半導体の電極とニッケルからなる触媒を使って10パーセントの効率で光による水の分解をなし遂げている。

現在難しいのは、最後の段階で水素とCO_2を結合させて燃料を作る安価な方法を見つけることだ。CO_2がきわめて安定(不活性)な分子だからである。ハーヴァード大学の化学者ダニエル・ノセラは、これをなし遂げられそうな手だてを見つけたと考えている。使用するのはラルストニア・ユートロファという細菌で、これは水素とCO_2を結合させ、11パーセントの効率で燃料とバイオマスを作り出せる。ノセラは言っている。「われわれは、自然を10倍から100倍上回る完全な人工光合成を開発した。……もはや化学の問題とは言い切れない。技術の問題ですらない」[5]。彼に言わせれば、大きな問題はもう解決されたのだ。いまや経済の問題、つまり、産業界や政府がコストを考えてCO_2のリサイクルをバックアップするかどうかなのである。

このプロジェクトに携わるハーヴァードのパメラ・シルヴァーは、炭素のサイクルの最後に微生物を使うのは一見奇妙に思えるかもしれないが、微生物はすでにワイン業界で工業規模での糖の発酵に使われている、と述べている。

一方、カリフォルニア大学バークリー校の化学者ヤン・ペイドンも、生物工学で生み出した細菌を使用しているが、やり方は異なる。彼は、微小な半導体ナノワイヤーを使って光で水を水素と酸素に分解したのちに、そのナノワイヤー上で細菌を繁殖させ、細菌に水素からブタノールや天然ガスなど、種々の有用な化合物を作らせている。

量子コンピュータはこのテクノロジーを次のレベルへ持っていける。従来、この分野における進歩はえてして試行錯誤によるもので、特殊な化学物質であまたの実験をおこなう必要がある。たとえば、水素を使ってCO_2を燃料にするのは複雑な分子レベルのプロセスで、多くの電子の移動と多くの結合の切断を必要とする。量子コンピュータなら、こうした化学的プロセスをシミュレーションで再現でき、化学者が別の新たな量子論的経路を生み出せるようになるかもしれない。実のところ、CO_2は種々の酸化反応の最終産物だ。量子コンピュータは、水素とふたたび結合して燃料を生み出せるように、CO_2の結合を断ち切る方法をモデル化できる可能性がある。

人工光合成と人工の葉を生み出す最後の段階を量子コンピュータが提供するとしたら、効率的な新型太陽電池、これまでにない形態の作物、それに新しいタイプの光合成を提供できる、まったく新しい産業が花開くかもしれない。その際に、量子コンピュータを使ってCO$_2$をリサイクルする手だてが見つかる可能性もあり、これは気候変動への対策に役立つだろう。

このように、量子コンピュータは、日光のエネルギーを食物や栄養に変える光合成の力を利用する際、重要な役割を果たすのではなかろうか。だが、豊富な食物を作るためには、作物に栄養を与えて生育を助ける肥料を手に入れることが次の段階となる。ここでもまた、量子コンピュータが、地球を養うための最後の重要な段階を仕上げるにあたり、決定的な役割を果たすかもしれない。

皮肉にも、この最後の段階の先駆者で、数十億の人々に食糧を与えて現代文明を成り立たせている人物は、古今を通じて最高に偉大な科学者のひとりとしてではなく、戦争犯罪人として語られることがある。

第8章

地球を養う

現代史において、ある男は、地球上でだれよりも多くの命を救う結果をもたらしているが、その名は一般の人にはほとんど知られていない。確かな見積もりによれば、およそ半数の人類はこの男の発見のおかげで今日生きているのだが、彼を褒め称える伝記もドキュメンタリーもない。フリッツ・ハーバーは、ドイツの化学者で、この惑星の全人類の命に影響を及ぼした。彼は、人工肥料の製造法を発見した男だ。われわれが食べている食品の50パーセントはハーバーの先駆的な研究と直接かかわりがあるが、その貢献はめったに歴史家に称えられることはない。

ハーバーは、緑の革命のきっかけを与えた。自然の秘密をこじ開けて無限と言ってもいいほどの肥料を作り、現在の地球を養えるようにしたのだ。彼は、空気から窒素を取り出して肥料を作り出せる重要な化学的プロセスを発見して、世界の歴史を変えた。かつては小農がやせた土で苦労しながら細々と暮らしていた場所に、今では青々とした作物が見わたすかぎり広がっている。飢餓に瀕した国々の不毛の荒野が、実り豊かな緑の農場に変わっているのだ。

ところが、彼が歴史で果たした役割は、その見事なブレイクスルーが、強力な爆薬や毒ガスなど、壊滅的な化学兵器を作るのにもつながるという事実によって汚されている。この惑星に住む何十億もの人がこの男のおかげで生きているのだが、彼の成果は何万もの命も奪った。彼の発見が戦場にもたらした恐るべき破壊で、人々が死んだのである。

さらにわれわれは、彼が考案したハーバー＝ボッシュ法と呼ばれる技術が大量のエネルギーを食うため、エネルギー供給に負担をかけ、環境汚染、ひいては気候変動を悪化させるという事情を抱えながら生きるはめになっている。

だが問題は、分子レベルで複雑すぎるために、100年にわたりだれもハーバー＝ボッシュ法を改良できていない点にある。そこで量子コンピュータが、ハーバー＝ボッシュ法の代替手段や改善策を与えてくれる望みもある。その結果、大量のエネルギーを吸い上げたり、環境問題をもたらしたりせずに、この惑星を養えるようになるのだ。

しかし、ハーバーの先駆的な成果と、彼の発見を改良するために量子コンピュータが必要であることを理解するには、まず、かつてマルサスが予言した暗澹たる運命を免れるためにハーバーが果たした多大な貢献について理解する必要がある。

人口爆発と食糧難

1798年、トマス・ロバート・マルサスは、いつか人類の人口が食糧供給を上回り、大規模な飢餓と大量死がもたらされると予言した。彼によれば、すべての動物は生死をかけた終わりなき闘争にいそしみ、その数が生息環境の収容力（扶養能力）を超えると、多くが餓死するのだった。ヒトも例外ではない。われわれも、十分な食糧があるかぎりでしか栄えられないというこの鉄則に縛られている。だが、食糧供給は徐々に増すだけなのに、人口が急激に増えるので、いずれは人口が供給可能な食糧を凌駕してしまう。すると、暴動や大規模な飢餓を経て、国々が資源を取り合う残虐な戦争が起きるおそれがあった。

19世紀、この恐るべき予言が現実になりそうなことが明らかになっていった。人類の人口は何千年も比較的安定していたが、それから空前の割合の急増が起きた。産業革命と機械の時代の到来が、人口の急速な増大をもたらしたのである。

（私は小学生のとき、これを鮮やかに説明するものを目にした。ある実験で、栄養をたっぷり入れたシャーレを用意し、その中央に少しばかり細菌をのせた。それから数日で細菌は急激に増え、細胞が大きく集まった丸いコロニーができたが、そこでいきなり止まった。どうして細菌は繁殖を止めたんだろう？　私は自問した。やがて、細菌のコロニーが栄養を取り込んですばやく増えたが、食物を食い尽くして死んだのだとわかるようになった。したがって、この食物と繁殖を求める生死をかけた闘争は、シャーレで起きるマルサス的闘争だったのである）

今日、世界の食糧供給は肥料に強く依存している。肥料に必須の原料は窒素で、われわれのタンパク質やDNA分子にも見つかる。皮肉にも、窒素はわれわれが呼吸する空気に最も多く含まれる物質で、およそ80パーセントを占める。不可解なことに、マメ科植物（ラッカセイやインゲンマメなど）の根で育つ単純な細菌は、空気から窒素を引き抜いて、炭素や酸素や水素などの分子を使って「固定」し、肥料を作るのに欠かせない原料であるアンモニアを生み出す*。

こうした細菌は、どうにかしてややこしい化学的プロセスをマスターした。ありふれた細菌がやすやすと空気から窒素を引き抜き、植物に活気を与える肥料を作り出しているのに、今も化学者は、母なる自然を効率良く再現できずに途方に暮れているのだ。

なぜかというと、われわれが呼吸する空気に含まれる窒素は、実際にはN_2で、2個の窒素原子が3本の共有結合によってきわめて緊密にくっついているからである。この結合はあまりにも強くて、通常の化学的プロセスでは断ち切れない。だから化学者は、しぶといジレンマを抱え込んでいる。われわれが呼吸する空気には植物に活気を与える窒素がふんだんにあり、原理上は肥料が作れるのだが、その窒素は不都合な形態で、うまく使えないのだ。

これはまるで、話によく出る、塩水だらけの海でのどが渇いて死にかけている人のような状況だ。水に囲まれているのに、一滴も飲めない。

この問題は、第3章のシュレーディンガーのくだりで説明した原子の観点から見るとわかりやすい。窒素には7個の電子があり、そのうち2個が1S軌道に存在するふたつのスペースを満杯にしたうえで、残りの5個が2番目のレベルに入る。1番目と2番目のレベルの軌道を満杯にするには、10個の電子が必要になる（電子はペアで軌道を回り、ホテルの1階には2個の電子が入る部屋がひとつあって、2階には4つの部屋のそれぞれに2個ずつ電子が入ることを思い出してほしい）。したがって、2番目のレベルでは、2個の電子が2S軌道に入り、残る3個はP_x、P_y、P_z軌道に1

個ずつ収まる。その結果、ペアになっていない不対電子が3個できる。この窒素原子がもうひとつの窒素原子と結合すると、新たに3個の電子がふたつの原子のあいだで共有されるので、電子の数は、1番目と2番目のレベルを満杯にするのに必要な10個に到達する。そしてなにより重要なことだが、三重結合ができて、これは非常に強い。

戦争と平和のための科学

ここで、フリッツ・ハーバーの成果の出番だ。早くも子どものときから、彼は化学のとりこになり、自分で実験をよくおこなっていた。父親は染料や顔料を輸入する裕福な商人で、ハーバーはときおり父親の化学工場で手伝いをしていた。彼は、事業や科学で成功を収めていたヨーロッパのユダヤ人の若い世代のひとりだったが、やがてキリスト教に改宗した。だがなによりも彼は、愛国心が強く、みずからの化学の知識でドイツを助けたいという確たる望みをもっていた。

ハーバーは化学の多くの謎に目を向け、空気中の窒素を利用して肥料や爆薬といった有用な製品を生み出すなどした。その際、ふたつの窒素原子を引き離すには、非常に高い圧力と温度

＊ 訳注　アンモニアを作るのには本来窒素と水素しか要らないが、細菌による窒素固定反応では炭素や水素やリンも含むＡＴＰという分子なども関与してアンモニアが作られる。

をかけるしかないのだと気づいた。窒素の結合は力ずくで断ち切れる、と考えたのだ。そして、実験でぴったりの魔法の組み合わせを見つけて歴史を変えた。空気中の窒素ガスを摂氏300度まで加熱し、大気圧の200~300倍の圧力をかけると、ついに窒素分子を断ち割り、水素と結合しなおしてアンモニア（NH_3）を生成することができたのである。史上初めて、増えゆく世界人口を養うために化学を利用することができた。

彼は1918年に、この先駆的な成果によってノーベル賞を受賞することになる。今日、あなたの体を構成する窒素のおよそ半分は、ハーバーの発見からもたらされたものなので、彼の不朽の遺産があなたの原子に刻み込まれている。現在の世界人口は80億を超えており、彼のなし遂げた仕事がなければこの人口は養えないだろう。

しかし、ハーバーのプロセスは窒素を非常に高い圧力と温度にしなければならず、大量にエネルギーを食うので、世界のエネルギー出力の2パーセントも消費している。

ハーバーが考えたのは、肥料だけではない。ドイツの愛国者として、彼は第一次世界大戦中、ドイツ軍を熱烈に支持しており、窒素分子にたくわえられたエネルギーを利用すれば、植物に活気を与える肥料のみならず、命を奪う爆薬も作ることができた（未熟なテロリストさえ、このプロセスを知っている。集合住宅1棟を跡形もなく破壊できる肥料爆弾は、一般的な肥料に燃料油をしみ込ませて作られる）。そこでハーバーは、ドイツの偉大な軍隊に貢献すべく、自分が考案したプロセスからできる別の副産物、硝酸塩を使い、毒ガスのほかに爆発性の化学兵器も作った。それらは多くの無辜の命を奪うことになる。

こうして、皮肉にも、世界人口を増大させる化学反応をマスターした男が、何万もの無辜の命も奪ったのである。彼は、化学戦の父とも呼ばれている。

だが、ハーバーの人生には悲劇的な面もある。平和主義者だった妻は、おそらく彼の化学戦や毒ガスの研究に反対したために、自殺を遂げた。彼は数十年にわたり政府とドイツ軍を支援する仕事をしたが、１９３０年代になって、反ユダヤ主義の波が国内に広がるのを感じるようになる。ハーバーはユダヤ人でもキリスト教に改宗していたが、どこか避難先を見つけようとドイツを出て、１９３４年に体調を悪くして亡くなった。第二次世界大戦中、ナチスの軍は、ハーバーが開発して完成させた毒ガス、チクロンBを使って、強制収容所でハーバー自身の同胞を数多く殺した。

ATP——自然界の電池

非効率なハーバー＝ボッシュ法を改良するという課題に取り組むのに量子コンピュータを利用しようとしている科学者は、母なる自然がどのように窒素固定をおこなっているかを理解する必要性に気づいている。

窒素の結合を断ち切るために、ハーバーの手法では、外から高温と高圧をかける。そのせいでとても非効率になる。ところが自然はそれを常温でおこない、高温の炉もコンプレッサーも要らない。ふつうは巨大な化学工場を必要とすることが、ただのラッカセイにどうしてできるのだろう？

自然界において、基本的なエネルギー源はＡＴＰ（アデノシン三リン酸）という分子であり、これは生命の役馬で、自然界の電池と言える。あなたは筋肉を収縮させたり、息をしたり、食物を消化したりするたびに、ＡＴＰのエネルギーを使って組織に燃料をくべている。ＡＴＰ分子はあまりにも基本的なものなので、ほぼあらゆる形態の生命に存在し、これは何十億年も前に登場した事実を示している。ＡＴＰがなければ、地球上のほとんどの生命は死んでしまうだろう。

ＡＴＰ分子の秘密を明らかにするためには、その構造を分析することが重要になる。この分子では3つのリン酸基が鎖状につながり、どのリン酸基でも、リン原子を酸素と水素が取り囲んでいる。分子のエネルギーは、最後のリン酸基にある電子にたくわえられている。身体は、生物学的機能を果たすのにエネルギーを必要とするとき、その電子にたくわえられたエネルギーを使うのだ。

植物の窒素固定を調べていた化学者たちは、1個のN_2分子を断ち割るエネルギーを提供するのに、12個のＡＴＰ分子が要ることを見出した。これですぐに、何が問題なのかがわかる。通常、原子は一度に全部ではなく順々にぶつかり合う。だから複数の原子が別の複数の原子にぶつかる場合、それは段階的に起こるにちがいない。つまり、ＡＴＰがN_2を分解するプロセスは、実に多くの中間段階を経て進むことになる。

自然の状態で、ランダムな衝突によって12個のＡＴＰ分子のエネルギーを利用するには、何年もかかるだろう。もちろん、これでは生命を生存させるには遅すぎる。そのため、このプロセスを大幅に加速するためにいくつものショートカットが必要になる。

量子コンピュータは、この謎を解くのに使えるのではなかろうか。それにより、このプロセスを分子レベルで明らかにし、うまくいけば、窒素固定のプロセスを改良したり別のプロセスを見つけたりすることもできるかもしれない。

『CBインサイツ』誌の記事にはこのようなくだりがある。「今日のスーパーコンピュータで、アンモニアを合成する最良の触媒の組み合わせを見つけようとすると、答えを出すのに何世紀もかかるだろう。ところが、高性能の量子コンピュータなら、さまざまな触媒の組み合わせをはるかに効率良く分析でき――これも化学反応のシミュレーションへの応用――優れたアンモニア合成法を見つけられそうだ[1]」

触媒――自然界のショートカット

鍵を握るのは触媒と呼ばれるものだ、と科学者は考えている。量子コンピュータでそれを分析できるのではないかと。触媒は、見物人のようなものだ。化学反応に直接関与しないが、どういうわけか、それがあるだけで反応が促進される。

通常、体内の化学反応はかなり遅く、長い時間をかけて起こるものもある。だが時として、魔法のようなことが起きてそうしたプロセスが加速する結果、ほんの一瞬で起こる場合がある。

ここに触媒がかかわっている。窒素固定のプロセスに対しては、ニトロゲナーゼという触媒（このように生体内で触媒の働きをするものを酵素という）が存在する。指揮者と同じように、この触媒の目的は、12個のATP分子を窒素に結合させて三重結合を断ち切るのに必要な、多くの段階をうまくとりまとめることだ。したがって、ニトロゲナーゼは「第二の緑の革命」を起こすための鍵を握っている。だが、あいにく現在のデジタルコンピュータは未熟すぎて、その秘密を解き明かせない。しかし量子コンピュータは、この重要なタスクにうってつけかもしれない。

ニトロゲナーゼのような触媒は、2段階で働く。まず、触媒がふたつの反応物を引き合わせる。触媒と反応物はジグソーパズルのように組み合わさり、ふたつの反応物が結合しやすくなる。次に、反応が起きるのに必要なエネルギーは活性化エネルギーと呼ばれるが、それが高すぎると反応物同士が相互作用を起こせない。ところが触媒は、活性化エネルギーを下げるので、反応が進むようになる。すると反応物同士が結合して新たな化合物ができるが、触媒はそのまま残る。

触媒の働きを理解するために、別々のふたつの都市に住む男女を引き合わせようとする仲人を考えよう。ふつう、このふたりがあくまでランダムに出会う可能性はきわめて低い。何キロメートルも離れたまったく別の範囲で活動しているからだ。ところが仲人は、この男女と連絡をとってふたりを引き合わせ、ふたりのあいだで何かが起こる可能性を大幅に増すことができる。そして体内の重要な化学反応はほぼすべて、なんらかの触媒によって媒介されている。

ではここで、量子の仲人を導入しよう。この仲人は、時として男女を結びつけるためにそっと後押しする必要があると知っている。たとえば、ある人は内気だったり、無口だったり、神経質だったりするかもしれない。何かが妨げになって、緊張がほぐれない。言い換えれば、活性化の障壁を乗り越えないと、付き合いに踏み出せないのだ。そこで役目を果たすのが量子の仲人で、緊張をほぐしたり、ふたりを隔てる障壁を破るのを助ける。これがトンネル効果であり、一見通過できない障壁を通り抜けられるという、量子論の奇妙な特性だ。トンネル効果は、ウランなどの放射性元素が放射線を発する要因でもある。放射線が原子核の障壁を突破して外の世界に届くからだ。地球の中心を温め、大陸移動を起こす、この放射性崩壊のプロセスは、トンネル効果による。だから、今度巨大な火山の噴火を目にしたら、あなたはトンネル効果の威力を目の当たりにしていることになる。同じように、ATP分子はそのエネルギーの障壁を魔法のように「トンネル」して、化学反応をなし遂げることができる。

さらに、生命の生存を可能にする重要な反応はほぼすべて、触媒を必要とし、生命の誕生そのものが量子力学のおかげらしいということもわかる。

残念ながら、ニトロゲナーゼによる窒素固定は非常に複雑なプロセスなので、その解明の進捗(しんちょく)は、これまで着実ではあるが遅かった。現在、科学者はニトロゲナーゼの分子がどのようなものかについて、完全な分子構造を図示できているが、あまりにも複雑なので、厳密な働き方はだれにもわかっていない。プロセス全体はややこしすぎて、デジタルコンピュータで秘密を解き明かせる望みがない。ところが量子コンピュータはもっと秀でていて、プロセスを可能にするすべての段階を明らかにすることができるだろう。

この野心的なプロジェクトを検討している一企業が、マイクロソフトだ。Xボックスなどが当たって商業的に成功を収めたのに続き、同社はリスクが高いが儲かる見込みのあるプロジェクトを探っていた。さかのぼって2005年にすでに、マイクロソフトは量子コンピュータのような現実離れしたプロジェクトに関心を向けていた。当時、ステーションQという研究所を立ち上げて、窒素固定や量子計算といった問題に取り組みだしたのである。

「われわれは、研究から開発へ移れる変曲点に立っていると思う」とマイクロソフトの量子プログラムを担当する副社長、トッド・ホルムダールは語る。「世界に大きなインパクトを与えるには、多少のリスクを冒す必要がある。今こそそうするチャンスだと私は思う[2]」

ホルムダールはこれをトランジスタの発明にたとえたがる。それが発明された当時、物理学者は自分たちの発明の実用化を考えあぐねていた。なかには、トランジスタは海で船に信号を送るぐらいにしか使えないと考える人もいた。同じように、マイクロソフトによる量子コンピュータの創造は、『ニューヨーク・タイムズ』紙が「SF」になぞらえていたが、社会を思いもよらぬ形で一変させる可能性がある。

マイクロソフトは、窒素固定の問題をぜひとも解決したがっている企業のひとつで、現在すでに、第1世代の量子コンピュータを使って、このプロセスの謎を解明できるかどうか確かめているところだ。その解明がもたらす影響は絶大で、第二の緑の革命を起こし、急増する世界人口を低いエネルギーコストで養う可能性を秘めている。解明できなければ、悲惨な事態をもたらすおそれもあり、前に人口爆発のくだりで述べたように、暴動や飢餓、戦争につながるかもしれない。

最近、マイクロソフトは、トポロジカルキュービット〔第5章で紹介したトポロジカル量子コンピュータが用いるキュービット〕にかんするいくつかの実験結果が正しいものにならなくて挫折を経験したが、量子コンピュータの熱烈な信者にとって、それは一時的な障害にすぎない。

それどころか、グーグルのCEOスンダー・ピチャイは最近、量子コンピュータで10年以内にハーバーのプロセスを改良できるのではないかと思う、と公言している。[3]

量子コンピュータは、いくつかの点で、この重要な化学的プロセスを解析するうえで欠かせないものとなるだろう。

- ニトロゲナーゼを構成するさまざまな要素について波動方程式を解くことにより、原子単位でこの複雑なプロセスの解明に役立ちうる。この助けを借りれば、窒素固定において見落とされている多くの段階が、ことごとく明らかになるだろう。
- 力ずくでも触媒によるものでもない、N_2の結合を断ち切るさまざまな方法を、バーチャルの環境でテストできるかもしれない。
- さまざまな原子やタンパク質を別のものに取り替えるとどうなるかをモデル化でき、異なる化学物質によって、窒素固定のプロセスがより効率的で、エネルギー消費や公害の少ないものになるかどうかを確かめられる。
- 新しい触媒をいろいろテストして、プロセスを加速できるかどうかを確かめられる。

・タンパク質鎖の立体配置を変えてさまざまなタイプのニトロゲナーゼを試すことで、その触媒特性を改良できるかどうかがわかる。

したがって、もしもマイクロソフトなどが窒素固定の謎を解明できたら、人類の食糧供給に莫大な効果を及ぼせるだろう。しかし科学者は、量子コンピュータに対してほかの夢も抱いている。彼らは、エネルギー効率の良い食糧生産を実現したいだけではない。エネルギーそのものの理解もしたがっている。量子コンピュータで、エネルギー危機を解決できるのだろうか？

第9章 エネルギー革命

一見したところ、20世紀の産業の巨人、トマス・エジソンとヘンリー・フォードは、互いに敵意をもつライバル同士だったのではないかと思うかもしれない。そもそもエジソンは、産業と社会の電化をもたらした、疲れ知らず(タイヤレス)の駆動力だった。1093もの特許をもつ彼は、いまや当たり前のものになっているあまたの発明により、電気の力でわれわれの暮らしを一変させた。一方でフォードは、化石燃料の力で動く自動車T型フォードによって巨万の富を築いた。彼は、石油による現代の産業インフラの構築を手助けした。フォードにとって、石油やガソリンを燃やすのは未来を動かすことだったのである。

実際には、エジソンとフォードは親しい友人だった。それどころか、若いフォードはエジソンを崇拝していた。数十年にわたり、ふたりは一緒に休暇を過ごし、互いに相手の会社が大好きだった。ひょっとしたら、ふたりがとても親しくなったのは、どちらも完全に意志の力で世界有数の企業を作り上げていたからかもしれない。

エジソンとフォードは、よく暇つぶしに賭けをして、どちらのエネルギー源が未来を動かすことになるかというのも賭けの対象にした。エジソンは電池を支持したが、フォードはガソリンだと信じていた。この賭けを耳にしただれもが、考えるまでもないと思った。エジソンがあっさり勝つだろうと断言できたはずだ。電池は静かで安全だった。一方、石油は騒々しく、有害で、危険ですらあった。数ブロックおきに給油所を作るという考えはとんでもないと思われたのだ。

多くの点で、石油に対する批判は完全に当たっていた。内燃機関から出る煙は、呼吸器疾患をもたらすうえに地球温暖化を加速し、ガソリン車は今でも騒々しい。

ところが、結局賭けに勝ったのはフォードだった。

なぜなのか？

ひとつには、電池に詰め込めるエネルギーは、ガソリンがもつエネルギーに比べてほんのわずかだからだ（最高性能の電池は1キログラムあたり約200ワット時のエネルギーをたくわえられるが、ガソリンは1万2000ワット時をたくわえている）。

また、中東やテキサスなどに巨大な油田が見つかると、ガソリンの価格が急落し、自動車が米国の労働者階級にも手が届くものになった。

人々はエジソンの夢を忘れていった。非効率でかさばる、非力な電池は、エネルギーに飢えた人々のために用意された、安くて高性能の燃料に太刀打ちできなかった。

ムーアの法則は安価なコンピュータのパワーで世界経済に革命を起こしたので、なんでもこの法則に従うと思われがちだ。だからわれわれは、それに比べ電池の出力効率が何十年も後れをとっていると知ると面食らってしまう。ムーアの法則がコンピュータのチップにしか当てはまらず、電池を働かせるような化学反応は予測しがたいことで知られているという事実を忘れているのだ。電池の効率を上げる新たな化学反応の予測は、大変な大仕事なのである。

電池に対して何百種類もの化学物質の性能を延々とテストする代わりに、将来は、量子コンピュータでそうした性能のシミュレーションをはるかに速く安価におこなえるようになるだろう。シミュレーションが光合成や天然の窒素固定の秘密の解明に役立つ可能性があるのと同じく、「バーチャル化学」はいつか、化学実験室での地道な試行錯誤に取って代わるのかもしれない。

太陽の革命？

電池の性能を上げるというこの挑戦は、経済にとって途方もなく大きな意味がある。1950年代に、未来学者は、われわれの家の電力がいずれ太陽光でまかなわれるようになると宣言した。ずらりと並ぶ太陽電池に強力な風車も加われば、太陽と風のエネルギーをとらえて安価で頼れるエネルギーを提供できると。タダのエネルギーだ。それが夢だった。

ところが、現実は違っていた。再生可能エネルギーは数十年かけてコストを下げたが、遅々としたペースだった。「太陽の時代」の到来は、人々が期待したほど早くはなかったのだ。

問題の一端は、現代の電池に課されている制約にある。日が差さず、風も吹かなければ、再生可能エネルギーによる電力はゼロになる。再生可能エネルギーの弱点は、貯蔵にある——雨の日に使うエネルギーのたくわえ方だ。コンピュータの演算速度はシリコンチップの着実な小型化とともに指数関数的に増大しているが、電池のパワーは新たな効率化や新たな化合物が見つかったときに増しているだけなのである。現在、電池はまだ前世紀にすでに知られていた化学反応を利用している。効率とパワーの高いスーパー電池が作れたら、エネルギーがカーボンフリー（二酸化炭素を排出しない）になる未来への移行を大いに加速し、地球温暖化のペースを鈍らせることができるだろう。

電池の歴史

振り返ってみると、電池の歴史は何世紀も非常にゆっくりとした歩みだったことがわかる。古くから、絨毯(じゅうたん)を歩いてからドアノブを触ると電気ショックを受けることは、よく知られていた。だが、1786年に歴史的な出来事が起こるまで、それは不思議だなと思われるだけだった。その年、物理学者のルイージ・ガルヴァーニが、切断したカエルの脚に金属片を当てた。すると驚いたことに、脚がひとりでにピクピク動いたのである。

これは実に重要な発見だった。電気でわれわれの筋肉を動かせることを、科学者が証明できたからだ。すぐに彼らは、何か謎めいた「生命力」に頼らずとも、無生物が生物になりうることを説明できるのだと気づいた。われわれの体が魂の存在なしに動けることを理解するための鍵を、電気が握っていたのである。一方でまた、こうした電気の先駆的な研究は、彼の豪胆な研究者仲間のひとりを感化した。

１７９９年、アレッサンドロ・ヴォルタが世界初の電池を作り、ガルヴァーニの見つけた効果を再現する化学反応が生み出せることを明らかにした。必要に応じて実験室で電気を生み出せるというのは、驚くべき発見だった。この不思議な力をいまや自在に生み出せるようになったというニュースは、すぐに世に広まった。

しかし残念ながら、電池は２００年以上もあまり変わらなかった。最も単純な電池では、まず２本の金属棒を電極として別々のカップに差す。どちらのカップにも、化学反応を起こす電解液という化学物質が入っている。２個のカップはチューブでつながれ、そのチューブを通ってイオンが片方のカップからもう片方のカップへ移動できる。

電解液での化学反応によって、電子が負極(アノード)という一方の電極を出て、導線を通って正極(カソード)という他方の電極に渡る。電荷の動きは釣り合いがとれなければならないので、負電荷の電子が負極から正極へ渡る一方で、正電荷のイオンが電解液をつなぐチューブを通る動きも生じる。こうした電荷の流れが電気を生み出す。

この基本的なデザインは、数世紀のあいだ変わらなかった。変わったのは、主に電池を構成する各要素の化学的組成だ。化学者は、さまざまな金属や電解液で延々と実験をおこない、電圧をできるかぎり大きくしたり、放出するエネルギー量を増したりしようとした。

電気自動車の市場などないと広く考えられていたため、技術を向上させる圧力がほとんどなかったのだ。

リチウム革命

第二次世界大戦のあとの時代、電池のテクノロジーは取り残された領域だった。進歩が止まったのは、電池の乗り物や携帯できる電子機器の需要が比較的少なかったからだ。ところが、地球温暖化の懸念が高まり、電子機器の市場が急成長すると、電池のテクノロジーで新しい研究に火がついた。

公害と地球温暖化の脅威によって、人々は対策を求めるようになった。自動車産業に対して電気自動車への転換の圧力が高まると、発明者は強力な電池の開発に走った。電池は次第にガソリンと張り合えるようになっていった。

ひとつの成功譚（たん）は、リチウムイオン電池の登場だ。これはたちまち市場を席巻した。いまや、ほぼあらゆる電子機器に入っている。携帯電話やコンピュータ、さらにはジャンボジェット機にまで使用されている。なぜそんなにも普及しているかというと、今ある電池のなかでもエネルギー容量が最大でありながら、持ち運びできてコンパクトで、信頼性が高くて効率が良いからだ。これは、何百種類もの化学物質の電気特性を丹念に調べた、数十年に及ぶ研究の最終産物なのである。

またこんなにも利便性が高いのは、リチウム原子の性質のためだ。元素の周期表を眺めると、この元素は金属のなかで最も軽いことがわかる。これは、自動車や飛行機のために軽量の電池が要る場合に重要となる。

さらに、3個の電子が原子核のまわりを回っていることもわかる。このうち2個の電子でその原子の最低のエネルギー準位にあたる1S電子軌道が満杯になるので、3個目の電子は一段高い軌道に入る。この電子は結合がゆるいため、取り去られやすくて電池のエネルギーが大きくなる。リチウム電池で電流が非常に発生しやすい一因がここにある。

簡単にまとめると、リチウムイオン電池の原型は、グラファイトでできた負極と、コバルト酸リチウムでできた正極と、エーテルからなる電解液で構成されている。この電池はなんとも革命的な影響を及ぼしたので、それを完成させた3人の科学者にノーベル化学賞が贈られている。ジョン・B・グッドイナフとM・スタンリー・ウィッティンガムと吉野彰(あきら)だ。

しかし、リチウムイオン電池にも困った点がひとつある。市場に出ているどの電池より高いエネルギー密度をもっているが、それでもガソリンにたくわえられているエネルギーの1パーセントにすぎないのだ。カーボンフリーの時代に入れば、化石燃料に近いエネルギー密度をもつ電池が必要になる。

リチウムイオン電池を超える

リチウムイオン電池は現代社会のいたるところにあって、商業的に大変な成功を収めているので、次世代を目指して置き換えや改良の探索が熱心におこなわれている。ここでもまた、現在の技術者には試行錯誤のやり方しかできない。

そんな次世代の候補のひとつが、リチウム空気電池だ。密封されているほかの電池と違い、この電池には空気が自由に入り込む。空気に含まれる酸素がリチウムと相互作用し、電池の電子を放出するのだ（そして過酸化リチウムができる）。

リチウム空気電池の大きな利点は、エネルギー密度がリチウムイオン電池の10倍になるので、ガソリンのエネルギー密度に近づくことだ（これは、酸素を電池本体のなかにたくわえなくてもよく、空気から自由に取り込めるからである）。

リチウム空気電池ではエネルギー密度が大きく上昇するものの、技術的な問題がたくさんあって、このすばらしい電池は実用化できていない。たとえば、電池の寿命がわずか2か月ほどと短い。このテクノロジーを信じている科学者たちは、さまざまな化学物質で実験をおこなえば、こうした技術的問題の多くは解決できるのではないかと考えている。

2021年12月、日本の国立研究開発法人物質・材料研究機構は、電気通信企業ソフトバンクと共同で、一般的なリチウムイオン電池をはるかにしのぐエネルギー密度をもつ有望な新型リチウム空気電池を発表した。だが、この将来性のあるテクノロジーが直面している問題の数々を彼らが克服できたのかどうか、詳しいことはまだわからない。

電気自動車をもっているとつねに煩わしく思うのは、充電にかかる時間で、数時間から1日かかることもある。そこで探究されている別のテクノロジーが、「スーパーバッテリー」という、スケルトン・テクノロジーズ社とドイツのカールスルーエ工科大学が開発したハイブリッドシステムだ。これにより、電気自動車の充電がわずか15秒以内にできる見込みがある。

このシステムでは、ひとつの要素として一般的なリチウムイオン電池を用いる。しかし、目新しいのは、リチウムイオン電池とコンデンサーを組み合わせて充電時間を短縮する点だ（コンデンサーは静電気をたくわえる。最も単純なものは、2枚の平行な板のみからなり、1枚は正に帯電し、もう1枚は負に帯電する。コンデンサーの大きな長所は、電気エネルギーをたくわえたのち、すばやく放出することができるという点にある）。スーパーコンデンサーによる急速充電の実現には、ほかの企業も注目した。テスラは最近、マクスウェル・テクノロジーズを買収してこの手だてを追求している。したがって、このハイブリッドテクノロジーはすでに市場に現れており、電気自動車を所有する際の利便性を大いに向上させるかもしれない。

見返りがとても大きくなる可能性から、いまや多くの野心的なグループが、リチウムイオン電池の後継となるものの研究開発に懸命に取り組んでいる。たとえば次のような実験的テクノロジーだ。

・フランスのＮＡＷＡテクノロジーズは、ナノテクノロジーを用いた自社の「超高速炭素電極」により、電池の出力を10倍に高められ、寿命を5倍に延ばせると公表している。そして電気自動車の航続距離は1000キロメートルに延び、たった5分の充電時間で容量の80パーセントに達するとも述べている。

・テキサス大学の科学者らは、リチウムイオン電池からとくに好ましくない要素のひとつ、コバルトを取り除けると主張している。コバルトは高価で毒性が高いので、それをマンガンとアルミニウムに置き換えられるというのである。

・中国の電池メーカーSVOLTも、自社の電池のコバルトを置き換えられると宣言した。また、電気自動車の航続距離を800キロメートルに延ばせ、電池の寿命も延ばせると主張している。

・東フィンランド大学の科学者らは、シリコン（ケイ素）とカーボン（炭素）のナノチューブを組み合わせたハイブリッド負極をもつリチウムイオン電池を開発した。このハイブリッド負極で電池の性能が向上すると彼らは述べている。

・シリコンを検討しているもうひとつのグループは、カリフォルニア大学リヴァーサイド校の科学者たちだ。彼らは基本的なリチウムイオン電池を用いているが、ただし負極のグラファイトをシリコンに置き換えている。

・オーストラリアのモナッシュ大学の科学者らは、リチウムイオン電池に代わる高性能のリチウム硫黄電池を開発した。この電池はスマートフォンを5日、電気自動車を1000キロメートル駆動できる、と彼らは公言している。

・ＩＢＭ基礎研究所などは、コバルトやニッケルのような有害な元素のみならず、リチウムイオン電池そのものまでも、海水に置き換えることを検討している。海水電池は安価でエネルギー密度を高くできるとＩＢＭは主張している。

リチウムイオン電池は少しずつ改良されているが、２００年前にヴォルタが取り入れた基本的な原理は今も変わっていない。量子コンピュータであれば、このプロセスを整理し、もっと安価で効率的なものにできる望みがある。無数の実験をバーチャルでおこなえるようになるのだ。

問題は、電池のなかで生じる複雑な化学反応が、ニュートン力学のような単純な法則に従っていない点にある。しかし量子コンピュータなら、この大変な仕事をなし遂げ、複雑な化学反応を実際に起こさずにシミュレートすることができるのではなかろうか。

当然かもしれないが、自動車産業は、純粋数学をもとにスーパー電池を設計できるか確かめるべく、量子コンピュータに投資しだしている。超高効率の電池は、「太陽の時代」の到来を妨げる主な障害――蓄電の問題――を取り除けるだろう。

自動車産業と量子コンピュータ

量子コンピュータが自分たちの産業に革命を起こす可能性に目を向けている一企業は、「メルセデス・ベンツ」ブランドをもつ自動車産業の巨人ダイムラーだ〔15ページの訳注参照〕。2015年、ダイムラーは、急速に変化するこの分野で後れをとらないよう、量子コンピューティング・イニシアチブ（構想）を打ち立てた。

メルセデス・ベンツ研究開発北米グループ所属のベン・ブーサーはこう語る。「非常に研究指向の活動で、10年から15年後に起こることを見据えていますが、私たちは新たな世界を生み出す基礎を理解したいと思っています。そして私たちは一企業としてそれに関与したいのです[1]」。ダイムラーは量子コンピューティングを、単なる科学的興味の対象としてではなく、自社の収益に不可欠の要素と見なしているのだ。

ダイムラーのオンラインマガジンの編集者ホルガー・モーンは、量子コンピューティングのメリットとして、新たな電池のデザインを見つける以外のものを挙げている。「燃費を上げて乗り心地も良くする空気力学的形状をシミュレートする、効率の良い新技術を見つけたり、無数の変数をもつ製造プロセスを最適化したりするための、最良の手段になりそうだ[2]」。2018年、ダイムラーはトップ技術者のネットワークを構築してグーグルおよびIBMと緊密に連携し、こうした難題のいくつかを解決するテクノロジーの開発に乗り出した。すでに彼らは、量子コンピューティングに習熟し、コードを書いてクラウドにアップロードしている。

たとえば、空気力学の基本的な方程式はよく知られている。だが、自動車の空気抵抗を減らすためにコストの大きな風洞試験をおこなう代わりに、自動車を「バーチャル風洞」に入れれば——つまり、量子コンピュータのメモリのなかで自動車のデザインについて効率を調べれば

——はるかに安上がりで簡便になる。これにより、空気抵抗を減らすための解析がすばやくできるようになるだろう。

エアバスは、量子コンピュータを使ってバーチャル風洞を作り、自社の航空機を上昇・下降させる経路として最も燃費の良いものを算出しようとしている。またフォルクスワーゲンも、このテクノロジーによって、混雑した都市でバスやタクシーが走るのに最適な経路をはじき出そうとしている。

２０１８年からＢＭＷは、ハネウェルの最新の量子コンピュータを使って、多くの問題の解決も目指している。いくつか探究している課題は次のようなものだ。

- 高性能の自動車用バッテリーを作る。
- 充電ステーションの最適な設置場所を決める。
- ＢＭＷの自動車に使用するさまざまな部品を効率的に購入する方法を見つける。
- 空気力学的特性と安全性を高める。

ＢＭＷはとくに、量子コンピュータを最適化のプログラムに役立てようとしている。つまり、コストを下げながら性能を向上させようとしているのだ。

しかし、量子コンピュータは、環境を破壊せずに新たに安価で高性能の電池や車を作るのに使えるだけではない。いずれ、太古より人類を苦しめてきた恐ろしい不治の病の脅威から、われわれを解放してくれるかもしれない。そこで今度は、量子コンピュータがどのように医療に革命をもたらすことができるのかに目を向けてみよう。

聖書で言う永遠の命が得られる泉ではなく、不老の泉が、量子コンピュータということになるのだろうか。

第Ⅲ部

量子医療

第10章 創薬と保健衛生

あなたはどれだけ生きられるだろう？

人類史のほとんどのあいだ、人間の平均寿命は20年から30年にとどまっていた。人生はえてして短くみじめなものだった。人々は、次にやって来る疫病や飢饉を絶えず恐れて生きていた。

聖書などの古い文書は、疫病をはじめとする疾病の話であふれている。それから時代を下ると、今度は孤児や意地の悪い継母の物語が多くなる。親が子どもの成長を見届けられるほど生きられないことがよくあったからだ。

あいにく、こうした時代に医師は、偽医者やいかさま師とほとんど変わりがなく、偉ぶって施す「治療」は患者の状態を悪くするだけのことも多かった。金持ちはお抱えの医師をもつことができ、役に立たない薬を独り占めにしていたが、貧しい者はたいてい不潔ですし詰めの病院で死んでいった（こうした状況をフランスの劇作家モリエールは、滑稽な戯曲『いやいやながら医者にされ』で風刺している。著名な医師と間違えられた貧しい木こりが、おおげさで凝った、でっち上げのラテン語を使い、でたらめな助言を与えて皆をだます話だ）。

しかし、いくつかの歴史的な進歩が人類の寿命を延ばしてきた。第一の進歩は公衆衛生の改善だ。昔の都市は、腐った食べ物と人間の排泄物のたまり場のようだった。人々はいつでも自宅のゴミを通りへ放り投げていた。昔の都市の道路は、たいてい悪臭を放つ障害物競走のコースにも似て、病気の温床になっていた。ところが19世紀に入ると、こうした不衛生な状況に市民が抗議の声を上げるようになり、その結果、下水道ができて衛生状態が改善された。これにより飲料水で広まる多くの致死的な病がなくなり、人間の寿命は15年から20年延びたとも言われる。

第二の革命は、19世紀にヨーロッパ全土を呑み込んだ血なまぐさい戦争によるものだ。戦場で大きな傷を負って命を落とす兵士があとを絶たなかったため、君主たちは、真に効き目のある治療法を考え出した者に褒美（ほうび）を与えるとする勅令（ちょくれい）を出した。すると、これまで役に立たない調合薬で金持ちのパトロンの気を引くことしか考えていなかった医師たちが、突如野心に燃え、実際に患者を救う治療法にかんする論文を発表するようになる。医学雑誌が興隆し、単なる執筆者の名声ではなく実験による証明をもとに、進歩を記録しだした。

医師や科学者が新たにこのように方向づけられたことで、抗生物質とワクチンの登場という革命的な進歩の舞台が整った。このふたつにより、種々の死病が撲滅され、平均寿命がおそらくさらに10〜15年延びることになる。このほか、栄養状態の改善、外科手術、産業革命なども、寿命の延長に寄与した。

そのため現在、平均寿命は多くの国で70歳を超える。

残念ながら、近代医学におけるこうした躍進の多くは幸運によるもので、綿密な計画によるものではなかった。病気の治療法は、体系的な研究によって発見されたのではなく、ほぼ思いがけない偶然によって発見されていたのだ。

たとえば、１９２８年にアレクサンダー・フレミングは、パンなどに生えるアオカビの粒子が、シャーレで育っていた細菌を殺してしまうことにたまたま気づき、保健医療に革命をもたらした。医師たちは、よくある病気で患者が死ぬのをなすすべもなく見守るのでなく、ペニシリンなどの抗生物質を投与することで、人類史上初めて、患者を実際に治せるようになったのだ。まもなく、コレラ、破傷風、腸チフス、結核など、たくさんの病気に対する抗生物質も生まれる。しかし、その大半は試行錯誤の結果として見つかったものだった。

薬剤耐性菌の出現

抗生物質は非常によく効き、あまりにも頻繁に処方されてきたため、現在、細菌の反撃が始まっている。これは単なる学術的な問題にとどまらない。薬剤耐性菌の出現が、今日の社会が直面している重大な健康問題のひとつとなっているからだ。結核のように一度は撲滅された死病が、現在、悪性で不治の形態となって再来している。こうした「スーパー細菌」にはたいてい最新の抗生物質も効かず、人々はなすすべがない。

そのうえ、これまで人跡未踏だった地域にも足を踏み入れている人類は、免疫をもたない新たな病気の危険に絶えずさらされている。今にも人類に襲いかかって感染しようとしている未知の病気が、山ほどあるのだ。

動物への抗生物質の大々的な使用がこの傾向を加速させたと考える人もいる。じっさい、ウシが薬剤耐性菌の温床になるのは、畜産農家が牛乳や食肉の生産量を増やすために抗生物質を過剰投与することがあるからなのである。

多くの病気がこれまで以上に強力になって帰ってくるおそれがあるため、妥当な安さの新世代の抗生物質が切実に求められている。だが残念ながら、ここ30年で、新たな系統の抗生物質は開発されていない。今日われわれが使っている抗生物質は、われわれの親世代が使っていたものとほぼ同じだ。問題は、ひとにぎりの有望な薬を見つけ出すために、何千もの化学物質を試さなければならないことにある。このようなやり方で新たな系統の抗生物質を開発するには、およそ20億から30億ドルもかかる。

抗生物質はどのように働くのか

科学者は、現代のテクノロジーを用いて、ある種の抗生物質がどのように働くのかを少しずつ明らかにしている。たとえばペニシリンやバンコマイシンは、細菌が細胞壁を作り強化するのに欠かせないペプチドグリカンという分子の産生を阻害する。つまり、これらの薬は細菌の細胞壁を崩壊させるのだ。

キノロンという別の系統に属する薬は、細菌が増殖するための化学反応を妨げ、細菌のDNAが正常に働かないようにすることで増殖できなくする。

またテトラサイクリンなどは、細菌にとって重要なタンパク質を合成できなくする。さらに別の系統は、細菌細胞による葉酸の合成を妨げ、細胞壁を出入りする化学物質を制御できなくする。

このような進歩があるのに、なぜ停滞が起きているのか？

ひとつには、新しい抗生物質の開発には長い時間がかかるからで、10年を超すこともよくある。こうした薬は安全性を確かめるために慎重にテストしなければならず、それには時間も費用もかかるのだ。10年に及ぶ大変な努力の末に、できあがった製品が割に合わないこともよくある。多くの製薬会社にとっては結局、薬を作るコストを売り上げで回収できないといけないのである。

量子医療の役割

問題は、ヴォルタの時代から電池のデザインが変わっていないように、基本的な戦略がフレミングの時代からあまり変わっていない点にある。今もわれわれは、シャーレのなかの細菌に、さまざまな薬の候補をやみくもに試してみている。現在では、オートメーションやロボット工学や機械化された流れ作業によって、さまざまな病原菌が入った何千ものシャーレに、有望な薬の候補を一度に与えることもできるが、それも100年前にフレミングが開発した基本的な手法の模倣なのだ。

そのころから、われわれの戦略は変わっていない。

有望な物質を試す　↓　それが細菌を殺すかどうかを明らかにする　↓　メカニズムを突き止める

量子コンピュータは、この手順を完全に覆し、命を救う新薬の探索を加速できる可能性がある。そのとてつもない能力ゆえに、いずれ、細菌を殺す新たな手段を手際よく見つけられるかもしれないのだ。何十年もかけてさまざまな薬をあれこれいじるのでなく、量子コンピュータのメモリのなかで新薬をすばやく設計できるのではなかろうか。

すると、戦略の順序が逆になる。

メカニズムを突き止める　↓　それが細菌を殺すかどうかを明らかにする　↓　有望な物質を試す

じっさい、こうした抗生物質が細菌を殺す基本的なメカニズムを分子レベルで解明できれば、その知見をもとに新薬が創れそうだ。つまり、細菌の細胞壁を破壊するといった所望のメカニズムを決めてから、量子コンピュータで、細胞壁の弱点を見つけて破壊する方法を決定するのである。それから、この役目を果たせるさまざまな薬を試し、最終的にその細菌に対して実際に効果を示すひとにぎりの薬に的を絞る。

たとえば、従来のコンピュータでペニシリンが分子レベルで働くメカニズムをモデル化しようとすると、大変な困難に直面する。これには10の86乗ビットのコンピュータ・メモリが必要で、デジタルコンピュータの能力をはるかに超えている。しかし量子コンピュータの能力には収まっている。そのため、分子のふるまいを解析して新薬を発見するというのは、量子コンピュータの主な標的となりうる。

殺人ウイルス

細菌と同じように、ウイルスに対しても、現代科学でワクチンによって対抗できるようになっている。だがそれもある程度までだ。ワクチンは、ウイルスを直接攻撃するのではなく、われわれの体の免疫系を刺激することで間接的に効果を示す。だから、ウイルスが引き起こす病気の治療はゆっくりとしか進歩していない。

古今を通じて最も多くの人を殺した病気のひとつは天然痘で、１９１０年以降だけでも3億人の命を奪っている。天然痘は、古代にも知られていた。天然痘にかかって回復した人がいたら、その人のかさぶたを粉にして、健康な人の皮膚の傷などにすり込めば良いこともわかっていた。粉をすり込まれた人は、天然痘に対する免疫が得られるのだ。

１７９６年、この手法が英国で洗練され、うまく利用されるようになる。医師のエドワード・ジェンナーは、天然痘に似た牛痘（ぎゅうとう）という病気から回復した乳しぼりの女性たちから膿（うみ）を採取した。この膿を健康な人に注入すると、その人は天然痘に対する免疫を獲得したのである。

以来ワクチンは、ポリオ、B型肝炎、はしか、髄膜炎、おたふく風邪、破傷風、黄熱病など、それまで不治とされていた多くの病気に対して使われてきた。有効だったかもしれないワクチンは何千もありうるが、身体の免疫系の働きをきわめて小さなスケールで理解せぬまま、それらすべてをテストすることはできない。

実験でワクチンをひとつひとつテストする代わりに、量子コンピュータのなかで「テスト」することもできるかもしれない。この手法がすばらしいのは、煩雑で時間も金もかかる試験をおこなわずに、新しいワクチンをすばやく安価に効率良く探索できるからだ。

次の章では、量子コンピュータを用いてわれわれの免疫系を改良して強化し、がんのほか、アルツハイマー病やパーキンソン病など、現在は不治とされている病までも防げそうな方策を探る。だがその前に、次に世界的なパンデミックを起こすウイルスからわれわれを守るために、量子コンピュータが果たしうる役割がもうひとつある。

新型コロナウイルス感染症（Covid-19）のパンデミック

量子コンピュータの威力を理解する一手として、これまで米国でおよそ100万人の命を奪い、世界で数十億の人々を経済的な苦難や危機に陥れた新型コロナウイルス感染症のパンデミックの悲劇を考えてみよう。量子コンピュータは、新たに出現したウイルスを検知し、世界規模のパンデミックが起こる前に警鐘を鳴らすことができる。

この世にある病気の6割は、動物界に由来するものだと考えられている。ならば、新たな病気をたくさん生み出す新たな病原体が大量にたくわえられていることになる。だから人類文明が未開発の地域にも広がりつつある今、われわれはこれまで出合ったことのない動物とそれらが抱える病気に身をさらしているのだ。

たとえば、遺伝子解析から、インフルエンザウイルスは主に鳥類に由来することがわかる。多くのインフルエンザウイルスは、アジアで出現している。この地域では、農家が多種飼育をおこない、ブタや鳥類のそばで生活しているのだ。ウイルスの起源は鳥類でも、しばしばブタが鳥の糞（ふん）を食べ、ヒトがそのブタを食べる。ここでブタは食材を混ぜるボウルのような役目を果たし、鳥類がもつウイルスのRNAとブタがもつウイルスのRNAが組み合わさって新しいウイルスが生まれる。

また、エイズを発症させるウイルスの起源をたどると、霊長類に感染するサル免疫不全ウイルス（SIV）に行き着く。遺伝学をもとに科学者は、1884年から1924年のあいだのどこかで、アフリカにいただれかがＳＩＶに感染した霊長類の肉を食べ、ＳＩＶがヒト免疫不全ウイルス（ＨＩＶ）に変異したと推測している。

交通手段の発達とともに、世界規模の旅行が増え、中世のペストのような病気の伝播が加速した。歴史家は、昔の船乗りが町から町へ移動して遠くの土地にペストを広めた経路をたどっている。ある港に船が着いた日と、その地で病気が大発生した日を比較することで、ペストが中東やアジアに、町から町へと飛び火して広がっていった様子がわかるのだ。今ではジェット機があるので、病気は数時間で大陸を渡って広まる。

だから、ジェット機による海外旅行によって、新たなパンデミックが世界を覆い尽くすのは時間の問題にすぎない。

だが、ゲノミクスの目覚ましい進歩のおかげで、２０２０年に科学者は、わずか数週間で新型コロナウイルスの遺伝子配列を決定することができた。これにより、人体の免疫系を刺激してウイルスを攻撃させるワクチンが作れたのだ。しかしこれは、人体のもつ免疫系をいじって、自己防衛できるようにしたにすぎない。この死をもたらすウイルスそのものを打ち負かす体系的な手だてはまだ見つかっていないのである。

早期警報システム

量子コンピュータで次のパンデミックを防ぐ方法が、いくつか考えられる。まずは最低限、ウイルスが現れたときにリアルタイムで検出する早期警報システムが必要だ。新型コロナウイルスの新たな株が現れても、警報が出るまでに数週間かかる。そのあいだに、ウイルスは見過ごされてヒトの生態系に入り込んでしまう。数週間の遅れで、ウイルスは何百万もの人々に広まってしまうのだ。

感染症の流行を追跡するひとつの方法は、世界じゅうの下水道にセンサーを設置することだ。ウイルスは、とくに人の多い都市部では、下水を分析することで容易に見つけられる。迅速抗原検査を用いれば、ほぼ15分以内にウイルスの大発生を突き止められる。ただし、膨大な数の下水道から得られるデータは、すぐにデジタルコンピュータでは処理しきれなくなる。だが量子コンピュータなら、山のようなデータを分析して、干し草の山でなくした針を見つけるのに秀でている。すでに米国の一部の自治体では、早期警報システムとして下水道にセンサーを設置する動きがある。

別の早期警報システムは、インターネットと接続した体温計を製造しているキンサ社によって実証された。全米の発熱状況を監視すれば、重大な異常を検知することができる。事実、2020年の3月、米国南部の多数の病院から、新たなウイルスに何千人も感染しているという奇妙な報告がなされた。多くの人が命を落とし、病院は途方に暮れた。

ここでひとつの仮説が立てられる。2020年2月下旬にニューオーリンズで催されたマルディグラ〔世界最大級の謝肉祭とされる〕の祝祭が、大規模に感染を拡大するきっかけとなり、無警戒な何十万もの人々をウイルスにさらす結果になったというものだ。実際に、マルディグラ直後の体温計の数値を調べると、南部で突然跳ね上がっていることがわかる。残念ながら、医師たちにはこの新しい致死性のウイルスに対処した経験がなかったため、彼らがこのパンデミックに気づいたのは、マルディグラから数週間後のことだった。このウイルスの出現は、医学界に完全に不意打ちを食らわせたのである。多くの死者が出た。ウイルスの特定に重大な遅れが生じたことから、

将来、体温計やセンサーなどの医療機器がインターネットにつながり巨大なネットワークができれば、全国で今起きていることを即座に体温計のデータで読み取り、量子コンピュータで分析できるようになるかもしれない。全国の地図をひと目見るだけで、新たな感染拡大とおぼしきものを示すホットスポットが見つかるのだ。

早期警報システムを構築するもうひとつの手だては、ソーシャルメディアの利用である。国内で何が起こっているのかをリアルタイムで知るのに、これほど良いものはない。たとえば、将来のアルゴリズムは、インターネットで異常を示す投稿を探すように作成されるだろう。人々が「息ができない」とか「においがしない」といったことを言いだしたら、そうした異常を示すフレーズを量子コンピュータが拾い上げる。すると医療従事者がそれらの事例を追跡して、原因が感染症にあるのかどうかを確かめられる。

同じようにして、量子コンピュータはウイルスの感染爆発が起きるのを検知できるかもしれない。空中に漂うウイルスのエアロゾルを検知できるセンサーが、開発されるかもしれないのだ。新型コロナウイルス感染症の流行の初期、政府当局者は、他人と1・8メートルの距離を取ればウイルスの伝播を防げるとしていた。感染は主に咳やくしゃみによる大きな飛沫を介し

て起こる、と言っていたのである。

現在、これはおそらく誤りだったと考えられている。実際の研究から、くしゃみによるエアロゾルの粒子はウイルスを6メートル以上も運べることが明らかになっているのだ。それどころか、いまや、ウイルスが広まる主な要因のひとつは、ただ話すだけで生じるエアロゾルだと考えられている。屋内で15分以上、歌ったり、唱えたり、大声で話したりする人の隣にいると、ウイルスの拡散に拍車をかける一因になる。

だから将来、屋内に設置されたセンサーのネットワークで空気中のエアロゾルを検知し、その結果を量子コンピュータに送れるようになれば、量子コンピュータがこの膨大な情報を分析し、次のパンデミックの徴候を早期に見つけられるかもしれない。

免疫系を解き明かす

これまでワクチンは、身体そのものの免疫系が感染症に対する強力な防御機構であることを証明してきた。それでも科学者には、免疫系が実際にどのように働くのかほとんどわかっていない。

免疫系については、今も新たに驚くべき知見が得られている。たとえば、いまや多くの疾患は、体を直接攻撃していないことがわかっている。１９１８年のスペイン風邪は、第一次世界大戦の死者数を超える人々の命を奪った。あいにくスペイン風邪のウイルスのサンプルは保存されていないため、ウイルスを分析し、人々の命を奪ったメカニズムを明らかにするのは困難だ。ところが近年、科学者が北極圏を訪れ、このウイルスによって亡くなり、永久凍土で保存されていた人々の遺体を調べた。

明らかになった事実は興味深いものだった。この疾患は、患者を直接殺してはいなかった。身体の免疫系を過剰に刺激したために、免疫系がウイルスを殺そうとして、危険な化学物質を放出して体内にあふれかえらせたのだ。このサイトカインストームと呼ばれる症状が、最終的に患者の命を奪う要因となった。したがって、事実上の主犯は、身体そのものの凶暴化した免疫系だったのである。

同じ現象は、新型コロナウイルスでも見られた。入院患者の病状は、当初は差し迫ったものに思われないことがある。しかし、疾病の後期にサイトカインストームが始まると、危険な化学物質が体内にあふれかえり、最終的には臓器が機能不全に陥る。これを治療できないと往々にして死に至る。

将来、量子コンピュータは免疫系の分子生物学的メカニズムについて、まったく新しい事実を明らかにしてくれるかもしれない。これにより、重い感染症の際に免疫系のスイッチを切ったり強度を下げたりする方法を、たくさん提示できる可能性がある。免疫系については、次の章でもっと掘り下げることにしよう。

オミクロンウイルス

量子コンピュータは、変異していくウイルスの特性を明らかにするのにも重要な役割を果たすのではないか。たとえば、新型コロナウイルスのオミクロン株は、２０２1年11月ごろに出現した。そのゲノムの配列が決定されると、ただちに警報が発令された。オミクロン株は50個の変異をもち、デルタ株よりも感染力が高まっていた。しかし科学者には、こうした変異でウイルスがどれほど危険なものになるのかを正確に決定することができなかった。変異によってスパイクタンパク質が前よりずっと速くヒトの細胞に食いつけるようになり、人類に惨害をもたらすのか？　科学者は状況を見守るしかなかった。将来は、何週間もただ祈って待つのではなく、量子コンピュータによってスパイクタンパク質の変異を解析することで、どれほど致死的なウイルスなのかを明らかにできるのかもしれない。

ウイルスの構造がわかれば、すぐにそのウイルスのふるまいを予測できるとも考えられる。現在のデジタルコンピュータは未熟すぎて、オミクロン株のようなウイルスがどのように人体を攻撃するのかをシミュレートすることができない。だが、ひとたびウイルスの分子構造が正確にわかれば、われわれは量子コンピュータによってそのウイルスが身体に及ぼす具体的な影響をシミュレートできるから、前もってそのウイルスがどれだけ危険で、どのようにそれと戦えばいいのかを知ることができる。

幸い、われわれは進化も味方につけている。人類の多くの命を奪った昔のさまざまな病原体は、1918年のスペイン風邪ウイルスも含め、今もわれわれと共存しているのだろう。ただし世界的な流行病ではなく、地域的な流行病として変異した形で。進化論によれば、ウイルスは異なる株同士で競争する。そのため、感染力が増して競争に勝つような進化圧が存在する。すると、変異を繰り返すほど、ウイルスは前の世代よりも感染力が強くなるだろう。ところが、あまりにも多くの人を殺してしまうと、ウイルスが広まりつづけるだけの数の宿主がいなくなる。だから、致死性を低下させる進化圧も存在するわけである。

言い換えれば、多くのウイルスは、広まりつづけるために、感染力を増しながら致死性を低下させるように進化する。となると、われわれは致死性が低下した新型コロナウイルスと共存することを学ぶしかないのかもしれない。

未来

抗生物質とワクチンは現代医学の礎だ。しかし、抗生物質は試行錯誤の末に見つかるのがふつうで、ワクチンは体内の免疫系を刺激してウイルスを撃退する抗体を作らせるにすぎない。そのため現代医学の目標のひとつは新しい抗生物質を開発することで、もうひとつは身体の免疫反応を解明することとなっている。免疫反応は、ウイルスだけでなく、古今を通じて最大級の殺人者、がんに対しても防御の最前線だ。量子コンピュータを使ってわれわれの免疫系をとりまく謎が解けたら、われわれは、一部のがん、アルツハイマー病、パーキンソン病、ALS

など、指折りの不治の病と戦う方法を手に入れることになる。こうした病気が与えるダメージは分子レベルなので、量子コンピュータにしか、その謎を解いて戦う手助けをすることはできない。次の章では、量子コンピュータがどのようにしてわれわれの免疫系にかんする新たな知見を与え、ひいては免疫系を強化してくれるのかを検討しよう。

第11章

遺伝子編集とがん

１９７１年、米国大統領リチャード・ニクソンは声高らかに「がんとの戦い」を宣言した。現代医学がこの大きな災いについに終止符を打つだろう、と。

しかし歳月を経て、歴史家がこの取り組みを振り返ったとき、判定は明らかだった。がんが勝利を収めていたのだ。確かに、がんとの戦いは手術や化学療法や放射線治療によって徐々に成果を上げているが、がんによる死者の数は依然として高いままで、がんはいまだに心疾患に次いで、米国の死因の第2位となっている。全世界では、２０１８年に９５０万人ががんに命を奪われている。

「がんとの戦い」の根本的な問題は、科学者ががんの正体を知らなかった点にあった。この恐るべき病気がただひとつの要因によって生じるのか、それとも食事、環境汚染、遺伝、ウイルス、放射線、喫煙、あるいは単なる不運といった要因が複雑にからみ合って生じるのかをめぐり、激しい論争が繰り広げられた。

数十年を経て、遺伝学やバイオテクノロジーの進歩により、ついに答えが明らかになった。最も根本的なレベルでは、がんは遺伝子の病気だが、環境汚染や放射線など——あるいはただの不運——が引き金を引くこともある。実のところ、がんは単一の病気などではなく、何千、何万という種類の遺伝子変異なのだ。今では、正常な細胞が突然増殖して持ち主を殺すようになるさまざまながんについて、百科事典のような知識の集成ができている。

がんはおそろしく多様でありふれた病気だ。数千年前のミイラにも見つかっている。がんについて触れている最古の文献は、紀元前３０００年のエジプトにまでさかのぼる。一方、がんはヒトにだけ見られるわけではない。動物界全体に見られる。ある意味でがんは、われわれが地球上で複雑な生命形態をもつうえで払うべき代償なのである。

何兆もの細胞が次々と込み入った化学反応を起こす複雑な生命形態を作り上げるために、一部の細胞は新しい細胞に取って代わられて死ななければならない。そのおかげで身体は成長し発達することができる。赤ん坊がもつ細胞の多くは、成人の細胞の下地として、やがて死ぬことになる。このことは、細胞が必要に迫られて死ぬように遺伝的にプログラムされていることを意味する。新たに複雑な組織や器官を作るために、みずからを犠牲にするのだ。これをアポトーシスという。

このプログラム細胞死は、身体の健全な成長のために欠かせないのだが、ときにエラーが生じ、その遺伝子のスイッチが切られて、細胞がやたらに複製し増殖しつづけるようになることがある。そうなった細胞は増殖を止められず、その意味でこうしたがん細胞は不死と言える。

さらに言えば、だからがん細胞はわれわれの命を奪う。とめどなく増殖し、腫瘍を形成し、それがやがて生命に不可欠な身体機能を停止させてしまう。

要するに、がん細胞は、通常の細胞が死に方を忘れてしまったものなのである。

がんができるのには、えてして数年から数十年かかる。たとえば子どものころにひどい日焼けをしたら、数十年後にその場所に皮膚がんができることがある。何度か変異を重ねないとがんが生じないからだ。たいてい数年から数十年かけて変異がいくつか蓄積されると、ついにその細胞が複製を抑える能力を失うことになる。

しかし、これほどがんが致死的な病なら、なぜ進化の力が、そうした欠陥遺伝子を自然選択によって何百万年も前に駆逐しなかったのだろう？　答えは、がんの成長が主に生殖年齢を過ぎてからなので、がんの遺伝子を排除する進化圧が小さいためなのだ。

ときにわれわれは、進化が自然選択と偶然によってなし遂げられていくことを忘れてしまう。生命の生存を可能にしている分子メカニズムは確かに驚くべきものだが、それは数十億年の試行錯誤によるランダムな変異の副産物だ。そのため、死病に対する完璧な防御体制がわれわれの体に備わっていると期待することはできない。がんにかかわる変異は途方もない数であることを考えると、山のような情報をふるいにかけ、がんの根本原因を突き止めるために、量子コンピュータが必要になるかもしれない。量子コンピュータは、さまざまなややこしい形で現れる病気に取り組むのにうってつけだ。そしていずれ、がん、アルツハイマー病、パーキンソン病、ＡＬＳなどの不治の病と対峙するまったく新しい戦場を提供してくれる可能性がある。

リキッドバイオプシー

自分にがんができたかどうかは、どうしたらわかるだろう？　残念ながら、多くの場合、わからない。がんの徴候は、時としてあいまいだったり検知しにくかったりする。じっさい、腫瘍が形成されるころには、体内にがん細胞が何十億も増殖していることもある。悪性腫瘍が見つかったら、主治医はただちに手術か放射線治療か化学療法を勧めるだろう。だが、すでに手遅れという場合もある。

しかし、腫瘍が形成される前に異常な細胞を検知して、がんの成長を防ぐことができたらどうだろう？　量子コンピュータは、そうした取り組みにおいて重要な役割を果たせるかもしれない。

現在、われわれは定期健診で血液検査を受け、健康のお墨付きをもらっているだろう。それでもその後、がんとわかる徴候が現れることがある。そんなとき、あなたは思うかもしれない。どうして血液検査でがんを検知できないのだろう、と。

それは、われわれの免疫系がふつう、がん細胞を検知できないからだ。がん細胞は、監視の目をかいくぐる。免疫系が容易に気づけるような外敵とは違う。がん細胞はわれわれ自身の細胞がいかれたものなので、見つけられないのだ。だから、免疫反応を調べる血液検査では、がんを検知できない。

それでも、すでに100年以上前から、がんの腫瘍から細胞や分子が体液に剝がれ落ちることが知られている。事実、がんの細胞や分子は血液、尿、脳脊髄液のほか、唾液からも検出されることがある。

あいにく、これができるのは、すでに体内で何十億ものがん細胞が増殖するようになってからの話だ。こうなってからでは、ふつう、腫瘍を摘出するために手術が必要になる。ところが近年、遺伝子工学によって、血液などの体液に漂うがん細胞を検出する能力が向上している。いずれこの手法は、わずか数百個のがん細胞を検出できるほど感度が上がり、腫瘍が形成される何年か前に対処できるようになるかもしれない。

だが、がんの早期警報システムが一般的に構築できるようになったのは、ここ数年のことだ。有望な検査手段のひとつがリキッドバイオプシー（液体生検）というもので、これは迅速かつ簡便に多様ながんを検出できるため、がんの検査に革命を起こす可能性がある。

「近年、がんの革新的なスクリーニング（検診）ツールであるリキッドバイオプシーの臨床開発が、大きな期待を生んでいる」とリズ・クウォーとジェンナ・アロンソンは『アメリカン・ジャーナル・オブ・マネージド・ケア』誌に書いている。[1]

現在、リキッドバイオプシーは最大で50種類のがんを検出できる。やがては、がんが致命的な状態になる何年も前に、ごくふつうの検診でがんを検出できるようになるのではなかろうか。

将来は、体液をめぐっているがん細胞や酵素や遺伝子のしるしを、トイレで尿から検知できる可能性さえある。そうなれば、がんは風邪ほどの致死率の病気になるだろう。トイレに行くたびに、気づかぬうちにがん検査を受けることになるのだ。そんな「スマートトイレ」がわれわれの防御の最前線になるのかもしれない。

何千、何万という種類の変異ががんを引き起こすが、量子コンピュータならそれを突き止め、簡単な血液検査でたくさんのがんの可能性を検知できるようになるのではないか。あるいは、毎日または毎週ゲノムを読み取り、リモートで量子コンピュータに有害な変異の形跡を調べてもらうこともできるかもしれない。これはがんの治療ではないが、これにより、がんが成長するのを防ぎ、その危険を風邪ほどのものにすることはできる。

多くの人は、こんな素朴な疑問を口にする。「なぜ風邪にかからないようにできないのか？」。実は、できる。だが、風邪を引き起こす主な病原体のライノウイルスは300種類を超え、それが絶えず変異しているから、この動く標的に当てようと300のワクチンを開発しても意味がない。われわれはそれと共存するしかないのである。

これががん研究の未来の姿かもしれない。死をもたらすものではなく、いずれは厄介もの程度に見られるようになるのだろうか。がんにかかわる遺伝子はとても多いので、すべてを治す方法を考え出すのは非現実的だ。しかし量子コンピュータで、がんが成長する前に、がん細胞が数百個の小さなコロニーを作っている段階で検出できれば、進行を食い止めることができるのではないか。

つまり、将来がんがなくなりはしなくても、人の命を奪うことはまれになるかもしれないのだ。

がんを嗅ぎ当てる

早い段階でがんを見つける方法として、がん細胞が発するかすかなにおいを検出するセンサーを用いることも考えられる。いつか、あなたの携帯電話に、においを検知できてクラウドで量子コンピュータにつながるアタッチメントを付け、がんだけでなくほかのさまざまな病気からも身を守れるようになるかもしれない。量子コンピュータは、全国の無数の「ロボットノーズ（ロボット鼻）」から送られてくるデータを分析し、がんを食い止めることができるだろう。

においの分析は、実証済みの診断技術だ。たとえば、現在空港で新型コロナウイルスの検知に犬が利用されている。ウイルスの一般的なＰＣＲ検査は数日かかるが、特殊な訓練を受けた犬は、10秒もあれば95パーセントの確度でウイルスを見つける。すでにヘルシンキ空港などで乗客の検査に使われている。

犬はこれまで、肺がん、乳がん、卵巣がん、膀胱（ぼうこう）がん、前立腺がんを見つけるように訓練されてきた。事実、患者の尿サンプルを嗅いで前立腺がんの検知に成功する率は、99パーセントにのぼる。ある調査では、乳がんを88パーセントの確度で、肺がんを99パーセントの確度で検知することもできた。

なぜこれほどのことができるのかといえば、犬の鼻にはにおいの受容体が2億2０００万個もあるからだ。人間の鼻には５００万個しかない。そのため、犬の嗅覚は人間よりはるかに精度が高いのである。きわめて精度が高いので、1兆分の1の濃度（ｐｐｔ）でも検出できる。これは、オリンピックサイズのプール20個分の水に垂らした1滴の液体を検出するのに等しい。また、においを分析するための脳の領域も、人間よりはるかに広い。

とはいえ、コロナウイルスやがんを識別できるように犬を訓練するのには数か月かかるし、そういう特殊な訓練を受けた犬がいくらでもいるわけではないという問題はある。こうした分析を、われわれ自身のテクノロジーによって、何百万人もの命を救える規模でおこなえないだろうか？

米国同時多発テロの直後、私はあるテレビ局に招かれ、特別な昼食会で将来のテクノロジーについて話し合う機会を得た。隣に座っていたのは、国防総省において未来のテクノロジーを生み出すことで知られていた部局、DARPA（国防高等研究計画局）の高官だった。DARPAは長い歴史のなかで、NASA、インターネット、自動運転車、ステルス爆撃機などの華々しい成果を生んできた。

そこで私は、ずっと気になっていたことを彼に質問した。爆発物を検知するセンサーはなぜ開発できないのでしょうか、と。犬にはたやすくできることが、われわれの最も優れたマシンにもできないのだ。

一瞬黙ってから、彼は犬と最先端のセンサーとの違いをじっくり説明してくれた。実を言うと、DARPAもこの問題を仔細に検討しており、犬の嗅神経は、なんらかのにおいの分子をひとつひとつとらえられるほど感度が高いことに気づいていた。世界最高峰の研究所で開発された人工のセンサーでも、この感度にはかなわないという。

この会話から数年後、DARPAは、犬に近いロボットノーズを実験室で作れるかどうかを探るコンテストを開催した。

このコンテストのことを耳にしたひとりが、マサチューセッツ工科大学（MIT）のアンドレアス・マーシンだった。彼は、さまざまな疾患を検知する、奇跡に近い犬の能力に引きつけられていた。マーシンが最初にこの問題に関心をもったのは、膀胱がんの検知について研究していたときのことだ。1匹の犬が、ある患者ががんにかかっていると執拗に判定した。その患者は何度も検査を受け、がんはないとされていたのに。どうにもおかしかった。犬はその検体から動かない。ついに患者がもう一度検査を受けることに同意すると、標準的な臨床検査では検出できないきわめて早期の膀胱がんが見つかったのである。

マーシンはこの驚くべき成功を再現したいと考えた。目指したのは、がんなどの疾患を検出できる複数のマイクロセンサーを備え、本人の携帯電話に警告を送る「ナノノーズ」である。今ではMITとジョンズ・ホプキンズ大学の科学者が、犬の鼻より200倍も感度の高いマイクロセンサーを開発できている。

しかし、このテクノロジーはまだ実験段階で、ひとつの尿の検体でがんの分析をするのにおよそ1000ドルかかる。それでもマーシンは、いつの日かこのテクノロジーが、携帯電話に付いているカメラぐらいありふれたものになると思い描いている。何億もの携帯電話やセンサーから途方もない量のデータが送られてくるので、量子コンピュータにしか、このデータの宝庫は処理できないだろう。その後、人工知能を使ってシグナルを分析し、がんのしるしを見つけて、場合によっては腫瘍が形成される何年も前に、その情報をあなたに送るのだ。

将来は、深刻な事態となる前にがんをたやすくひそかに検知する方法が、いくつか登場するかもしれない。リキッドバイオプシーやにおい検知器が量子コンピュータにデータを送り、量子コンピュータが多種多様ながんを突き止める。それどころか、今ではもうだれも「瀉血（しゃけつ）」や「ヒル療法」の話をしないのと同じように、「腫瘍」という言葉もふだんの会話から消えてなくなるのではないか。

だが、がんができていた場合にはどうするか？　量子コンピュータを使って、身体を攻撃しだしたがんを治せるだろうか？

免疫療法

現時点で、がんが見つかった場合の主な処置は、少なくとも3つある。手術（腫瘍を摘出する）と、放射線治療（X線や粒子線でがん細胞を殺す）と、化学療法（毒でがん細胞を殺す）だ。しかし、遺伝子工学の登場により、新しい形態の治療法が広まりつつある。免疫療法だ。この治療法にはいくつかタイプがあるが、一般に、どれも身体そのものの免疫系の助けを借りる。

前にも述べたが、がん細胞はあいにく身体の免疫系で容易に発見できない。たとえば、体内のT細胞やB細胞は、莫大な数の外来抗原を特定してから殺すようにプログラムされているが、白血球が認識できる抗原のリストにがん細胞は入っていない。そのため、がん細胞は免疫系の監視の目をかいくぐる。そこで、われわれ自身の免疫系の力を人為的に高め、がん細胞を認識して攻撃させるというのが免疫療法の手口だ。

ある免疫療法では、まず標的となるがん細胞についてゲノムの配列を決定し、そのがんのタイプと成長のしかたを正確に知ることができるようにする。次に、血液から白血球を取り出す一方で、がん細胞の遺伝子を用意する。それから、そのがんの遺伝情報を、（あらかじめ無害にしておいた）ウイルスにのせて白血球に送り込む。こうして白血球は、そのがん細胞を見つけるように再プログラミングされる。最後に、その白血球を注射して体内に戻す。

これまでのところ、これは難治性のがんの治療法として、がんが体じゅうに広がった末期でも大いに有望だ。手の施しようがないと告げられながら、いきなり劇的にがんが消えた患者もいる。

免疫療法は、膀胱、脳、乳房、子宮頸部、大腸、直腸、食道、腎臓、肝臓、肺、リンパ、皮膚、卵巣、膵臓、前立腺、骨、胃のがんや、白血病の治療に用いられており、どれに対しても、程度の差こそあれ効果を示している。

しかし、欠点もある。がんが何千種類もあるなかで、この療法は限られたがんにしか使えない。そればかりか、白血球の遺伝子を人為的に修正しているので、その修正が完璧ではないこともある。これにより、望ましくない副作用が生じるおそれがあるのだ。事実、そうした副作用で命を落とす患者もいる。

だが、量子コンピュータなら、この療法を完全なものにできる可能性がある。いずれは、大量の生データを解析して、それぞれのがん細胞の遺伝子を見つけられるかもしれない。そんな途方もない作業は、古典的なコンピュータにはとうてい不可能だろう。全国の各個人のゲノムを、月に何度か、体液の分析によってひそかに手際よく読み取ることになる。そして人々の全ゲノムの配列を決定し、ひとりにつき2万を超える遺伝子のリストを作る。それから、これをすでに調べられている何千ものがん関連遺伝子の候補と照合する。この大量の生データを解析するには、いくつもの量子コンピュータからなる巨大なインフラが必要になる。それでも、得られる恩恵は莫大なものになる。恐るべき殺し屋の減少である。

免疫系のパラドックス

免疫系には長年の謎があった。外から侵入する抗原を駆逐するために、体はまずそれを見分けなくてはならない。考えられるウイルスや細菌は事実上無限にあるのに、免疫系はどうやって危険なものと無害なものを区別できるのだろう？　これまで出合ったことのない病気があっても、どうして見分けがつくのか？　警察が、見たこともないおおぜいの人のなかで、だれを逮捕すべきかがわかるようなものだ。

一見、そんなことは不可能のように思える。病気の種類は理論上無数にあるのだから、免疫系がどうやってしかるべき病気だけを魔法のように見つけられるのかがわからない。

しかし、進化はこの問題を解決する賢い手だてを編み出した。白血球のひとつであるB細胞は、細胞壁から突き出たY字形の抗原受容体をもっている。B細胞の仕事は、そのY字形の受容体の先端を危険な抗原にはめ込み、その場で破壊するか、あとで破壊すべく目印を付けることだ。脅威となる抗原は、このようにして見分けられている。

生まれたばかりのB細胞では、抗原と結びつくY字形受容体が、その先端部をコードする多種類の遺伝子をランダムに組み合わせて作られる。これが鍵を握っている。このため理論上、有益なものも有害なものも、身体が遭遇しうるほぼすべての物質について、対応する受容体が、種々のランダムな受容体のなかに見つかるのだ（少数のアミノ酸でどれほど膨大な数の受容体が作れるかを理解するために、次のように考えてみよう。まず事実として、人体のタンパク質を形作るアミノ酸は20種類ある。たとえば10個のアミノ酸をつなげた鎖を1本作る場合、1個1個のアミノ酸には20通りの可能性がある。すると、アミノ酸のランダムな配列は、20×20×20×……＝「20の10乗」通り存在することになる。ただし受容体を作る遺伝子はどれも一個ではなく複数のアミノ酸に対応するので、実際にありうるB細胞の受容体の種類はこれと異なり、およそ10の12乗通りだ。それでもこの10の12乗という天文学的な数は、受容体が遭遇しうるほぼすべての抗原をカバーしているのである）。

ところが、いったん完全にランダムに作られたY字形受容体のうち、自分の身体がもつ分子に結合するY字形受容体は徐々に取り除かれていく。すると、あとに残るのは、危険な抗原に結合するY字形受容体だけになる。こうしてY字形受容体は、一度も遭遇したことのない危険な抗原も攻撃できるようになるのだ。

だからこの仕組みは、おおぜいの人のなかで犯人を見つけようとする警察に似ている。まず警察は、それまでに無実であることがわかっている人をすべて除外する。そうすれば、残った人のなかに犯人がいるだろうとわかる。

われわれが、無数の細菌やウイルスが漂う目に見えない大海のなかで生きていることを思えば、このシステムはなんともうまく働いている。だが、これが裏目に出ることもある。たとえば、体内にあるものに対応する受容体を除外する際に、全部を取り尽くしていないことがある。すると、有益な分子に結合する受容体の一部が消されずに残り、身体の分子が免疫系の攻撃を受けることになる。警察の例で言えば、無実の人をすべて除外しきれず、何人かが誤って取り残される。すると、容疑者を尋問する段階で、無実の人も何人か疑われてしまうのだ。

その結果、体がみずからを攻撃し、多くの自己免疫疾患が生じる。これが、関節リウマチ、全身性エリテマトーデス、1型糖尿病、多発性硬化症などの原因と考えられている。

ときには、これとは逆のことも起こる。免疫系が、有益な分子に結合する受容体を除外するだけではなく、誤って有害な分子に結合する受容体も消してしまうのだ。すると免疫系は、危険なものを見つけられなくなり、それがもとで病気が起こる。

これが一部の種類のがんでときたま起こっているようで、その場合、身体が有害な抗原を検知できなくなる。

危険な抗原を見分けるというプロセスそのものが、まるっきり量子力学的なプロセスと言える。デジタルコンピュータでは、免疫系がきちんと働くために分子レベルで繰り広げられているはずの複雑な現象を再現できない。しかし、量子コンピュータほどの性能があれば、免疫系がどのようにその手品をしてみせるのかを、分子レベルで解き明かせる可能性がある。

CRISPR（クリスパー）

量子コンピュータの医療用途は、遺伝子の切り貼りができるCRISPR（clustered regularly interspaced short palindromic repeats＝クラスター化され、規則的に間隔があいた短い回文構造の繰り返し）という新技術と組み合わさると、さらに増すかもしれない。量子コンピュータは複雑な遺伝性疾患を見分けるのに使え、CRISPRはそれを治すのに使えそうなのだ。

かつて1980年代、遺伝子医療——欠陥遺伝子の修復——に非常に大きな関心が寄せられていた。人類を苦しめている遺伝性疾患は、知られているだけで1万を超える。人々は、科学によって生命のコードを書き換え、母なる自然が犯した誤りを修正することができると信じていた。遺伝子医療によって、人類を強化し、遺伝子レベルでわれわれの健康や知能を向上させられるだろうという話まであった。

初期の研究の多くは、容易なターゲットに目を向けていた。われわれのゲノムのなかで数文字（塩基）の誤りによって生じる遺伝性疾患である。たとえば、鎌状赤血球貧血（アフリカ系米国人に多い）や嚢胞性線維症（北欧の人に多い）やテイ＝サックス病（ユダヤ人に多い）は、ゲノムの1文字から数文字の誤りによって生じる。遺伝コードを書き換えるだけでこうした疾患を治せるという期待があったのだ。

（近親婚によってヨーロッパの王族に遺伝性疾患が頻発したことで、世界史にまで影響が及んだと歴史家は指摘している。英国の国王ジョージ3世は、遺伝性疾患のために精神が錯乱した。この精神障害がアメリカ独立革命をもたらしたのかもしれないというのが歴史家の見立てだ。また、ロシアのニコライ2世の息子は血友病を患っており、宮廷はこの病を治せるのは神秘家のラスプーチンだけだと信じ込んだ。これによって帝国は機能不全に陥り、必要な改革が遅れ、その結果1917年にロシア革命が起こるに至ったとも考えられる）

遺伝子操作の治験は、免疫療法と同じような方法でおこなわれた。まず、宿主を攻撃しないように改変した無害なウイルスに、所望の遺伝子を挿入する。それからそのウイルスを患者の体内に注入し、患者を所望の遺伝子に「感染」させるのである。

残念ながら、合併症がすぐに現れた。えてして身体がこのウイルスを認識して攻撃し、患者に望ましくない副作用をもたらすのだ。遺伝子療法への期待の多くは、1999年にひとりの患者が治験で亡くなって打ち砕かれた。資金も底をつきだした。研究計画は大幅に縮小され、治験は見直しや中止になった。

しかし近年、研究者は、母なる自然がどのようにウイルスを攻撃しているかをつぶさに観察するようになって、突破口を見出した。ときにわれわれは、ウイルスが人だけでなく、細菌も襲うことを忘れている。そこで単純な問いが立てられた。細菌はどうやってウイルスの攻撃から身を守っているのか？　すると驚いたことに、細菌は途方もない年月をかけて、侵入してくるウイルスの遺伝子を切り刻む手だてを編み出していたことがわかった。ウイルスに攻撃を仕掛けられた細菌は、ウイルスの遺伝子を正確に決まった場所で切り分ける化学物質を大量に放出して反撃し、感染を防ぐ。この強力なメカニズムが突き止められ、ウイルスの遺伝子配列を所望の場所で切断するのに利用できるようになった。２０２０年、この革命的なテクノロジーを完成させた先駆的な業績によって、エマニュエル・シャルパンティエとジェニファー・ダウドナにノーベル化学賞が贈られた。

このプロセスは、文書の作成にたとえられる。かつてタイプライターでは、文字をひとつずつ順に打たなければならず、それは面倒で間違いの多い作業だった。ところが、ワードプロセッサでなら、原稿のあちこちを削除したり入れ替えたりして全体を編集することができる。これと同じように、ＣＲＩＳＰＲテクノロジーは、いずれ遺伝子操作に応用できるかもしれないし、すでにここ何年かである程度の成功を収めている。これは遺伝子操作の水門を開けることになるだろう。

遺伝子治療の具体的なターゲットのひとつは、ｐ53遺伝子だろう。この遺伝子が変異すると、乳がん、大腸がん、肝臓がん、肺がん、卵巣がんなど、一般的ながんのほぼ半数に関与する。そんなにも発がん性をもちやすいひとつの理由は、並外れて長い遺伝子なので、変異が起こりうる部位がたくさんあるからかもしれない。これは本来がん抑制遺伝子であり、がんの増殖を食い止めるのに欠かせない。このため「ゲノムの守護者」と呼ばれることも多い。

だが変異を起こすと、ｐ53遺伝子はヒトのがんを最もよく引き起こす要因のひとつとなる。事実、この遺伝子の特定の部位で起こる変異は、たいてい特定のがんと相関している。たとえば、長期にわたる喫煙者は、ｐ53遺伝子で特定の３つの変異を起こしてがんになることが多い。

この知見から、その人の肺がんの原因として最も可能性が高いものは喫煙であると証明できそうなのである。

将来、遺伝子治療やCRISPR技術の進歩により、免疫療法や量子コンピュータを用いてp53遺伝子のミススペル（綴り間違い）を修正できれば、多くのタイプのがんを治せるようになるだろう。

免疫療法には副作用があり、まれに死ももたらすということを思い出そう。この一因は、がんにかかわる遺伝子の切り貼りが正確におこなわれない点にある。たとえばp53遺伝子は、きわめて長い遺伝子なので、切断時にエラーが起こりやすい。量子コンピュータを使えば、そうした致死的な副作用を減らせるかもしれない。がん細胞の遺伝子の塩基配列を正確に解読できる可能性があるのだ。それから、CRISPRがその遺伝子を正確な場所で切断する。このように、遺伝子治療と量子コンピュータとCRISPRを組み合わせると、このうえなく正確に遺伝子を切断してつなぎ合わせ、致死的な副作用の問題を減らすことができるのではなかろうか。

CRISPRによる遺伝子治療

バイオテクノロジー系ニュースウェブサイトLabiotechで、クララ・ロドリゲス・フェルナンデスはこう書いている。「理論上、CRISPRを用いれば、どのような遺伝子変異も意のままに編集し、遺伝子が原因のあらゆる疾患を治すことが可能だ」[2]。単一の変異に起因する遺伝子疾患が、最初の標的となる。さらに彼女は続ける。「単一のヒト遺伝子の変異で生じる1万を超す疾患のすべてに対し、CRISPRは、原因となる遺伝子のエラーを修復することで治せる望みを与えてくれる」。この先、テクノロジーが発達していけば、複数の遺伝子における複数の変異で生じる遺伝子疾患も対象となるだろう。

以下に、CRISPRによって現在治療が試みられている遺伝性疾患をいくつか挙げておこう。

1. がん

ペンシルヴェニア大学の科学者は、がん細胞に身体の免疫系の防御をすり抜けさせている3つの遺伝子を、CRISPRを用いて取り除くことに成功している。その後彼らは、免疫系による腫瘍の識別を助ける別の遺伝子を加えた。この手法は、進行がんの患者に使用しても安全であることがわかっている。

また、CRISPRセラピューティクス社は、血液がん患者130名を対象に治験を実施中だ。治療の方法は、CRISPRを用いてDNAを修復する免疫療法である。

2. 鎌状赤血球貧血

CRISPRセラピューティクス社はまた、鎌状赤血球貧血の患者から骨髄幹細胞を採取している。それからＣＲＩＳＰＲで、胎児へモグロビンを産生するようにこの細胞を改変する。その後、こうして処理した細胞を患者の体に戻す。

3. エイズ

少数の人は、ＣＣＲ５遺伝子に変異があるため、生まれながらにしてエイズウイルス（ＨＩＶ）に対する自然免疫をもっている。通常、この遺伝子が作り出すタンパク質は、エイズウイルスが細胞に侵入するためのとっかかりとなっている。ところが、先述の少数の人では、そのＣＣＲ５遺伝子が変異しているので、エイズウイルスが細胞に侵入できない。この変異をもたない人に対し、ＣＲＩＳＰＲで意図的にＣＣＲ５遺伝子を編集し、ウイルスが細胞に入り込めないようにする試みがなされている。

4. 嚢胞性線維症

嚢胞性線維症は比較的よく見られる呼吸器疾患で、この病気にかかると40歳を超えて生きられることはまれだ。病因は、ＣＦＴＲ遺伝子の変異である。オランダの医師たちは、副作用を起こさずに、この遺伝子をＣＲＩＳＰＲで修復することに成功した。エディタス・メディシン社、ＣＲＩＳＰＲセラピューティクス社、ビーム・セラピューティクス社なども、ＣＲＩＳＰＲを用いた嚢胞性線維症の治療を計画している。

5. ハンチントン病

この遺伝子疾患は、認知症や精神疾患などの衰弱性症状を引き起こすことが多い。1692年にセーラムの魔女裁判で処刑された女性のなかには、この病気にかかっていた人もいたと思われる。病因は、ハンチントン遺伝子におけるDNA配列の反復だ。フィラデルフィア小児病院では、CRISPRによるこの病気の治療が試みられている。

ごくわずかな変異による病気はCRISPRの比較的容易なターゲットになるが、統合失調症などの病気には、多数の変異だけでなく、環境との相互作用もかかわっているものもある。これも、量子コンピュータが必要になりそうな要因と言える。

こうした変異がどのように疾患を引き起こすのかを分子レベルで解明するには、量子コンピュータの力を最大限に発揮する必要があるだろう。特定のタンパク質の異常が遺伝子疾患を引き起こす分子的なメカニズムがわかれば、そのタンパク質を作り出す遺伝子を改変したり、より効果的な治療法を見つけたりすることもできる。

ピートのパラドックス

しかし、ここからがんにかかわるパラドックスも生まれる。オックスフォード大学の生物学者リチャード・ピートは、ゾウについて奇妙な事実に気づいた。ゾウの体は巨大なので、はるかに小さな動物に比べればがんにかかりやすいと思うはずだ。そもそも、体が大きいほど、多くの細胞が絶えず分裂し、がんなどの遺伝子のエラーが起こりやすくなるのではないか。ところが驚いたことに、ゾウのがん発生率は比較的低い。これがピートのパラドックスとして知られるようになった。

動物界を調べると、この現象がいたるところで見られる。がん発生率は体重と対応しないことが多い。その後、ゾウはp53遺伝子を20個もっていることがわかった。ヒトは1個しかもっていない。このようにp53遺伝子を余分にもつことと、LIFという別の遺伝子をもつことの効果が合わさって、ゾウはがんにかかりにくくなっていると考えられている。そのため、p53やLIFといった遺伝子は、大型動物でがんを抑制する働きをするようなのだ。

だが、話はこれで終わりではない。たとえば、クジラはp53遺伝子を1個とLIF遺伝子を1種類しかもっていないのに、がん発生率が低い。すると、クジラはきっと、科学者がまだ見つけていない、がんから身を守る別の遺伝子をもっているのだろう。じっさい、大型動物が高い割合でがんにかかるのを防ぐ遺伝子は、たくさんあると考えられている。一部のサメも、進化によって与えられたなんらかの遺伝的な強みをもっているようだ。ニシオンデンザメは最長で500年生きるが、それはまだ知られていない遺伝子のおかげなのだろう。

「がんを防ぐ方法を進化がどのように見出してきたのかがわかれば、それをがんの予防法の向上につなげられる望みがあります。大きな体をもつように進化した生物は、ピートのパラドックスにかかわるさまざまな解決策をもっています。自然界には、がんを防ぐ方法を教えてくれる発見が山ほどひそんでいるのです」と、動物界のp53遺伝子を研究してきたカルロ・マレーは語る[3]。そして量子コンピュータは、こうした謎めいたがん抑制遺伝子を見つけるのに役立つことになるのかもしれない。

がんとの戦いで量子コンピュータが役に立つ状況はたくさんあるだろう。いつか、リキッドバイオプシーで、腫瘍ができる数年から数十年も前にがん細胞を検出できるようになるのだろうか。いずれ量子コンピュータで、全人口を対象にトイレを使ってがん細胞の最初期の徴候を調べ、最新のゲノムデータを国じゅうから集めた巨大な貯蔵庫が作れるようになるはずだ。

一方、がんができてからでも、量子コンピュータによってわれわれの免疫系を修正でき、何百種類ものがんを攻撃できるようになるかもしれない。遺伝子医療、免疫療法、量子コンピュータ、CRISPRを組み合わせれば、分子レベルの正確さでがんの遺伝子を切り貼りでき、死に至ることも多い免疫療法の副作用を減らせそうだ。さらに、p53など少数の遺伝子が大多数のがんに関与しているかもしれないので、遺伝子医療に量子コンピュータで得られた新たな知見を組み合わせて、がんをただちに食い止めることができる可能性もある。

リキッドバイオプシーや免疫療法など、がん治療における飛躍的な進歩を受けて、米国大統領ジョセフ・バイデンは2022年、「がんムーンショット」計画を発表した。今後25年間で、がんによる死亡率を50パーセント以上減らすという国家目標である。バイオテクノロジーの急速な進歩を考えれば、これはまったくもって達成可能な目標だ。

このテクノロジーを用いることで、完全に治せるがんは増えていくとしても、がんのでき方は非常にたくさんあるので、おそらく今後もわれわれはなんらかの種類のがんにかかるだろう。だが将来は、がんを風邪のように予防できる困りものとして対処できるかもしれない。一方、次の章で検討する新しいテクノロジーの強力な組み合わせによって、病気に対する防衛線がさらに築ける可能性もある。ＡＩと量子コンピュータによって、われわれの体を構成するタンパク質を人為的に設計できるようになるかもしれないのだ。すべてが合わさると、不治の病を治し、生命そのものを作りなおすこともできるのではないか。

第12章

AIの活用と難病の治療

機械は思考できるのだろうか？

歴史的な1956年のダートマス会議の場を支配していたのは、この問いだ。その会議で、「人工知能」というまったく新しい科学の分野が生まれた。会議は次のような大胆な提案から始まった。「機械に言葉を使わせ、抽象概念を生み出させ、今は人にしか解けないような問題を解かせ、みずからを改良させる、その手だてを見つけることにする」[1]。会議の参加者は、「えり抜きの科学者のグループがひと夏ともに取り組めば……大きな進歩を遂げられる」と予測した。

それからいくつもの夏が過ぎても、世界最高の頭脳をもつ科学者の一部はまだこの問題に粘り強く取り組んでいる。

この会議の牽引役のひとりが、MITの教授マーヴィン・ミンスキーだった。彼は人工知能の父と呼ばれている。

当時のことを私が尋ねると、あのころは活気に満ちていたと彼は答えた。あと数年もすれば、機械が人間の知能に匹敵するようになると思われていた。ひょっとしたら、ロボットがチューリングテストに合格するのは時間の問題にすぎないのかもしれないと。

ＡＩの分野で、毎年新たなブレイクスルーが起きているように見えた。初めてデジタルコンピュータがチェッカーを指し、簡単なゲームで人間に勝ちもした。中高生のように代数の問題を解くことのできるコンピュータも出てきた。積み木のブロックを見つけて拾い上げる機械の腕も設計された。スタンフォード研究所（現ＳＲＩインターナショナル）の科学者は、車輪を履いて頭にカメラをつけた箱型のミニコンピュータ「シェーキー」を開発した。これは部屋のなかをうろつき、行く手にある物体を認識できるようにプログラムされていた。そして自分で操縦し、障害物を避けることができた（シェーキーという名は、それが床を走るときにがたがた揺れる（シェーク）ことにちなんでいた）。

メディアは熱狂した。機械人間がまさに目の前で誕生しようとしている、と大きく報じた。科学雑誌は、家事ロボットが床に掃除機をかけ、皿を洗い、われわれを家事労働から解放してくれる時代が到来すると書き立てた。ロボットはいつの日かベビーシッターになり、さらには信頼できる家族の一員になりそうだった。軍さえも小切手帳を開き、スマート・トラック（自律走行するトラック）のように戦場で使えるロボットの開発資金を出そうとした。いつか、自力で移動し、敵陣の偵察をおこない、負傷した兵士を救出し、基地に戻って報告するようになるようなロボットだ。

歴史家は、人類がいまや古代からの夢をかなえようとしていると記しだした。ギリシャ神話の神ヘーパイストスは、ロボットの一団を作り、自分の城で雑用にあたらせたとされる。魔法の箱を開けてうっかり人類に災厄を解き放ってしまったパンドラは、実はヘーパイストスが作ったロボットのひとつだ。博学多才のレオナルド・ダ・ヴィンチも、1495年に機械の騎士をこしらえている。いくつもの隠れたケーブルや滑車によって、この騎士は両腕を動かし、立ち上がり、座り、かぶとの面頬（めんぼお）〔顔と頭を守る防具〕を上げることができた。

だが、その後「AIの冬」が訪れる。立てつづけに報道発表があったものの、メディアに過大評価されたせいで、今度は悲観論の暗雲が立ちこめたのだ。科学者は、自分たちのAI機器が一芸に秀でているだけであることに気づきはじめた。どれもひとつの単純な作業しかできない。ロボットは、依然として部屋のなかをなんとか動きまわれる不器用な機器にすぎなかった。人間の知能に匹敵する汎用の機械を作るという考えは、ありえないほど進んだものに思われたのである。

軍は興味を失いだした。資金は枯渇し、投資家は大損を食らった。それからも、何度かAIの冬は訪れ、景気の波によって大変な熱狂や臆面もない喧伝が現れてはしぼんでいった。科学者は厳しい現実に直面するはめになった。AIの開発は思いのほか困難だったのだ。

幾度となく訪れては去るAIの冬を見つづけてきたマーヴィン・ミンスキーに、私はロボットがいつ人間の知能に追いついたり追い越したりするかについて、何か予想しているでしょうかと尋ねた。彼は笑みを浮かべ、未来についてそういった予想はもうしていないと言った。ミンスキーはもう水晶玉をのぞき込むようなことをしていなかった。人々は何度も熱狂に駆られすぎたのだ、と認めたのである。

ミンスキーによれば、問題は、ＡＩの研究者が「物理学羨望（せんぼう）」なるものを患っていることだという。ＡＩについて、ただひとつにまとめられ、すべてを取り込める中心的課題を見つけたいという欲望だ。物理学者は、宇宙について矛盾のないエレガントな全体像を与えるただひとつの統一場理論を探し求めているが、ＡＩは違うとミンスキーは言う。ＡＩは、進化によって、ばらばらで矛盾さえする道筋があまりにも多く与えられている、厄介なごたまぜの状態なのだ。

新たなアイデアや戦略を探る必要がある。ひとつの有望な手段は、ＡＩと量子コンピュータを結びつけ、この2分野の力を合わせてＡＩの問題に取り組むことだろう。これまで、ＡＩはデジタルコンピュータと結びついていたので、コンピュータがやれることにもどかしくも限界があった。しかしＡＩと量子コンピュータは互いに補い合う。ＡＩには新しい複雑な作業を学習する能力があり、量子コンピュータはＡＩが必要とする計算力を提供できる。

量子コンピュータが恐るべき能力をもっているとしても、必ずしも間違いから学習するわけではない。だが、量子コンピュータにニューラル・ネットワークを装備させれば、作業を繰り返すたびに計算を改良するため、新たな方法を見つけて、問題を速く効率良く解けるようになる。ＡＩも、間違いから学習することができるだろうが、全体的な計算能力は非常に複雑な問題を解くには足りなさそうだ。そこで、ＡＩを量子コンピュータの計算能力でバックアップすれば、もっと難しい問題に取り組めるのではなかろうか。

結局のところ、ＡＩと量子コンピュータが組み合わさると、まったく新しい研究の道が切り開かれる可能性がある。人工知能の開発の鍵を握っているのは、量子論なのかもしれない。それどころか、このふたつの融合が、科学のあらゆる分野に革命を起こし、われわれのライフスタイルを一新し、経済を根本的に変えることもありうる。AIが人間にできることを模倣できるようになる学習機械を作り出せる一方、量子コンピュータは最終的に知能をもつ機械を生み出す計算能力を与えてくれるのかもしれない。

グーグルのCEOスンダー・ピチャイはこう述べている。「AIは量子コンピューティングに拍車をかけ、量子コンピューティングはAIに拍車をかけることができると思う」[2]

学習機械

AIの未来について長きにわたり真剣に考えてきた科学者のひとりが、ロドニー・ブルックスだ。マーヴィン・ミンスキーが創設したMIT人工知能研究所の元所長である。

ブルックスは、これまでAIがあまりにも狭い視野で考えられていたのではないかと思っている。ハエを例に取ろうと彼は言った。ハエは、われわれの最も優れた機械をもしのぐ曲芸飛行をやってのける。完全に自力で、部屋じゅうをじょうずに飛びまわり、向きを変え、障害物を避け、食べ物を見つけ、生殖の相手を見つけ、隠れる。このすべてを、ピンの先ほどの大きさの脳でおこなっている。まさしく生物工学の驚異だ。

どうしてそんなことが可能なのか？　母なる自然は、われわれの最高性能の飛行機にも勝る飛行機械をどうして作り出せるのだろう？

１９５６年にブルックスは、ＡＩの分野で間違った問いが立てられている可能性に気づきだした。当時、脳は一種のチューリングマシンで、デジタルコンピュータのようなものだと考えられていた。チェスや歩行や代数計算などについて規則をすべて書き出してひとつの巨大なソフトウェアに仕立て上げ、それをデジタルコンピュータに組み込めば、とたんにコンピュータが考えはじめると。「思考」がソフトウェアに還元されたので、基本的な戦略は明快だった。次第に高度なソフトウェアを作成し、機械を導いていけばいい。

前にも述べたが、チューリングマシンでは、プロセッサが入力されたコマンドを実行する。マシンは、実行するプログラムと同等の知能しかもたない。だから歩行ロボットは、足の動きをマイクロ秒単位で導くために、ニュートンの運動法則をすべてプログラムとしてもっていなければならない。すると、部屋を横切って歩かせるだけのために、何百万行ものコードからなる巨大なコンピュータ・プログラムが必要になる。

ブルックスによれば、それまでのＡＩマシンは、基本的に論理と運動の法則を初めからすべてプログラムに組み込んでいたが、それは骨の折れる作業だった。これはトップダウン式のアプローチと呼ばれ、ロボットは一からすべてをマスターするようにプログラムされる。しかし、こうして設計されたロボットはお粗末な代物だった。シェーキーやそのころの最新の軍用ロボットを森のなかに置いたらどうなるだろう？　たいていは、迷子になるか、倒れてしまう。ところが、微小な脳をもつこのうえなく小さな昆虫でも、一帯を飛びまわり、食べ物や生殖の相手や隠れ家を見つけることができる。一方で、われわれのロボットは仰向けに転がってもがくだけだ。

母なる自然はわれわれのロボットのように生物を設計してはいない。

自然界では、動物は歩くことを初めからプログラムされてはいないことにブルックスは気づいた。彼らは、片方の足をもう片方の足の前に出しては転び、それを繰り返しながら身をもって学んでいく。試行錯誤が自然界の流儀なのである。

これは結局、音楽の教師が見込みのある生徒にするアドバイスにたどりつく。カーネギーホールで演奏するにはどうしたらいいか？　答えは、練習あるのみだ。

要するに、母なる自然が設計する生物は、パターンを探して学習する機械であり、試行錯誤によって世界を動きまわる。彼らは間違いを犯すが、それを繰り返すたびに成功に近づいていく。

これはボトムアップ式のアプローチで、最初はただ何かに出くわすだけだ。たとえば、赤ん坊は大人のまねをしながら学ぶ。夜、ベビーベッドにテープレコーダーを置いておけば、赤ん坊がしきりに何かしゃべっているのがわかるだろう。実際に何をしているかというと、耳にした音を何度も出して、正しく再現できるまで延々と練習しているのだ。

そこでブルックスは、この考察をもとに、「インセクトイド」あるいは「バグボット」〔どちらも昆虫型ロボットという意味〕の一団を作り上げた。このロボットは、母なる自然が意図するように、何かに出くわしながら歩き方を覚える。まもなくＭＩＴの床を、昆虫に似た小さなロボットが這いまわるようになった。あちこちぶつかりながらだが、厳格なルールに従いつつも不器用な動きで壁紙を傷つける従来のロボットを凌駕していた。それならわざわざいわゆる車輪の再発明をする必要があるだろうか?

ブルックスは私に言った。「私が子どものころ、脳は電話交換システムのようなものだと本に書いてありました。それより昔の本では、水圧システムや蒸気機関にたとえられていました。それが1960年代に入るとデジタルコンピュータになり、1980年代には大規模並列デジタルコンピュータになりました。今ではおそらく、脳をワールド・ワイド・ウェブのように語る子ども向けの本がどこかにあるはずです」

すると、脳は実際に、ニューラル・ネットワークと呼ばれるものにもとづく、パターンを探して学習する機械なのかもしれない。コンピュータ・サイエンスにおけるニューラル・ネットワークは、脳科学によるヘッブの法則というものを利用している。この法則は、ひとつの見方では、「絶えずタスクを繰り返し、過去の誤りから学習することで、反復のたびに正しい道筋に近づいていく」と解釈できる。要するに、反復するうちに、AIシステムの脳内で、そのタスクに対する正しい電気的経路が強化されるというわけだ。

たとえば、学習機械に猫を識別させようとする場合、猫の基本的な特徴を数学的記述で与えることはしない。その代わりに、寝ていたり、ゆっくり歩いていたり、狩りをしていたり、ジャンプしていたりする、あらゆる状態の猫の写真をたくさん見せる。それからこのコンピュータは、試行錯誤によって、さまざまな環境で猫がどのように見えるかを自力で把握する。これをディープラーニング(深層学習)という。

ディープラーニングの手法は目覚ましい成功を収めている。グーグルの「アルファ碁」は、囲碁をプレイするように設計されたＡＩで、２０１７年に世界チャンピオンを打ち負かした。これは驚くべき偉業だった。囲碁には、19×19の盤面で「10の１７０乗」通りもの局面がありうるからだ。この数は、既知の宇宙に存在するすべての原子よりも多い。アルファ碁は、人間のトップ棋士と対戦するだけでなく、自分自身とも対局することにより、ほとんど光速で対局を繰り返せるようになり、勝ち方を学習していったのである。

常識問題

学習機械やニューラル・ネットワークは、人工知能にとって最大級の手ごわい問題をついに解くことができるかもしれない。「常識問題」だ。人間にとっては当たり前の、子どもにもわかることが、現在の最先端のコンピュータにもわからない。ロボットが常識問題を解けないかぎり、人間社会で働けはしないだろう。

たとえばデジタルコンピュータには、次のような単純な事実が、事前にインプットしないかぎりわからないと思われる。

・水は濡れているもので、乾いてはいない。
・母親は娘より年上である。

・ひもでは物を引っぱれるが押せない。
・棒では物を押せるが引っぱれない。

数時間もあれば、われわれの世界について、デジタルコンピュータには理解できない「わかりきった」事実をたくさん書き出せる。コンピュータは、世界をわれわれと同じようには経験できないのだ。

子どもはこうしたことがらに実際に出くわすから、常識的な事実を学び取る。経験によって身につけるのだ。母親が娘より年上であるとわかるのは、経験を通して見ているからである。ところがロボットはまっさらな状態で、前もって周囲の環境を理解していない。

トップダウン式のアプローチのところで語ったのと同じく、科学者はコンピュータのソフトウェアに常識をプログラムしようとしてきた。そうすればすぐに、コンピュータは人間社会でどのように行動し、機能すれば良いかを理解できるはずだ。だが、そんな試みはすべて失敗に終わっている。4歳の子どもさえ理解している常識的概念が多すぎて、現在のデジタルコンピュータでは手に負えないのである。

そこで、トップダウン式のアプローチとボトムアップ式のアプローチを組み合わせ、AIと量子コンピュータを組み合わせれば、当初のAI研究者の夢が実現され、未来への道が開けるのかもしれない。

すでに見たように、トランジスタが原子のサイズに近づいているためにムーアの法則が減速しているので、マイクロチップは必然的に、量子コンピュータなどのさらに高度なコンピュータに取って代わられることになるだろう。

ＡＩはといえば、コンピュータの能力が足りなくて行き詰まっている。機械学習やパターン認識、検索エンジン、ロボット工学で発揮されるべきＡＩの能力は、すべてこの制約を受けている。量子コンピュータなら、大量の情報を同時に処理できるので、こうしたどの分野でも大幅に進歩を加速できる。デジタルコンピュータが一度に1ビットずつ計算するのに対し、量子コンピュータはおそろしくたくさんの量子ビットを同時に計算するため、能力が指数関数的に増大するのだ。

したがって、ＡＩと量子コンピュータに相乗効果があることがわかる。量子コンピュータは、ニューラル・ネットワークを装備した場合と同じように、新しいタスクを学習できることの恩恵を受けるし、ＡＩは、量子コンピュータの途方もない計算能力の恩恵を受けるのだ。

タンパク質の折りたたみ

ＡＩによるディープラーニングのシステムは、現在、生物学と医学における最大の課題のひとつに取り組んでいる。タンパク質分子の秘密の解明である。ＤＮＡには生命にとっての指示が含まれているが、身体の機能において実際に大きな役目を果たしているのは、タンパク質なのだ。われわれの体を建設現場になぞらえると、ＤＮＡには設計図が収められているが、タンパク質は現場監督や作業員の力仕事をする。設計図があっても、それを実現するおおぜいの労働者がいなければ役に立たない。

タンパク質は、生物における役馬（えきば）だ。われわれの身体を活動させる筋肉を作り上げるだけでなく、食べ物を消化し、細菌を攻撃し、身体機能を調整するほか、重要な仕事をいくつもこなしている。だから生物学者は不思議に思ってきた。タンパク質分子はこうした驚くべき役割のすべてをどうやって果たしているのだろう、と。

１９５０年代から60年代にかけて、科学者はX線結晶構造解析を用いていくつものタンパク質分子の形状を明らかにした。人体のタンパク質は、ちょうど20種類のアミノ酸で構成され、長い鎖状に並んで複雑にからみ合っている。驚いたことに、タンパク質の魔法のような働きを可能にしているのは、その分子の形状だった。これを科学者は「機能は形状に従う」〔19世紀末から20世紀初めごろの建築やデザインの原則「形態は機能に従う」をもじってこの場合逆にしている〕と言う。つまり、タンパク質の特性を生み出すのは、そのタンパク質分子がもつ複雑な結び目やねじれからなる形状なのである。

新型コロナウイルスを例にとろう。これは太陽のコロナに似て、たくさんのタンパク質のスパイク（とげ）を表面から放射状に突き出していることがわかっている。こうしたスパイクは、われわれの肺細胞の表面にある特定の「錠前」を開ける鍵のような役割を果たす。この錠前を開けると、ウイルスは自身の遺伝物質を肺細胞に注入し、そこで即座に自身のコピーを大量に作ることができる。やがてその肺細胞が死ぬと、そうした危険なウイルスが放出され、さらに多くの健康な肺細胞に感染していく。このスパイクこそ、２０２０～２０２２年に世界経済を

図10　**タンパク質の折りたたみ**

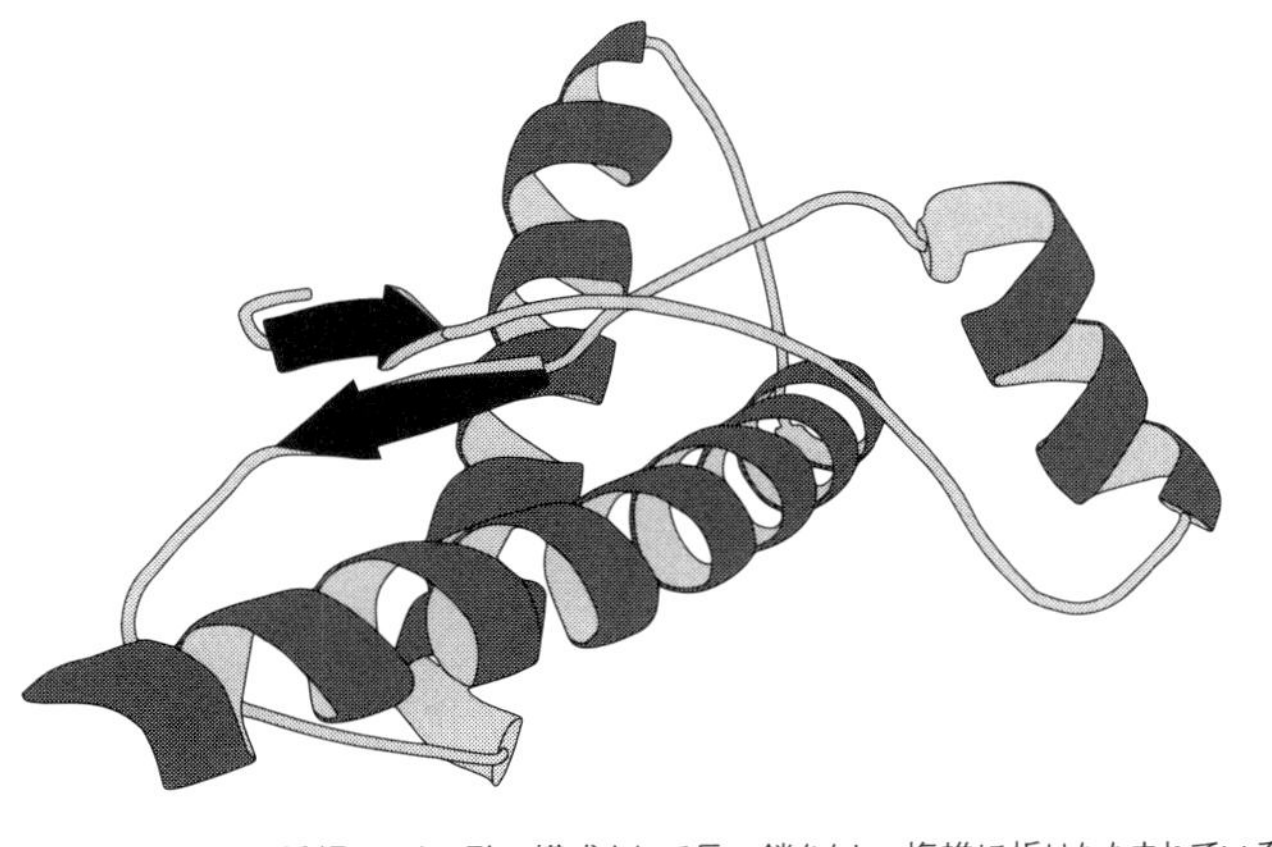

タンパク質は、人体では20種類のアミノ酸で構成されて長い鎖をなし、複雑に折りたたまれている。折りたたまれたタンパク質分子の形状が、そのタンパク質の機能を決定する。量子コンピュータの力を借りれば、風変わりだが有益な特性をもつまったく新しいタンパク質を解析・創造して、生物学の新たな分野を生み出せるかもしれない。

ほぼ崩壊させた原因なのだ。

したがって、なによりもタンパク質の形状が、分子のふるまいを決定する。個々のタンパク質分子の形状がわかれば、その働きの解明に大きく近づけることになる。

これが「タンパク質折りたたみ（フォールディング）問題」であり、あらゆる重要なタンパク質の形状を明らかにするという課題だ。これにより、多くの不治の病の秘密を解き明かせる可能性がある。

従来、X線結晶構造解析がタンパク質分子の形状を決定するための鍵を握ってきたが、これは時間のかかる面倒な作業だ。科学者は、まず解析したいタンパク質を化学的に単離し精製したのちに、結晶化する。それから結晶化したタンパク質をX線回折装置に設置し、結晶にX線を照射すると、写真フィルムに干渉パターンが形成される。一見したところ、そのX線写真は、無意味な点と線の集まりだ。しかし科学者は、直感と運と物理学を頼りに、このX線写真からタンパク質の構造を読み取ろうとする。

計算生物学の誕生

計算生物学という新興の分野が掲げる目標のひとつは、コンピュータを用いて、タンパク質の立体構造を化学的な構成要素のみから解き明かすことだ。ひょっとしたら、これまでタンパク質分子の構造を理解すべく何年も骨折っていたことが、コンピュータのボタンを押してＡＩのプログラムを実行するだけでできるようになるのかもしれない。

この困難だが重要な分野で研究を加速させるために、科学者は新しい作戦を実行した。ＣＡＳＰ（タンパク質構造予測精密評価）というコンテストを創設し、タンパク質折りたたみ問題を最もうまく解くコンピュータ・プログラムを見つけようとしたのだ。

これが転機となった。若手の科学者に、刺激的かつ具体的な目標を与えたからだ。ＡＩを用いてタンパク質折りたたみ問題を解けば、名声が得られてほかの科学者に認知され、多くの命を救う治療にもつながる可能性があった。

コンテストのルールは単純だった。なんらかのタンパク質の特性について、アミノ酸の配列など、ごくわずかな手がかりが与えられる。あとは、各自のコンピュータ・プログラムで、そのタンパク質の折りたたまれ方のすべてを明らかにするのだ。この問題に取り組むひとつの手だてとして利用されたのが、リチャード・ファインマンが応用した「最小作用の原理」である。ファインマンが高校生のころ、坂を転がる玉がとる経路を決定するには、玉の作用（運動エネルギーから位置エネルギーを引いたもの）を最小にすればいいと教わったのを思い出そう。

同じ方法がタンパク質分子にも応用できる。目標は、構成するアミノ酸の立体配置で最低のエネルギー状態になるものを見つけ出すことだ。このプロセスは、山を下って谷の最も低い地点を見つけ出すことにたとえられる。まず、あらゆる方向にとりあえず小さな一歩を踏み出す。次に、そのなかで標高が少しでも低くなる方向にだけ実際に動く。それから同じことを繰り返し、さらに標高を下げられるかどうかを確かめていけば、やがて谷底に到達する。同じようにして、最低のエネルギー状態になるアミノ酸の配置も見つけ出せるのだ。そのひとつの方法を以下に示そう。

実際に始める前に、いくつか近似をおこなっておく。分子には、すべての電子や原子核の複雑な相互作用を記述するたくさんの波動関数があるので、その計算はすぐに従来のコンピュータの能力を超えてしまう。そこで、複雑な項でかなり小さなもの（電子と重い原子核の相互作用や、電子間の相互作用の一部など）をいくらか削っても、あまり大きな誤差は生じないと考える。

プログラムができたら、まず、構成要素のアミノ酸をつなぎ合わせて1本の長い鎖にする。これで、そのタンパク質分子の外見について、骨格すなわち「トイモデル」（単純化したモデル）ができる。なんらかの原子同士がつながるときの結合角はわかっているから、こうしてタンパク質の外見について最初のおおまかな近似が得られる。

次に、このアミノ酸の配置がもつエネルギーを計算する。さまざまな電荷がもつエネルギーや、結合がどう動けるかは、わかっているからだ。

それから、そうした結合をねじったり回したりしてできる新たな配置が、タンパク質のエネルギーを増すか減らすかを確かめる。先ほどの下山のたとえで、とりあえず一歩踏み出して、標高が低くなる方向を探るのと同じだ。

その後、エネルギーを増す配置をすべて捨てて、エネルギーを減らす配置だけ残す。コンピュータは、原子をどう動かしたら全体の分子のエネルギーが減るのかを、試行錯誤によって「学習する」のだ。

そして最後に、もう一度最初に戻り、化学結合をねじったり、アミノ酸の立体配置を変えたりする。これを繰り返すたびに、アミノ酸の位置を調整してエネルギーをさらに低くしていき、最終的に最低のエネルギー状態になる立体配置に到達する。

通常、絶えずいくつもの原子の位置を調整するこの作業は、デジタルコンピュータには不可能だ。しかし、最初にいくつか近似をおこない、かなり小さい複雑な項を削っているので、コンピュータで数時間から数日もあればこの単純化した問題を解くことができる。

当初、結果はさんざんだった。コンピュータが予測した分子の形状と、X線結晶構造解析で得られた実際の形状を比較すると、コンピュータのモデルはまったく違っていた。だが年々、コンピュータの学習プログラムは性能を上げ、モデルが正確になっていった。

２０２1年になるころには、結果は目を見張るものとなっていた。先述のような近似をおこないながらも、グーグルの子会社となってアルファ碁を開発していたコンピューティング企業ディープマインドが、自社のアルファフォールドというＡＩプログラムで、驚くべき数のタンパク質のおおまかな構造を解明したと発表した。その数、35万である。さらにアルファフォールドは、それまで知られていなかった25万の形状も突き止めた。ヒトゲノム計画でリストアップされた2万のタンパク質のすべてについて、立体構造を解き明かしもした。そればかりか、マウス、ショウジョウバエ、大腸菌に見つかるタンパク質の構造も明らかにしている。のちにディープマインドの創業者らは、科学で知られているあらゆるタンパク質を含む、１億を超えるタンパク質のデータベースをまもなく公開すると発表した（２０２２年7月に約2億のタンパク質の構造を公開している）。

さらにまたすばらしいことに、多くの近似をおこないながらも、最終的な結果がX線結晶構造解析による結果とほぼ一致していた。シュレーディンガーの波動方程式のさまざまな項を削っていたのに、驚くほど優れた結果が得られていたのだ。

「私たちは、タンパク質がどのように折りたたまれるのかというひとつの問題に、ほぼ50年悩まされてきました。この問題に長年取り組み、何度も止まっては進み、本当にゴールにたどり着けるのかどうか不安になってから、ディープマインドが答えを出すのに立ち会えたのは、なんとも特別な瞬間でした」とＣＡＳＰの共同創設者のひとり、ジョン・モールトは語る[3]。

この情報の宝庫は、早くも直接的な効果をもたらしている。たとえば、それを使って、コロナウイルスに見つかる26種類のタンパク質が特定されており、ウイルスの弱点を見つけて新たなワクチンを作ることができる見込みがある。将来は、何千もの重要なタンパク質の構造を迅速に明らかにできるはずだ。「われわれは、コロナウイルスを無害化するタンパク質を数か月で設計することができた。だが目標は、このような仕事を2週間でおこなうことだ」とワシントン大学タンパク質設計研究所のデイヴィッド・ベイカーは言っている[4]。

しかし、これはまだ始まりにすぎない。前にも述べたように、「機能は形状に従う」のだ。タンパク質がどんな仕事をするのかは、構造によって決まる。鍵が鍵穴にぴったり入るのと同じように、タンパク質は別の分子とどうにかしてがっちり噛(か)み合うことで、手品を演じるのである。

とはいえ、タンパク質の折りたたまれ方を解明するのはまだ楽な段階で、難所はここからだ。量子コンピュータを用いて、近似をいっさいおこなわずにタンパク質の構造を完璧に決定し、特定のタンパク質がほかの分子とどのように組み合わさることで、さまざまな機能——エネルギーを供給する、触媒の役割を果たす、ほかのタンパク質と結合する、ほかのタンパク質と一緒になって新たな構造を作り上げる、ほかの分子を断ち切るなど——を果たすのかを明らかにするのである。

将来、タンパク質の折りたたまれ方の解明は、ゲノミクスの進歩に似た数段階を経て進んでいくだろう。

第1段階——折りたたまれたタンパク質の立体構造を明らかにする

現在われわれは、第1段階にいる。さまざまなタンパク質の折りたたみに対応する数十万の項目を備えた、巨大な辞書を作っている段階だ。この辞書のどの項目も、一個一個の原子が組み合わさって複雑なタンパク質を作り上げている様子を図で示している。そうした図は、X線写真を細かく調べることによって得られている。この巨大な辞書には、それぞれのタンパク質の正しい綴り（アミノ酸配列）がすべて記されているが、空白が多く、なんの定義も載っていない。そして、デジタルコンピュータで計算できるようにした、いくつかの近似にもとづいている。非常に多くの近似をおこなっても、ずいぶん正確な結果が得られているのは、かなり驚きだ。

第2段階——タンパク質の機能を決定する

そしてわれわれは、第2段階に入りつつある。タンパク質分子の幾何学的形状がどのように機能を決定するのかを明らかにしようとしているのだ。AIと量子コンピュータによって、折りたたまれたタンパク質の特定の原子の配置が、どのようにして身体における特定の機能を発揮させているのかを突き止められるだろう。やがて、身体のさまざまな機能と、それらがタンパク質によってどのように制御されているのかが、完全に説明できるようになるはずだ。

第3段階——新しいタンパク質や薬を作り出す

最後の段階では、先ほどの辞書をもとに改良したタンパク質を新たに作り、新しい薬や治療法を開発する。このためには、近似をやめて、分子の量子力学的現象そのものを解き明かす必要がある。量子コンピュータにしか、これはなし遂げられない。

進化は、さまざまなタスクを実行する完全にランダムな相互作用によって、タンパク質の宝庫を生み出してきた。しかし、これには数十億年の歳月がかかった。量子コンピュータのメモリを「バーチャル実験室」として使えば、進化を改良し、体内での機能を向上させる新しいタンパク質を設計することもできるはずだ。

このプロセスには、まったく新しい薬を見つけるなど、幅広い用途がある。まず、これが環境浄化に役立てられるのではないかと考えた人々がいる。現在進行中の最も単純な例では、海やゴミ捨て場や身近な場所でも見つかるような、1億5000万トンものペットボトルを分解する手だてを見つけようとしている。そこで必要なのは、タンパク質のデータベースをもとに、ある種のタンパク質——プラスチックの分子を分解して無害にすることのできる酵素——の立体形状を探ることだろう。この研究はすでに、英国ポーツマス大学の酵素イノベーションセンターで進められている。

これはまた、医療にも直接応用できるかもしれない。多くの不治の病が、タンパク質の折りたたみの異常と関係しているからだ。ひとつの有望なアプローチは、アルツハイマー病、パーキンソン病、ALSなど、高齢者がかかりやすい多数の不治の病と関係がありそうなプリオンの性質を理解することである。こうした不治の病の治療法を見つける手がかりが、量子コンピュータによって得られる可能性がある。

医療のフロンティアと言える不治の病が、量子コンピュータにとって、次の戦場になるのかもしれない。

プリオンと不治の病

従来の教科書には、病気は細菌やウイルスによって伝播すると書かれている。だが、それがすべてではないようだ。何世紀も前から、動物が、ヒトには見られない奇妙な病気にかかることが知られていた。スクレイピーという病気にかかったヒツジは奇妙な行動を見せ、背中を杭にこすりつけ、餌を食べなくなる。これは不治の病で、必ず死に至る。狂牛病（BSE＝ウシ海綿状脳症）もそれに似たウシの病気で、罹患（りかん）したウシは歩行困難に陥り、神経質になり、狂暴になることもある。

ヒトでも実は、ニューギニアの一部の部族のあいだにクールーという特異な病気がある。そのあたりでは、いくつかの部族が葬儀の一環として死者の脳を食べている。彼らのなかには、認知症や気分変調や歩行困難などの症状を呈する人がおり、それは亡くなった家族の脳に見つかる未知の病気のせいだった。

カリフォルニア大学サンフランシスコ校のスタンリー・B・プルシナーは、従来の医学の考えに逆らって、こうしたすべては新しいタイプの病気を示すものだと結論づけた。１９８２年に彼は、この病気を引き起こすタンパク質を単離したと発表し、１９９７年には、プリオンの発見という業績でノーベル生理学・医学賞を受賞した。

プリオンは、誤った折りたたまれ方をしたタンパク質である。それは通常の病気の場合と異なり、たいていほかのタンパク質と接触することによって伝播する。プリオンは正常なタンパク質分子と接触すると、正常なタンパク質をなぜか誤った折りたたまれ方にする。こうしてプリオン病は、急速に体に広がっていく。

現在、まだいくらか異論はあるが、高齢者がかかる致死的な疾患の多くをプリオンが引き起こしているのではないかと考える科学者たちがいる。その疾患のひとつが、「今世紀の病気」と呼ぶ人もいるアルツハイマー病だ。600万の米国人がこの病にかかっており、その多くが65歳以上だ。高齢者の少なくとも3分の1が、アルツハイマー病などの認知症で亡くなっている。現在は米国の死因の第6位で、患者数はじわじわと増えている。80代まで生きている人の約半数は、結局この病気にかかるのではないかと推定されている。

アルツハイマー病が非常に痛ましいのは、われわれがもっている最も個人的で愛おしいもの、すなわち記憶と、自分が何者であるかという感覚にダメージを与えるからだ。この病気はまず、短期記憶を処理する海馬など、脳の中心に近い領域を侵す。そのため、アルツハイマー病の最初の徴候は、起こったばかりの物事の忘却となる。60年前に起きた出来事なら明確に思い出せるのに、6分前に起きたことは忘れてしまうのだ。だが、やがて病は脳全体を侵し、長期記憶さえも刻一刻と消えていく。そして必ず死に至る。

私の母はアルツハイマー病で世を去った。母の記憶がゆっくりと失われ、ついには私がだれかもわからなくなるのを見るのはとてもつらかった。そのうちに、母は自分がだれかもわからなくなった。

アルツハイマー病は、遺伝との関連が知られている。ＡｐｏＥ４遺伝子に変異をもつ人は、この病気にかかりやすい。私が司会を務めていた英国ＢＢＣのテレビシリーズで、カメラに顔を大写しにされながら、遺伝的にアルツハイマー病になりやすいかどうかを調べるＡｐｏＥ４テストを受けますかと訊かれたことがあった。将来アルツハイマー病になる運命だとわかったら、何を言えばいいのだろう？　しばらく考えてから、それでもテストを受けると答えた。結果がどうあれ、将来に備えておくに越したことはないからだ（ありがたいことに結果は陰性だった）。

残念ながら、アルツハイマー病の根本的原因はわかっていない。アルツハイマー病の確定診断は、死後に病理解剖をおこなって初めてなされる。患者の脳には、粘り気のある2種類のタンパク質凝集体、アミロイドβ（ベータ）とタウがよく見つかる。ところが数十年にわたり、この粘り気のあるタンパク質がアルツハイマー病の原因なのか、あるいは病気の無意味な副産物なのかをめぐり、医師のあいだで論争がされてきた。問題は、病理解剖では脳にアミロイドの沈着（アミロイド斑）が多く認められるのに、生前にアルツハイマー病の症状がまったく見られなかった人がいることだ。つまり、多くのケースで、アルツハイマー病とアミロイド斑のあいだに直接的な因果関係がないのである。

この謎を解くひとつの手がかりが最近明らかになった。ドイツの科学者たちが、異常なタンパク質をもつ人とアルツハイマー病患者のあいだに直接的な相関があることを見出したのだ。

2019年になされたその驚くべき発表によれば、折りたたみに異常のあるアミロイドタンパク質が血中に見つかる人は、その時点で症状がなくても、アルツハイマー病になる確率が23倍高かった。この関連性は、アルツハイマー病の臨床診断より最大で14年前の検査結果でも確認されていた。

したがって、アルツハイマー病の症状が出る何年も前に、簡単な血液検査で異常なアミロイドタンパク質がないか調べることによって、将来この病気になる可能性がわかるかもしれないのだ。

スタンリー・プルシナーは、みずから指揮した最近の研究でこう述べている。「したがって、アミロイドβとタウがどちらもプリオンであり、アルツハイマー病はこれらの不良タンパク質が共同で脳を破壊する二重のプリオン障害であるということに、一点の疑いもない。……アルツハイマー病の研究には大きな転換が求められる[5]」

この報告の共著者のひとり、ドイツのクラウス・ゲルヴァートは、この突破口により、今は不治であるアルツハイマー病の新たな治療法へ道が開かれると主張した。「このため、血中における折りたたみに異常のあるアミロイドβの測定が、アルツハイマー病に効く薬の探索に大きく貢献する可能性がある[6]」

さらに別の共著者、同じくドイツのヘルマン・ブレナーはこう言い添えた。「症状がない初期段階で予防策を講じる新たな治療法に、いまやだれもが期待を寄せている[7]」

「良い」タイプと「悪い」タイプのアミロイドタンパク質

2021年になされたさらに別の発見からは、このプロセスがどのように起こるのかが正確にわかる可能性もある。カリフォルニア大学の科学者らが、良いタイプと悪いタイプのアミロイドタンパク質を、構造をひと目見るだけで判別できることを明らかにした。タンパク質分子は長いアミノ酸の鎖が巻き上がってできているため、その分子に含まれる原子のかたまりは、たいてい時計回りか反時計回りのどちらかの向きにらせんを描いていることに気づいたのである。

正常なアミロイドタンパク質の形状は「左巻き」、つまり分子のらせんやねじれが左回りだ。ところが、アルツハイマー病にかかわるアミロイドタンパク質は右巻きになる。異常なタイプのアミロイドタンパク質がアルツハイマー病の原因だとするこの理論が正しければ、これはまったく新しい研究のアプローチになるだろう。

まず、この2種類のアミロイドタンパク質の詳細な3D（立体）画像を作成する必要がある。量子コンピュータを用いれば、アルツハイマー病をもたらす異常な分子がどうやって正常な分子に衝突して増殖するのか、そしてなぜ脳にこれほどのダメージをもたらすのかを、原子レベルで厳密に理解できる可能性がある。

それからこの異常なタンパク質の構造を調べると、それが神経系のニューロンを狂わせるプロセスを明らかにすることができそうだ。このメカニズムがわかれば、いくつかの可能性が出てくる。ひとつの手だては、このタンパク質の欠陥を特定し、遺伝子治療によって正しいタイプの遺伝子を作るというものだ。あるいは、右巻きのタンパク質の増殖を阻害したり、さらにはそれを体外にすばやく排出させたりする薬が、いつか開発されるかもしれない。

じっさい、こうした異常なタンパク質分子は脳内に48時間ほどとどまるだけで、その後自然に排出されることがわかっている。右巻きのタンパク質の分子構造がわかれば、この異常な分子をつかまえてから、分解するか、無害化するか、あるいはそれに結合して体外へ速やかに排出されるようにする、別の分子を設計することができる。量子コンピュータは、この分子の弱点を見つけるのに役立つのではなかろうか。

要するに、これまで試行錯誤やデジタルコンピュータでは見出せなかった、悪者のプリオンを無害化するか排出させるかするさまざまなアプローチを、量子コンピュータなら、分子レベルで突き止められるかもしれないのだ。

ALS

量子コンピュータのさらに別のターゲットとして、筋萎縮性側索硬化症（ALS）、別名ルー・ゲーリッグ病がある。身体の多くの組織が麻痺する致死的な病気で、米国では少なくとも1万6000人の患者がいる。心は損なわれず、体だけが弱っていく。神経系を侵し、ある意味で脳を筋肉から切り離して、やがて死に至る病である。

この病気にかかった最も有名な人物は、宇宙論研究者の故スティーヴン・ホーキングだ。彼の症例は特異だった。ふつうは早く亡くなってしまうのに、76歳まで生きたのである。この恐ろしい病にかかると、たいていは診断されてから2～5年しか生きられない。

かつてホーキングに招かれて、ケンブリッジ大学でひも理論について講演をしたことがある。そのとき彼の家を訪れてびっくりした。家にはさまざまな装置があふれ、病気で体が衰弱していてもいろいろできるようになっていた。たとえば、ある機械に物理学の雑誌を置いてボタンを押すと、機械が自動的にページをつまんでめくるのだ。

うれしいことに一緒に時間を過ごさせてもらっているあいだ、私は、生産的な成果を上げて物理学界に関与しようとするホーキングの意欲に深い感銘を受けた。ほぼ全身が麻痺しながらも、彼は決然と研究を続け、一般の人々ともかかわりをもった。途方もない障害をものともしないその決意に、彼の勇気と活力がはっきりと表れていた。

専門的な話をすれば、彼の研究は、量子論をアインシュタインの重力理論に適用しようとしていた。いつか、量子論がその見返りとして、量子コンピュータによってこの恐ろしい病気を治す道を切り開いてくれることを願いたい。この病は比較的まれなので、現時点でほとんど解明されていない。しかし、患者の家族歴を調べることで、一群の遺伝子の関与を示すことは可能だ。

これまでのところ、ALSとかかわりのある遺伝子はおよそ20個見つかっているが、そのうち4つがほとんどの症例の原因とされている。C9orf72、SOD1、FUS、TARD

ＢＰだ。これらの遺伝子が機能しないと、脳幹や脊髄にある運動ニューロンが死んでしまう。

なかでも関心を集めているのが、ＳＯＤ１遺伝子だ。

ＳＯＤ１に起因するタンパク質の折りたたみの異常が、ＡＬＳに関与していると考えられている。ＳＯＤ１は、スーパーオキシドジスムターゼという酵素を作る遺伝子で、この酵素は、生体に危害を及ぼすスーパーオキシドラジカルという活性酸素分子を分解する。だが、なんらかの理由でＳＯＤ１がこのスーパーオキシドラジカルを除去できなくなると、神経細胞すなわちニューロンが損傷する。だから、ＳＯＤ１がもたらすタンパク質の折りたたみの異常は、ニューロンを死なせるメカニズムのひとつになっている可能性がある。

こうした欠陥遺伝子によって分子がどうなるのかを知ることが、この病気を治すための鍵を握っているのかもしれず、量子コンピュータはそこで重要な役割を果たしうる。それらの遺伝子をひな型にすれば、遺伝子からできる欠陥タンパク質を３Ｄモデルで作れるのだ。次にそのタンパク質の構造を調べると、それがどのように神経系のニューロンを狂わせるのかを明らかにすることができるのではないか。欠陥タンパク質の分子レベルでの働きがわかれば、治療法を見つけられるかもしれない。

パーキンソン病

脳内の変異タンパク質が身体の衰弱をもたらすもうひとつの病気はパーキンソン病で、米国にはおよそ100万人の患者がいる。最も有名な患者である俳優のマイケル・J・フォックスは、その知名度を活かし、この病気との戦いのために10億ドルの資金を集めた。手足の震えを止められなくなるのがこの病気の典型的な症状だが、歩行困難、嗅覚の低下、睡眠障害などの症状も現れる。

パーキンソン病の研究には、ある程度の進歩が見られている。たとえば脳スキャンによって、ニューロンが過剰に興奮し、場合によっては手の震えを引き起こしているような部位を、正確に特定できることが明らかになっている。このタイプのパーキンソン病は、過剰に活動している脳の部位に針を挿入することで、ある程度治療できる。異常に興奮しているニューロンを抑制すれば、震えをいくらか止めることができるのだ。

あいにく、まだこの病気の完全な治療法はない。ただ、パーキンソン病に関連する遺伝子はいくつか特定されている。すると、これらの遺伝子にかかわるタンパク質を合成し、その3次元構造を量子コンピュータで解き明かすことができる。こうして、その遺伝子の変異がパーキンソン病を引き起こす仕組みがわかるかもしれない。変異したタンパク質の正常なタイプを複製して増やし、体内に注入することもできそうだ。

このように量子コンピュータは、高齢者がかかる不治の病に対し、まったく新しいアプローチを切り開く可能性がある。そしてひょっとしたら、古今を通じて最大級と言える医学的な問題、老化に対処できるかもしれない。老化の治療ができれば、同時に老化にともなう多くの病気も治療できる。

いつの日か、量子コンピュータが老化の治療法を見つけることができたら、われわれは死なずにすむことにもなるのだろうか？

第13章

不老不死

有史以前にさかのぼる最古の探求といえば、不死の追求だ。どれほどの権力をもつ王や皇帝でも、最終的に訪れる死の予兆となる、鏡に映るしわを消し去ることはできなかった。

聖書の各篇よりも前に書かれた最古の物語のひとつが、『ギルガメシュ叙事詩』〔矢島文夫訳、筑摩書房など〕である。この物語では、世界を旅した古代メソポタミアの戦士ギルガメシュの英雄的偉業が語られている。ギルガメシュは、馬に乗って平原や砂漠を進みながら数々の冒険に挑み、大洪水を目にしていたという賢者にも会う。彼がこの旅を始めたのは、大きな使命のためだった。永遠に生きる秘密を見つけ出すという使命だ。そしてついに、ギルガメシュは不死の源である植物を見つける。だが、それを口にする直前、1匹の蛇が奪い取って飲み込んでしまう。人間は不死になるべく運命づけられてはいなかったのだ。

聖書では、神がアダムとイヴをエデンの園から追放する。ふたりが神の言いつけを守らず、禁断のリンゴを食べたからだ。だが、ただのリンゴの何がそんなに危険だったのだろう？　そのリンゴは知識という禁断の果実だったからである。

それだけではない。神は、アダムとイヴが生命の樹に実るリンゴまでも食べることで「われわれと同じようになり……永遠に生きる」ことを恐れた。そのリンゴを食べたら、ふたりは不死になるからだ。

紀元前3世紀についに中国全土を統一した秦の始皇帝は、不死の考えに取り憑かれた。有名な言い伝えによると、彼は伝説の「不老の泉」を探すべく強大な艦隊を派遣したという。艦隊に下した命令はただひとつ。泉を見つけるまで帰ってくるな、だ。泉は見つからなかったが、国に帰れなかった艦隊は、代わりに朝鮮と日本を発見したらしい。

ギリシャ神話によれば、暁(あかつき)の女神エオスは、人間のティトノスを見初(みそ)めた。人間はいずれ死ぬ運命にあるので、エオスは神ゼウスに、恋人を不死にしてほしいと頼み込んだ。ゼウスは願いをかなえてやった。しかしエオスは決定的な過ちをひとつ犯していた。永遠の若さも与えるように頼むのを忘れたのだ。悲しいかな、ティトノスは年々老いてよぼよぼになっていくが、死ぬことはできなかった。だから、神々に不死を願うのであれば、同時に永遠の若さも願うのを忘れてはならない。

今日、現代医学の進歩を武器に、この大昔からの探求を新たな視点から見なおすときが来ているのかもしれない。老化にかかわる膨大な遺伝子データを解析し、生命そのものの分子的基礎を解き明かすことで、量子コンピュータが老化の問題を解決する可能性があるのだ。さらに言えば、量子コンピュータは2種類の不死、つまり生物学的な不死とデジタルの不死を実現できるようにも思える。すると、不老の泉は結局のところ泉ではなく、量子コンピュータのプログラムなのだろうか。

熱力学第二法則

現代物理学を武器に、この古代からの探求を現代の視点から見なおすこともできる。老化の物理的メカニズムは、熱力学の法則、すなわち熱の法則によって説明することができる。熱力学の法則は3つある。第一法則は、単に物質とエネルギーの総量が一定であると述べている。無から何かを得ることはできないのだ。第二法則は、閉じた系において、乱雑さ（無秩序）や崩壊はつねに進むと述べている。そして第三法則は、絶対零度には決して到達できないというものである。

われわれの命を支配しているのは、第二法則だ。物理法則こそが、万物はやがて錆びたり、分解したり、死んだりすることを規定している。つまり、乱雑さの尺度であるエントロピーは、つねに増大するのである。何もかも結局のところ崩れ去るのだから、この鉄則は不死を禁じているように思える。物理学は地球上のすべての生命に引導を渡しているようなのだ。

ところが、第二法則には抜け道がある。何もかも崩れ去らなければならないという事実は、閉じた系にしか当てはまらない。開いた系なら、外の世界からエネルギーを取り込み、乱雑さの増大を逆戻りさせられる。

たとえば、赤ん坊のような新しい生命体が生まれるたびに、エントロピーは減少する。新しい生命体は、膨大なデータをもち、分子のレベルまで精密に組み立てられている。すると生命は、第二法則に反するかに見える。だが実は、太陽光という形で外からエネルギーが取り込まれている。つまり、太陽からのエネルギーが、地球上のとてつもなく多様な生命と、局所的なエントロピーの逆転をもたらしているのだ。

したがって、不死は物理法則に反しはしない。外からエネルギーが取り込まれるかぎり、第二法則は生命体が永遠に生きることを禁じてはいない。われわれの場合、そのエネルギーは太陽光となる。

老化とは何か?

では、老化とは何か?

第二法則にもとづけば、老化は主に、分子や遺伝子や細胞のレベルでエラーが蓄積することによってもたらされる。いずれは、第二法則がわれわれに詰め寄ってくるのだ。エラーはわれわれの細胞やDNAにたまっていく。皮膚の細胞は弾力を失い、しわができる。臓器はきちんと機能しなくなってだめになる。ニューロンがうまく活動しないと、われわれは物忘れをする。がんができることもある。要するに、われわれは老いて、いつかは死ぬのである。

動物界でも同じことが見られ、そこから老化の手がかりが得られる。チョウの寿命は数日だ。

マウスは2、3年生きる。だがゾウの寿命は60〜70年で、ニシオンデンザメは最長で500年も生きる。

ここに見られる共通点は何か？　小さな動物は大きな動物に比べ、熱を速く失う。そのため、捕食者から逃げまわるマウスの代謝率は、のっそり歩いてのんびり食事をするゾウに比べてかなり高い。しかし、代謝率が高ければ酸化も速くなり、エラーが臓器にたまっていく。

車を例にとるとわかりやすい。車のなかで老化（経年劣化）が起こるのはどこか？　主にエンジンだ。エンジンでは、燃料の燃焼による酸化に加え、可動部のギヤの損耗が起こる。では、細胞のエンジンはどこなのか？

細胞のエネルギーの大半は、ミトコンドリアで生み出されている。したがって、老化によるダメージの多くはミトコンドリアにたまっていくのではないかと考えられる。健康的な生活習慣という形で外からエネルギーを加え、損傷した遺伝子を遺伝子操作によって修復することで、第二法則をかわせたら、老化を逆戻りさせられる見込みもある。

ここで、ハイオクガソリンを入れた車を考えよう。この車は快適な走りを見せる。古い車でも、ハイオクガソリンなら走りが良くなる。これは、人体に対してエストロゲンやテストステロンのようなホルモンがする働きに似ている。ある意味で、こうしたホルモンは不老不死の妙薬のように働き、年齢以上のエネルギーや活力を与えてくれる。女性の平均寿命が男性よりも長いのはエストロゲンが一因だと考える人もいる。だが、このように長く生きると払うべき代償もある。それが、がんだ。長く損耗が続くと、エラーも増えるわけで、そのなかにはがんにかかわる遺伝子のエラーもある。するとがんは、熱力学第二法則がわれわれに詰め寄った結果と言ってもいい。

われわれのＤＮＡのなかで、こうしたエラーはいつでも生じている。体内のＤＮＡの損傷は、分子レベルでは1分に25～１１５回、細胞1個で見れば1日に3万６０００～16万回起きている。われわれの体にはＤＮＡを修復する機構も備わっているが、ＤＮＡのエラーの数が膨大になって修復機構の手に負えなくなると、老化が加速する。エラーの蓄積がわれわれの修復能力を超えたときに、老化が起こるのだ。

寿命を予測する

老化がわれわれのＤＮＡや細胞で生じるエラーと関係しているのなら、われわれの寿命を予測するためのおおまかな数式が得られはしないだろうか。

ある興味深い研究が、英国ケンブリッジのウェルカム・サンガー研究所でおこなわれた。老化が遺伝子の損傷と関係しているのなら、損傷が多いほど、その動物の寿命は短くなると予測できる。果たして、16種の動物を調べたケンブリッジの科学者たちは、反比例の関係を見出した。遺伝子の損傷が多いほど、寿命は短くなっていたのだ。

科学者たちは、大きく異なる動物のあいだに驚くべき相似を見出した。小さなハダカデバネズミは1年あたり93回の遺伝子変異を起こし、25年から30年生きる。一方、大きなキリンは24

年の生涯で1年あたり99回の変異を起こす。この変異の数と年数を掛け合わせると、変異の総数はハダカデバネズミで（25年生きるとして）およそ２３２５回、キリンで２３７６回となり、かなり近い。このふたつの哺乳類は多くの点で異なるが、生涯で蓄積される変異の数はほぼ同じなのだ。

すると、多くの動物のデータを解析することで、ヒトの寿命もおおまかに予測できる公式が得られる。マウスの場合、１年あたり７９３回の変異を起こし、それが３・７年の生涯にわたり続くと、変異の総数は２９３４・１回になる。

ヒトの場合、この数は少し厄介になる。文化や土地によって異なるからだ。ヒトは1年で47回の変異を起こすと考えられている。ほとんどの哺乳類は、平均して生涯で３２００回の変異を起こす。したがって、単純に考えれば、ヒトの寿命はおよそ70年となる（別の一連の仮定では、およそ80年という数字も得られる）。

この単純な計算の結果はかなり注目に値する。われわれの細胞における遺伝子のエラーこそが重要で、老化と最終的な死をもたらす大きな要因のひとつであることを示しているのだ。

ここまですべての結果は、自然の状態に任せた野生の動物で得られている。だが、外部から異なる条件を与えられた動物ではどうなるだろう？　動物の寿命を人為的に変えることは可能なのか？

答えはイエスのようだ。

生体時計をリセットする

医学的な介入（遺伝子操作、生活習慣の改善など）をおこなえば、第二法則による損傷を修復し、ヒトの寿命を延ばすことができるかもしれない。

いくつかの可能性が考えられる。ひとつめは、「生体時計」をリセットすることだ。細胞が自身を複製すると、染色体はわずかに短くなる。皮膚細胞の場合、約60回複製を繰り返すと老化が始まり、やがて死を迎える。この回数を「ヘイフリック限界」という。細胞が死ぬひとつの理由はこれであり、いつ死ぬべきかを教える時計が内蔵されているからなのである。

かつてレナード・ヘイフリックその人に、彼が提唱した有名な「限界」についてインタビューしたことがある。しかし、彼はこの生体時計について、やたらに結論に飛びついてしまう人がいるのを警戒していた。われわれはまだ、老化のプロセスを理解しはじめたばかりなのだと彼は言った。そして、生物老年学という老化の科学の分野が、世間に多い誤情報、とりわけ流行の健康食品などに対処しなければならないことを嘆いていた。

ヘイフリック限界があるのは、染色体の末端にテロメアと呼ばれるキャップがあり、それが細胞の複製のたびに短くなるためだ。一方、靴ひもの先端と同じで、何度もいじるうちに、このキャップがすり切れ、ひもがほつれてくる。複製が60回ほどになると、テロメアがすり切れ、染色体がほつれ、細胞が老化の段階に入ってやがて死を迎える。

しかし、「時計を止める」ことも可能だ。テロメアが短くなっていくのを防ぐ、テロメラーゼという酵素がある。一見したところ、これが老化の治療法になるようにも思える。事実、テロメラーゼをヒトの皮膚細胞に加えて、細胞を60回ではなく数百回分裂させることもできている。この研究によって、少なくともひとつの〝生命〟を「不死化」することができたのだ。

しかし、そこには危険もひそんでいる。がん細胞もテロメラーゼを利用して不死を手に入れていることがわかっているのだ。実のところ、ヒトの腫瘍の90パーセントでテロメラーゼが検出されている。体内のテロメアを操作する際には、健康な細胞を誤ってがん細胞に変えないように気をつけないといけない。

そのため、いつか不老の泉が見つかるとしたら、テロメラーゼが解決策のひとつになるとしても、それは副作用をなくせる場合に限られる。量子コンピュータなら、テロメラーゼが細胞を不死にしながらがん化させないようにするやり方を見つけ出せるかもしれない。この分子機構が明らかになれば、細胞を寿命が延びるように改変できるのではなかろうか。

カロリー制限

何世紀にもわたり、寿命を延ばそうとしてさまざまなインチキ療法が生み出されてきたが、ひとつの方法は、時間の試練に耐え、あらゆるケースで効き目があるようだ。動物の寿命を延ばすことが唯一証明されているその方法は、カロリー制限である。調べる動物にもよるが、摂取カロリーを30パーセント減らせば、寿命が30パーセントほど延びる。この一般的原則は、昆虫、マウス、イヌ、ネコから、類人猿に至るまで、非常に多くの種で検証されている。摂取カロリーが少ない動物は、腹いっぱい食べる動物よりも長生きする。病気にもなりにくく、がんや動脈硬化など、老年性の疾患を抱えることが少ない。

このことは動物界のさまざまな種で検証されてきたが、まだそのように体系的な解析がおこなわれていない種がひとつある。ホモ・サピエンスだ（これはおそらく、われわれがとても長生きするうえに、修行僧も腹ぺこにさせるほど質素な食事には、不平を訴えるからだろう）。この方法がうまくいく理由ははっきりわからないが、一説によれば、食べる量を減らすと酸化のペースが落ちるので、老化の進行が遅くなるのではないかという。

この説を裏付けるかのような実験結果が、カエノラブディティス・エレガンス（略称C・エレガンス）のような線虫で得られている。こうした線虫の遺伝子を改変して酸化のペースを落とすと、寿命が何倍にも延びる。じっさい、そんな遺伝子のなかには、Ａｇｅ－１やＡｇｅ－２と名づけられたものもある。酸化のペースの低下は、細胞の損傷の修復を助けるようだ。したがって、カロリー制限が体内の酸化のペースを落とし、それによってエラーの蓄積が減るために効果を示すというのは、理にかなっているように思われる。

それでも、疑問がひとつ残る。そもそもなぜ、一部の動物はカロリー制限をおこなっているのだろう？　長生きするために意識的に食べる量を減らしているのだろうか？（ある理論によれば、自然において、動物が暮らす状況はふたつある。ひとつは、生殖して子を作るという状況だ。しかし、そのためには食べ物が安定して豊富になければならず、そんな状況は少ない。もっと多いのは、ほとんどの動物が飢餓に近く、つねに狩りをするか腐肉をあさるかしている状況である。だから、食べ物が欠乏しているたいていの期間に、動物は、やがて食べ物が豊富にあって生殖ができるときが来るまで、本能的に食べる量を減らし、エネルギーを温存して長生きするように進化を遂げてきた）

カロリー制限を研究してきた科学者は、サーチュイン遺伝子が作り出すレスベラトロールという化合物によって、その効果が現れるのではないかと考えている。レスベラトロールは赤ワインに含まれている（このため、レスベラトロールと赤ワインをめぐって小さなブームが巻き起こったが、レスベラトロールが本当にヒトの寿命を延ばすのかどうかについては、まだ結論が出ていない）。

ところが、2022年にイェール大学でおこなわれた研究により、カロリー制限が実際に効果を示す理由の一部がついに解明されたようでもある。研究者たちが注目したのは、両肺のあいだにある胸腺だ。胸腺は、白血球のなかでも病気から身を守るうえで重要な役割を果たしているT細胞を生成している。彼らは、胸腺が通常の器官よりも速く老化することに気づいた。たとえば、われわれは40歳になると、胸腺の70パーセントが脂肪組織になり、機能しなくなる。論文の上席著者ヴィシュワ・ディープ・ディクシットは言う。「年をとるにつれ、私たちは新しいT細胞の欠乏を感じるようになります。残っているものでは新たな病原体とうまく戦えないからです。これが、高齢者で病気のリスクが高くなる理由のひとつなのです[1]」。これが本当なら、年をとると老化して死にやすくなるわけが説明できるかもしれない。

この結果をもとに、彼らはもうひとつ実験をおこない、あるグループの人々に2年間、カロリー制限した食事をとらせた。するとなんと、この人々の胸腺には脂肪組織が少なく、正常に機能する細胞が多くなっていたのだ。目を見張るような結果だった。

ディクシットはこう付け加える。「この器官が若返るという事実は、私からすればなんとも驚きです。そんなことがヒトで起こるという証拠はほとんどないからです。それがありうるというだけでも実に胸が躍ります」

イェール大学の研究者たちは、自分たちが重要な事実を知ろうとしていることに気づきだした。次にやるべきは、根本的原因を探ることだった。カロリー制限は、分子レベルでどのように免疫系を強化するのだろう?

やがて彼らは、PLA2G7というタンパク質に的を絞ることができた。これは、老化にともなう別の現象、すなわち炎症にかかわっている。「こうした知見は、PLA2G7がカロリー制限の効果を高める物質のひとつであることを実証しています。そのような物質を突き止めたら、代謝系と免疫系がどのように情報をやりとりするのかがわかり、それによって、免疫機能を向上させ、炎症を抑え、ひいては健康寿命を延ばせるかもしれないターゲットの候補に目を向けられるのです」とディクシットは語る。

次のステップは、量子コンピュータを用いて、このタンパク質が分子レベルでどのように炎症を抑え、老化のプロセスを遅らせるのかを解明することになるだろう。このプロセスがわかれば、PLA2G7を操作し、腹ぺこになるような食事制限をする必要もなく、カロリー制限の恩恵を得ることができるかもしれない。

ディクシットは、老化プロセスの研究の方向性を、関連するタンパク質や遺伝子を調べる自分の研究が変えるのではないかと言っている。そしてこう話を結んだ。「望みはあると思います」

老化の鍵を握るもの——DNAの修復

しかし、ここでまた別の疑問が浮かぶ。酸化による分子レベルの損傷を、カロリー制限はどのように修復するのか？　カロリー制限が酸化のプロセスを抑制するおかげで、身体は自然に生じる損傷を修復できるのだとしても、そもそも身体はどうやってDNAの損傷を修復するのだろう？

これを研究している米国ロチェスター大学では、動物界を調べることによってDNAの修復機構を解明できるかどうかが探られている。具体的に言えば、DNAの修復機構で、一部の動物が長生きする理由を説明できるのかだ。遺伝子の不老の泉は存在するのだろうか？

彼らは18種の齧歯類の寿命を調べ、興味深い事実を見出した。マウスは2、3年しか生きられないが、ビーバーやハダカデバネズミは25～30歳と驚くほど高齢になるまで生きられる。そこで彼らは、長生きする齧歯類には短命の齧歯類よりも強力なDNA修復機構があるという説を立てている。

これを検討するうえで、ロチェスター大学のチームはサーチュイン6遺伝子に注目した。これはDNAの修復に関与し、「長寿遺伝子」とも呼ばれる。彼らは、サーチュイン6遺伝子の作るタンパク質がすべて同じではないことに気づいた。そのタンパク質は5種類あり、それぞれ活性のレベルが異なっていた。また、ビーバーのサーチュイン6タンパク質は、ハダカデバネズミのものほどではないが、ラットのものより強力だった。ビーバーが長生きするのはこのためではないかとされた。

この説を証明すべく、彼らはさまざまなサーチュイン6タンパク質を異なる動物に注入し、寿命に影響するかどうか確かめた。ビーバーのサーチュイン6タンパク質を注入されたショウジョウバエは、ラットのタンパク質を注入されたショウジョウバエよりも長く生きた。

ヒトの細胞に注入しても、似たような効果が現れた。ビーバーのサーチュイン6タンパク質を与えた細胞は、ラットのタンパク質を与えた細胞に比べ、DNAの損傷が少ないままだったのである。研究者のひとり、ヴェラ・ゴルブノヴァは、「加齢とともにDNAが乱れるために病気が生じるのだとすれば、こうした研究をもとに、がんや変性疾患の発症を遅らせる処置を目指せます」と述べている[2]。

これは重要なことだ。DNAの損傷に対し、サーチュイン6などの遺伝子が制御していそうな修復が、老化のプロセスを逆戻りさせるための鍵を握っている可能性があるのだから。そこで、量子コンピュータを用いて、サーチュイン6がDNA修復機構を分子レベルでどうやって強化できるのかを厳密に明らかにすることができるのではないか。

このプロセスが明らかになると、それを加速させる手だてを見つけたり、DNA修復機構を始動できる新たな分子経路〔分子間で起こる一連の反応〕を見つけたりすることもできるかもしれない。つまり、

ＤＮＡの損傷が老化のプロセスをうながす要因のひとつなら、量子コンピュータを使ってそれを分子レベルで逆戻りさせる方法を明らかにすることが重要になるのだ。

細胞の再プログラミングで若返る

しかし危ういのは、寿命を延ばすとなると、巷に多くのいかさま療法が横行していることだ。ブームは月替わりで起こる。最新のビタミン、ハーブ、あるいは「奇跡の療法」だ。一方、老化プロセスの研究について大いに注目を集めているまともな組織も存在する。

ロシアの億万長者ユーリ・ミルナーは、フェイスブックへの投資とロシアの電子メールサービスMail.ru（メイルルー）の経営で富を築き、学界の第一人者たちを集めて若返りの問題に取り組んでいる。シリコンバレーではひとかどの人物で、毎年、傑出した物理学者、生物学者、数学者に対し、みずから創設した「ブレイクスルー賞」として賞金３００万ドルを授与している。

現在、彼が注目しているのは、アルトス・ラボという新興の研究開発企業だ。この企業は「再プログラミング」技術を用いて、たとえば老化細胞を若返らせようとしている。アルトスを支援する裕福な投資家のなかには、アマゾンの創業者ジェフ・ベゾスの名さえある。アルトスの発表によれば、この生まれたての企業はすでに2億７０００万ドルの資金を調達したという。『ＭＩＴテクノロジーレビュー』誌によれば、この取り組みの基本となる考え方は、老化細胞のＤＮＡを再プログラミングして、初期の状態に戻すというものだ。これは日本のノーベル賞受賞者山中伸弥により実験で検証されており、山中はアルトスの科学顧問委員会の委員長を務めることになっている。

山中は、あらゆる細胞の母となる幹細胞の世界的権威のひとりだ。胚性幹細胞（ＥＳ細胞）は、人体のあらゆる細胞になれるという際立った特性をもっている。山中が発見したのは、成熟した細胞を再プログラミングして胚のような状態に戻し（これを人工多能性幹細胞（ｉＰＳ細胞）という）、原理上、一からまったく新しい臓器を作れるようにする手だてである。

ここで、老化細胞を再プログラミングして若返らせることはできるのかというのが重要な問いとなる。アルトスへの関心が高まっているのは、その答えがどうやらイエスのようだからだ。一定の条件のもとで、再プログラミングを誘導できる遺伝子が４つあるのである（現在は山中因子と呼ばれている）。

ある意味で、老化細胞の再プログラミングはありふれている。母なる自然は、成体の細胞を再プログラミングして、次世代の胚の幹細胞にしているではないか。だから再プログラミングは、ＳＦの概念ではない。生命の揺るがぬ事実なのだ。新たな世代が生まれるたび、胚ができるときにこの若返りのプロセスが起こる。

当然かもしれないが、いつでも次の目玉になるものを探している多くのベンチャー企業が、このブームに飛びついた。ライフ・バイオサイエンシズ、ターン・バイオテクノロジーズ、エイジックス・セラピューティクス、シフト・バイオサイエンスなどの企業だ。「遠くに巨大な金塊らしきものが見えたら、急いで行くべきだ」とゴーディアン・バイオテクノロジー社のマーティン・ボルヒ・イェンセンは言う。[3] 事実、彼は研究を加速させるために2000万ドル出そうとしている。

ハーヴァード大学の教授デイヴィッド・シンクレアは次のように語っている。「現在、とくに人体のパーツやすべての若返りを目指して、投資家たちが再プログラミングに投資すべく、何億ドルも調達しています」[4]。シンクレアは、この細胞再プログラミング技術を用いて、マウスの視力を回復させることに成功した。そこでこう言い添える。「私の研究室では現在、若返らせられるものがないか、皮膚や筋肉や脳など、主要な臓器や組織をチェックしています」

ローザンヌ大学（スイス）のアレハンドロ・オカンポもこのように述べている。「80歳の人から細胞を採取して、試験管のなかで40歳若返らせることができます。そんなことができる技術は、ほかにありません」[5]

一方でウィスコンシン大学マディソン校の研究チームは、MSC（間葉系幹細胞）という幹細胞を含む滑液（関節にある粘性の高い液体）を採取した。MSCを再プログラミングして若返らせられることは、以前から知られていた。しかし、この若返りがどのように起こるのかはわかっていない。

研究チームは、不明だった段階の多くを明らかにすることができた。MSCが人工多能性幹細胞（iPS細胞）に変わり、また変わってMSCに戻っていたのだ。そして、この往復プロセスのあとで、再生したMSCが若返っていることに彼らは気づいた。なにより重要なのは、往復プロセスでMSCがたどる具体的な化学的経路を突き止められたことだった。このプロセスには、GATA6、SHH、FOXPという一連のタンパク質が関与していた。

これは、かつてはなし遂げられないと考えられていた驚くべき大発見だ。おかげで科学者は、老化細胞がどうしたらもう一度若返るのかを理解しだしている。

だが、慎重になるべき理由もある。前にも述べたが、老化を遅らせたり、若返らせたりする手法には、がんなどの副作用も存在する。エストロゲンは、閉経まで何十年も女性に生殖能力を与えつづけるが、このホルモンがもたらしうる副作用のひとつに、がんがある。また、テロメラーゼは細胞老化の時計を止められるが、がんのリスクを高めもする。

同じように、細胞の再プログラミングがもたらす危険のひとつにも、がんがある。研究は慎重に進めて、危険な副作用で道をそれないようにする必要がある。量子コンピュータは、この点で役立つのではなかろうか。第一に、若返りのプロセスを分子レベルで解明し、胚性幹細胞にひそむ秘密を探り出すことができるかもしれない。第二に、がんなど、このプロセスにともなう一部の副作用を抑えられる可能性もあるのだ。

人体工場

さらにもうひとつの実験も、細胞の若返りへの興味をかき立てている。

元の山中の手法では、皮膚細胞を胚のような状態に戻すのに、4つの山中因子に50日さらしていた。ところが英国ケンブリッジのバブラハム研究所の科学者たちは、13日さらすだけで皮膚細胞を若返らせ、正常に増殖させることができた。

この実験に使われた皮膚細胞は、53歳の女性から採取されたものだった。科学者たちは、若返った皮膚細胞が見た目もふるまいも23歳の細胞のようだと気づくと仰天した。「あの日のことは覚えています。結果を見て信じられない思いでした。一部の細胞が本来の年齢より30歳も若かったのですから。……大興奮の一日でした」と、この研究をおこなった科学者のひとり、ディルジート・ギルは振り返る。[6]

この結果は衝撃的だった。正しいと証明されたら、どうやら医学史上初めて、科学者が老化細胞の若返りに成功し、細胞が数十年若いふるまいを見せたことになりそうだ。

しかし、この研究に携わった科学者たちは、生じうる副作用に触れることも忘れなかった。若返りには膨大な数の遺伝子の変化がかかわっているため、多くの有望な治療法がそうであるように、やはり副作用としてがんがもたらされる可能性がある。だから、このやり方は全体的に慎重に進める必要がある。

それでも、がんができる危険なしに若い臓器を作るふたつめの方法がある。組織工学（再生医療）だ。文字どおり、人体のパーツを一から作るのである。

組織工学

成熟細胞を胚のような状態に戻すとその細胞は若返るが、それは細胞レベルでの話にすぎない。全身が若返って永遠に生きられるわけではないのだ。一部の細胞系が不死になるだけなので、特定の臓器は再生できても、全身は再生できない。

その理由をひとつ挙げると、幹細胞は放っておくと、形をなさない無秩序な組織の塊になることがあるからだ。幹細胞が順を追って正しく増殖し、最終的な臓器を作り上げるには、隣り合う細胞からの合図がたいてい必要なのである。

これを解決する手だてが組織工学なのかもしれない。つまり、幹細胞をある種の型に入れ、秩序立って増殖できるようにするのだ。

この手法は、米国ノースカロライナ州にあるウェイクフォレスト大学のアンソニー・アタラの研究チームが開発した。私はBBCのテレビ番組で、アタラにインタビューする機会を得ることができた。彼の研究室を歩いてまわりながら、肝臓、腎臓、心臓など、ヒトの臓器が入った大きなビンを目にしてぎょっとした。ほとんどSF映画の世界に足を踏み入れた気になったのである。

私は、どのように研究を進めているのかと尋ねた。彼いわく、まず細かい樹脂の繊維でできた特殊な型を、作りたい臓器の形に合わせて作る。それからその型に、患者から採取した臓器細胞を播く。次に、これらの細胞に刺激を与えるべく、増殖・分化をうながす成長因子のカクテルを加える。すると細胞は型の繊維のすきまに増殖していく。やがて生物分解性の型は消え失せ、臓器のほぼ完璧なコピーが残る。その後、この人工臓器を患者の体内に移植すると、臓器は機能しだす。臓器の細胞は患者自身の組織でできているので、臓器移植が直面する大きな問題のひとつである拒絶反応は起きない。また、細胞内のデリケートな遺伝情報には手を加えていないので、がんの危険もない。

アタラの話では、作製に成功した臓器のほとんどは、ほんの数種類の細胞でできているものだという。皮膚、骨、軟骨、血管、膀胱、心臓弁、気管などだ。肝臓はもう少し細胞の種類が多いので難しい、と彼は言った。そして腎臓は、何百もの小さな管やフィルターでできているので、まだ計画段階だ。

彼の手法を幹細胞とも組み合わせれば、いずれ、消耗した臓器をまるごと再生することもできる可能性がある。たとえば、心疾患は米国で一番の死因なので、そのうちに実験室で細胞を増殖させて心臓をまるごと作れるようになるかもしれない。「人体工場」のようなものができるのだ。

3Dプリンタで人間の臓器を作る実験をしているチームもある。コンピュータのプリンタが微細なインクの滴（しずく）を射出して画像を描くのと同じように、ヒトの心臓細胞を一個一個射出して心臓組織を作り出すのだ。細胞の若返りが成功して若い細胞系が作れたら、次は組織工学によって、心臓などのあらゆる臓器を幹細胞から作り出せるかもしれない。

こうしてわれわれは、ティトノスの身に降りかかった問題を回避できるのだ。

量子コンピュータの役割

量子コンピュータは、こうした取り組みに直接的な効果をもたらす可能性がある。近い将来、人類集団のほとんどについてゲノムの配列が明らかにされ、巨大な全世界の遺伝子バンクに収められるだろう。この遺伝情報の巨大な宝庫は、従来のデジタルコンピュータには手に負えなくても、莫大な量のデータの分析は、まさに量子コンピュータが得意とするところだ。これにより科学者は、老化プロセスの影響を受ける遺伝子を特定できるかもしれない。

たとえば、すでに若者と高齢者の遺伝子を解析し、比較することができている。その結果、老化の多くを担っていそうな遺伝子が100個ほど特定され、これらの遺伝子の多くは、酸化プロセスに関与していることがわかっている。将来、量子コンピュータによってさらに大量の遺伝子データが解析されるだろう。これにより、遺伝子と細胞のエラーの大半が蓄積される場所だけでなく、老化プロセスのさまざまな要素を実際にコントロールしていそうな遺伝子も明らかになる。

量子コンピュータは、老化の多くを担う遺伝子を突き止めるだけでなく、その反対のこともできるかもしれない。非常に高齢でありながら健康な人に見つかる遺伝子を突き止めることだ。人口統計学者は、「スーパー高齢者」つまり、健康で丈夫に、予想をはるかに超えて長生きするまれな人の存在を把握している。そこで、量子コンピュータで大量の生データを解析すれば、並外れて健康な免疫系の存在を示し、襲いかかる病気をかわして高齢まで生きられるようにする遺伝子が見つかる可能性もある。

もちろん一方で、急速に老いて子どものうちに老衰で死んでしまう人もいる。ウェルナー症候群や早老症は恐ろしい病気で、子どもがみるみる老いていく。彼らはめったに20代から30代を超えて生きられない。ほかにも問題はあるが、彼らのもつテロメアは短く、それが老化の加速の一因となっている可能性を複数の研究が示している（同じ理屈で、アシュケナジ〔中欧・東欧に住んでいたユダヤ人とその子孫〕の研究からわかる正反対の事実も説明できる。長生きの被験者はきわめて活性の高いタイプのテロメラーゼをもっていたので、彼らが長寿なのはそのためなのかもしれないのだ）。

さらに、100歳を超える人を調べてみると、20歳から70歳までの人に比べ、ポリ（ADP－リボース）ポリメラーゼ〔PARP〕というDNA修復タンパク質の量がきわめて多かった。これは、長生きする人ほど強力なDNA修復機構をもち、損傷した遺伝子を回復させているので長寿になっていることを示している。100歳を超える人はまた、はるかに若い人から採取したものに似た細胞をもっており、これは老化が減速したことを示している。このことは、80代に達した人では、90代を超えて生きられる可能性が通常より高くなるという不思議な事実の説明にもなる。免疫系が弱い人は80代に達する前に死ぬので、そこを生き延びる人は、強力なDNA修復機構をもつおかげで寿命が90代を超えるのではなかろうか。

すると量子コンピュータは、次のようないくつかのカテゴリーで、鍵を握る遺伝子を突き止められるかもしれない。

- その年代としては並外れて健康な高齢者
- よくある病気を撃退できる免疫系をもつため、長生きする人
- 遺伝子にエラーが蓄積し、老化が加速している人
- ウェルナー症候群や早老症のような病気によって異常に速く老化しているなど、標準から大きくはずれている人

老化にかかわる遺伝子が特定されれば、ＣＲＩＳＰＲによってその多くを修復することができるかもしれない。目標は、量子コンピュータを用いて老化プロセスの厳密な分子機構を突き止め、老化の多くを担う遺伝子を修復することになる。

いつの日か、老化を減速したり、場合によっては若返らせたりするような、さまざまな薬や療法の組み合わせが開発されるかもしれない。異なる医療の複合的な効果で、時計の針を戻すことができはしないだろうか。

重要なのは、量子コンピュータなら、老化のプロセスを相手に、それが起こる「分子のレベル」という舞台で戦えるということだ。

デジタルな不死

生物学的な不死のほかに、量子コンピュータを使えば、デジタルな不死を実現できる可能性

がある。

われわれの祖先の大半は、生きていた証拠を残さずに死んでいった。教会や寺院の記録簿には、祖先がいつ生まれたかが1行記され、2行目にいつ死んだのかが記されているかもしれない。あるいは、さびれた墓地の崩れた墓石に祖先の名前があるかもしれない。

だがそれ以上の記録はない。

一生ぶんの大切な思い出や経験が、帳簿や墓石の2行に集約されている。DNAをもとに人々の系譜をたどっても、えてして100年もさかのぼれば途絶えてしまうことに気づく。家族の歴史は、1世代か2世代も経てば露と消えるのである。

ところが現在、われわれはおそるべき量のデジタルな足跡を残している。クレジットカードの使用履歴を見るだけでも、その人の来し方や人格や好き嫌いをそれなりに垣間見ることができる。あらゆる買い物、休暇の過ごし方、参加したスポーツのイベント、だれかへの贈り物がどこかのコンピュータに記録されている。われわれのデジタルな足跡は、知らず知らずのうちに、その人物を映し出す鏡になっている。将来は、この膨大な情報から、われわれの人格をデジタルの形で再現することも可能になる。

すでに、歴史上の人物や著名人などをデジタル化によってよみがえらせ、それがだれにでも利用できるようになるという話も出ている。今日、図書館に行けばウィンストン・チャーチルの伝記を調べられる。だが将来は、チャーチルに直接話しかけられるようになるかもしれない。彼の書簡や回想録、伝記、インタビューなどがすべてデジタル化され、公開される。そうなれば、チャーチルのホログラフィック映像に話しかけ、彼と啓発的な会話をしながらのんびり午後を過ごすこともできるだろう。

私としては、アインシュタインと会話をしてみたい。彼が目指すもの、彼がなし遂げたこと、彼の科学の理念について訊くのだ。自分の理論がビッグバンやブラックホール、重力波、統一場理論といった幅広い科学分野に発展を遂げていると知ったら、アインシュタインはどう思うだろう？　量子論がこれまで遂げた進化についてはどう考えるだろう？　彼は自分の本性や思考をさらけ出す書簡や私信をとても多く残している。

やがては、一般の人もデジタルな不死を手に入れるかもしれない。2021年、テレビシリーズ『スター・トレック』で名を馳せたスター俳優ウィリアム・シャトナーは、一種のデジタルな不死を獲得した。彼はカメラの前に座り、4日間にわたって自分の人生や目標、理念について何百も個人的な質問に答えた。その後、コンピュータのプログラムがこの大量のデータを解析し、テーマや場所などに応じて時系列で並べた。将来、こうしてデジタル化されたシャトナーに個人的な質問ができるようになり、彼はまるであなたの部屋でしゃべっているように、理路整然と答えてくれるだろう。

いずれは、テレビカメラの前に座らなくても人がデジタル化されるようになるはずだ。われわれは、無意識に、深く考えもせず、携帯電話のカメラで日常の暮らしや活動を記録している。それどころか、多くのティーンエイジャーは、自分の悪ふざけや冗談やばかげた行動を記録して（その一部はインターネットにいつまでも存在しつづける）、すでに大量のデジタルな足跡を残している。

ふつうわれわれは、自分の人生を、偶然の出来事やランダムな経験の連なりと考えている。しかし高性能のAIを用いれば、そのうちに、この記憶の宝庫を編集し、秩序立った形で並べることができるだろう。そして量子コンピュータを援用してこのデータを仕分け、検索エンジンで欠けている背景データを見つけて、人生の物語を編集することになる。

ある意味で、われわれのデジタルな自己は死ぬことがなくなるのだ。

すると、われわれが大切に心にしまっている個人的な思い出や業績は、本人が世を去っても、必ずしも流れゆく時間とともに消え失せるわけではないのかもしれない。量子コンピュータは、われわれに一種の不死を与えてくれるとも考えられる。

要するに、科学者は現在、人間の寿命の延長にかかわるプロセスをいくつか突き止めだしている。それでも、そうしたプロセスが実際にどのように分子レベルで機能しているのかはまだ謎のままだ。たとえば、一部のタンパク質がどのように分子レベルでのDNAの修復をうながせるのか？　量子コンピュータは、ここで決定的な役割を果たせる可能性がある。量子の系でしか、分子の相互作用のような量子の系を完全に説明することはできないからだ。DNAの修復などの正確なメカニズムがわかれば、それを改良して老化を遅らせたり、さらには老化を止めたりもできるのではなかろうか。

量子コンピュータは、われわれがデジタルの形で永遠に生きられるようにもしてくれるかもしれない。われわれは、人工知能と組み合わされれば、人格を正確に反映した自分自身のデジタルコピーを作れるはずである。このプロセスの完成に向けた歩みはすでに始まっている。

一方、量子コンピュータが次に目指すフロンティアは、われわれの身体の内部にとどまらない。量子コンピュータを外の世界に応用して、地球温暖化などの喫緊の問題を解決し、太陽のエネルギーを利用し、われわれをとりまく世界の謎を解明することもできるだろう。その次の目標は、量子コンピュータを用いて宇宙を理解することとなる。

第Ⅳ部

世界と宇宙をモデル化する

第14章

地球温暖化

かつて、アイスランドの首都レイキャビクの大学で講演をしたことがある。

飛行機が空港に近づくと、草木がほとんどない火山地帯の景色が見えてきた。空港付近は荒涼としていて、はるか遠い過去を眺めるのにうってつけの場所になっていた。まるで、時をさかのぼる旅をしたかのようだった。

講演のあとで大学構内を案内された私は、何万年も前からの気候を記録にとどめている氷床コアの研究について知りたいと思った。

その研究室は、見かけも寒さも巨大な冷凍庫のようだった。テーブルに長い金属の棒が何本か置いてある。棒の直径は4センチメートル弱で、長さは数メートルあり、どの棒にも氷床の深いところから採取したコアサンプルが入っていた。

何本かの棒からは、白い氷の長い円柱が引き出されていた。私は、何万年も前に北極地方に積もった氷を目にしているのに気づくと、身震いした。目の前にあるのは、有史以前のはるか昔から残されたタイムカプセルだったのである。

そうした氷床コアをじっくり眺めていたら、円柱を横切って何本も並ぶ細い茶色の帯が目に入った。研究者たちは、それぞれの帯は過去の火山噴火で放出されたすすと灰によるものだと教えてくれた。

さまざまな帯の間隔を測ると、すでに知られている火山噴火と照らし合わせることで、それぞれの年代が決定できる。

研究者たちは、氷床コアのなかに微小な気泡があり、それが何万年も前の大気をとらえたスナップショットのようになっているとも言っていた。その化学的成分を明らかにすれば、当時存在していたCO_2（二酸化炭素）の量が容易にわかるのだ。

（氷床コアが形成されたときの気温の推定はもっと難しく、間接的になされている。水は水素［H］と酸素［O］で構成され、H_2Oとなっている。だが、水には重いタイプもあり、^{16}Oの酸素原子が^{18}Oに置き換わったり、^{1}Hの水素原子が^{2}Hに置き換わったりしてできている〔左肩の数字は質量数といい、それぞれの原子の原子核を構成する陽子と中性子の総数を示す〕。水が蒸発するときは、軽い分子から先に蒸発し、雨や雪になるときには重い分子から先に降る。そのようなことから、重い水分子と通常の水分子の存在比〔実際の推定では酸素同体比＝^{18}O／^{16}Oや水素同位体比＝^{2}H／^{1}Hを用いる〕を測定すれば、その氷ができたときの気温を推定できる〔実際にはもっと複雑な要因も考慮する〕）

最後に、私は、彼らの大変だが有意義な研究の結果を見せられた。何世紀にもわたる気温とCO_2含有量のグラフが、2台のジェットコースターのようにそろって上がり下がりしていた。明らかに、地球の気温と大気中のCO_2含有量のあいだに、重大で密接な相関があったのだ（今日、こうした氷床コアはさらに昔にさかのぼることができる。２０１７年には、南極で２７０万年前の氷床コアが採取され、それまで知られていなかった地球史が明らかになっている）。

そのグラフを調べるうちに、私はいくつかの事実に興味を引かれた。第一に、気温の大きな変動に気づく。われわれは、地球はとても安定しているように思うものだ。ところが、実は変化に富む天体で、気温や気候が大きく乱高下していることを思い知らされるのである。

第二に、最終氷期がおよそ1万年前に終わったことに気づく。そのころ北米の多くは、８００メートルほどの氷の下に埋まっていた。しかしそれから、大気が次第に暖まり、人類文明が台頭できるようになった。今から1万年ほどのちには（3万〜5万年後という説も有力）ふたたび氷期が訪れるだろうから、人類文明の台頭は、たまさかふたつの氷期にはさまれた間氷期に入ったために起きたことになる。この雪解けがなければ、われわれは今も狩猟したり死肉をあさったりしながら移動生活を送る小さな集団のなかで暮らし、氷のなかをうろついてわずかな食料を探しているだろう。

しかし、とくに私の目を引いたのは、最終氷期が1万年前に終わってからゆっくり気温が上昇していたが、それから産業革命の到来と化石燃料の消費とともに、最後の１００年ほどで急上昇していることだった。

それどころか、全世界の気温を調べた科学者たちは、２０１６年と２０２０年が、記録に残るかぎり史上最も気温の高い年になったと結論づけている。さらに言えば、１９８３年から２０１２年までの期間は、過去１４００年で最も気温の高い30年だった。したがって、最近の地球の暖まり方は、間氷期による温暖化の副産物ではなく、ひどく不自然なものと言える。多くの要因のなかでも、最も有力な候補は、人類文明の台頭なのだ。

われわれの未来は、気候のパターンを予測して現実的な行動計画を立てられるかどうかにかかっている。いまや、従来のコンピュータにできることの限界を超えようとしているので、地球温暖化の正確な評価とありうる未来の「バーチャル気象予報」を提供し、パラメータを変えて気候への影響のしかたを確かめられるようにするのに、量子コンピュータを利用する必要があるだろう。

そうしたバーチャル気象予報のどれかが、人類文明の未来の鍵を握っているのかもしれない。アリ・エル・カーファラニは『フォーブス』誌にこう書いている。「量子コンピュータはまた、環境の見地から計り知れないほどの可能性を秘めており、専門家の予想では、量子計算をおこなうシミュレーションによって、国連の持続可能な開発目標（SDGs）を国々が達成するのを助けるようになる」[1]

CO_2と地球温暖化

なによりわれわれは、温室効果について、そして人間の活動がそれにどう影響するのかについて、正確な評価を必要としている。

太陽からの光は、地球の大気を容易に突き抜けられる。そのうち、地表で反射した光はそのまま大気を逆に突き抜けて宇宙空間に戻っていくが、いったん地球に吸収された光はエネルギーを失って波長の長い赤外の熱放射になる。ところが赤外放射はCO_2をさほど通過しないので、CO_2が多いほど熱が大気にとらえられ、地球が暖められる。2018年における世界のエネルギーの80パーセントは化石燃料の燃焼で得られており、その副産物としてCO_2が発生している。そのため、前世紀に起きた気温の急上昇には多くの要因があるだろうが、とくに産業革命以後のCO_2の蓄積の影響が大きそうだ。

ここ100年の急速な地球温暖化は、まったく別のデータからも裏付けられている。地下の氷床コアという内なる世界ではなく、外の宇宙によるデータだ。その視点から眺めると、地球温暖化の影響は目に見えて激しい。

たとえばNASAの気象衛星は、地球が太陽から受け取るエネルギーの総量を見積もれる。そうした衛星はまた、地球が宇宙に送り返すエネルギーの総量も割り出せる。地球が平衡状態にあるのなら、エネルギーのインプットとアウトプットはほぼ同じになるはずだ。すべての要素を細かく考慮に入れると、地球が吸収するエネルギーは宇宙に戻すエネルギーよりも多くなるので、地球が暖められていることがわかる。そこから地球が獲得する正味のエネルギーの量を割り出すと、人間の活動が生み出すエネルギーの量とおおよそ同じになる。したがって、最近この惑星の温暖化を加速している主な元凶は、人間の活動のようなのだ。

衛星写真はこの温暖化の結果を明らかにしている。現在の写真を数十年前に撮った写真と比べると、地球の地形に明確な変化が見られる。主な氷河はどれも、数十年のあいだに後退しているのだ。

北極には１９５０年代から潜水艦が訪れている。そうした潜水艦の調査により、冬期の氷が過去50年で50パーセント薄くなっていることが明らかになっている。つまり、年におよそ１パーセント厚みが減っているのだ（未来の子どもは、極の氷などもうほとんどないのに、両親がなぜサンタクロースは北極に住んでいると言うのだろうと不思議に思うかもしれない）。ＮＡＳＡの科学者によれば、今世紀の半ばまでに、北極海は夏にまったく氷がなくなるという。

ハリケーンの活動も変わるのではなかろうか。ハリケーンは初め、アフリカ沖で吹く穏やかな熱帯の風で、その後大西洋を渡っていく。カリブ海に到達すると、それはボウリングの球のように進む。ちょうど良い角度で進むと、メキシコ湾の温かい水域に入り、激しさを増して怪物級の嵐になる。米国東海岸を襲うハリケーンの強さと頻度と持続期間はどれも１９８０年代から増しており、その要因はおそらく水温の上昇だ。すると、将来はハリケーンの強さも破壊力もさらに増していくことだろう。

未来予測

コンピュータによる地球の気候の予測は、かなり暗澹（あんたん）としたものだ。世界の海水面は、１８８０年以降20センチメートル上昇している（これは主に、海の温度が上がって、海水の全体積が膨張しているためだ）。２１００年になるころには、30～２４０センチメートル上昇している可能性が高い。

２０５０年から２１００年の予想世界地図は、沿岸地域の著しい変化を示している。「地球規模の気候変動による海水面の上昇は、現在および今後数十年、数世紀にわたり、米国にとって今そこにある明確なリスクとなる」と、ＮＡＳＡとＮＯＡＡ（米国海洋大気庁）による報告書に記されている。[2]

一方、海水面上昇によって陸地が鉛直方向に１インチ（約２・５センチメートル）失われるごとに、沿岸地域は水平方向に１００インチ失われる。そのせいで、地球の地図そのものが次第に変化している。しかも、海水面は22世紀に入っても上昇しつづけるだろう。大気中ですでに莫大な量の熱が循環しているからだ。少なくとも、その結果、沿岸地域では海の波が堰や防潮堤を越えるようになって、大規模な浸水が起きる。

ＮＡＳＡの長官ビル・ネルソンは、ＮＡＳＡとＮＯＡＡによる先述の気候の報告書について、このようにコメントしている。「この報告書は、これまでの研究を裏付け、かなり前からわかっていたこととの確証を得るものとなっている。海水面はゆゆしきペースで上昇を続け、世界各地の地域社会を危険にさらしている。……かなり進行している気候危機を軽減すべく、緊急の対策が求められる」[3]

世界じゅうの沿岸都市は、水位の上昇に対処しなければならなくなる。ヴェネツィアはもう、年にある程度の期間水没している。ニューオーリンズの各所はすでに海抜以下になっている。すべての沿岸都市は、水門、課税、堤防、避難区域、ハリケーン警報システムなど、今後数十年の海水面上昇に対応するプランを用意する必要がある。

温室効果ガスとなるメタン

メタンは、実を言うと二酸化炭素の30倍も強力な温室効果ガスだ。果てしなくツンドラが広がるカナダやロシアの北極地方では、凍土が解けてメタンガスが放出される危険がある。

以前、シベリアのクラスノヤルスクで講演をしたことがある。当地の住民は私に、地球温暖化のことは気にしていないと言った。自分たちの場所が今までと違ってずっと氷で閉ざされるわけではなくなるからだ。彼らはまた、興味深いことを教えてくれた。数万年前に死んだマンモスの巨大な遺骸が、気温の上昇とともに氷のなかから姿を現してきていると。

シベリアに住む人が温暖な気候になるのを気にしなくても、ほかの世界にとっては身に迫る危険があり、メタンガスの放出は波及効果の暴走をもたらすおそれがある。地球が暖まるほど、ツンドラの永久凍土が解けてメタンガスが生じる。それどころか、このメタンがさらに地球を暖め、ふたたび温暖化のサイクルが始まる。つまり、凍土が解けるほど、地球がますます暖かくなっていくのだ。メタンは強力な温室効果ガスなので、未来についての多くのコンピュータ予測は、地球温暖化の真の規模を過小評価している可能性がある。

軍事的な影響さえも

地球温暖化の影響はいたるところに見られる。たとえば農家は、気候のサイクルに合わせて作物を育てており、以前より平均して1週間ほど夏が長くなっていることに気づいている。これは、種(たね)をまく時期やその年に育てる作物の選択に影響を及ぼしている。

蚊のような昆虫も北へ移動し、西ナイルウイルスなどの熱帯病も一緒に運んでいることもある。

地球上を循環するエネルギーも増大しているせいで、気候の変動が激しくなっており、それも気温が次第に上昇しているだけではない。そのため、山火事、干ばつ、洪水がますます増えるものと考えられる。「100年に一度の暴風」とかつて言われていた非常にまれな激しい現象も、いまやもっと頻繁に起きているようだ。2022年には世界各地を記録破りの高温が襲い、欧米では、大規模な山火事が発生し、湖沼が消え、脱水症で人々が死ぬなど、深刻な影響がもたらされた。

物騒なことに、気候に多大な影響を及ぼす南北両極は、地球でほかの地域よりも急速に温暖化している。過去20年のあいだにグリーンランドで解けた氷は、米国全土を50センチメートル弱の深さで覆うほどの液体の水になっている。

一方で南極の氷床でも、新たに解けた雪が地下を流れる川を形成している。いまや、北極も南極もこれまで考えられていたほど変わらない場所ではないのである。

最近のNASAとNOAAによる報告書は、崩壊のおそれがある南極のスウェイツ氷河に注目している。この氷河は「終末の氷河」とも呼ばれる。「東の棚氷（たなごおり）は砕けて数百の氷山になりそうです。突然、すべてが崩壊するでしょう」と、オレゴン州立大学の氷河学者エリン・ペティットは語る。[4]

これは地政学的・軍事的な影響も及ぼす。ペンタゴンは、地球温暖化が制御不能に陥る最悪の事態のシナリオを描いたことがあった。そのシナリオでは、最も危険なホットスポットをバングラデシュとインドの国境地帯と見なしていた。海水面上昇とひどい水害によって、地球温暖化はいずれ何百万もの人をバングラデシュから避難させ、インドとの国境に詰めかけさせるかもしれない。この死にものぐるいの群衆は、すぐに国境警備兵の手に負えなくなる。すると、洪水から逃げようとして次々に押し寄せる難民を押し返せというインド軍への圧力が増していく。最後の手段で、インド軍は核兵器を使って国境を守るよう要請される可能性もある。

これは最悪の事態のシナリオだったが、手に負えない状況に陥った場合に何が起こりうるかをありありと示している。

極渦（きょくうず）

米国の広い地域を呑み込んだ最近の猛烈な吹雪を挙げて、地球温暖化の脅威がずいぶん過大視されていると主張する人もいる。

しかし、この不安定なふるまいの理由は、冬の気候という観点から探る必要がある。特大の冬の嵐が来るたびに、気象予報は、ジェット気流が凍てつく寒さを連れてアラスカやカナダから蛇行して下がってくる動きを説明する。

このジェット気流は、極渦の回転運動に従って吹く。ここで言う極渦は、北極を中心に回転する、厚みの薄い極度に冷たい空気の筒だ。近年、衛星写真から、極渦が不安定さを増していて、そのためにジェット気流をはるか南へ押し下げ、先述のような冬の異常な寒波をもたらしていることがわかった。

一部の気象学者は、極渦の不安定さが地球温暖化によって説明できる可能性を指摘している。通常、極渦はかなり安定していてあまりうろちょろしない。極渦とそれより低い緯度の温度差がかなり大きいため、極渦が強さを増して安定化するのだ。ところが、極地方の温度がもっと温暖な地域より速く上昇すると、温度差が減り、渦が弱まる。それでジェット気流が南へ押し下げられ、テキサスやメキシコまで異常気象に襲われるのである。

だから地球温暖化は、皮肉にも南部地域の寒波の一因なのかもしれない。

どうしたらいいのか?

では、どうしたらいいのか?

再生可能エネルギーや省エネルギーによって、文明が次第に化石燃料への依存から脱却できる望みもある。ひょっとしたらスーパー電池が、燃費の良い電気自動車とともに「太陽の時代」の到来を近づけるかもしれない。あるいは、国々がこの問題に真剣に向き合うようになるかもしれない。さらに、今世紀の半ばには、核融合炉が稼働していることも考えられる。

だが、何もかもだめなら、問題を解決する頼みの綱は、地球工学(ジオエンジニアリング)となる。以下に、最悪の事態のシナリオで使える解決策を挙げよう。

1．炭素隔離

最も環境保全性の高いやり方は、炭素隔離だ。たとえば、製油所でCO_2を分離してからそれを地中に埋める〔化石燃料の燃焼だけでなく、製油所での精製過程などからも大量のCO_2が排出される〕。小さな規模では、すでに手がけられている。あるいは、分離したCO_2を火山岩である玄武岩と混ぜて処理することも考えられる〔玄武岩に含まれる酸化マグネシウムや酸化カルシウムと化合させる〕。この考えは真剣に検討されているが、問題は経済性だ。炭素隔離には金がかかるので、企業はそのような事業の正当性を示さなくてはならない。そのため多くの企業は、炭素隔離に対して様子見の態度をとっている。この方策がうまくいくのかどうか、経済面で採算がとれるのかどうかについては、まだ結論が出ていない。

2．気象改変

１９８０年に米国ワシントン州のセント・ヘレンズ山が噴火したとき、科学者はどれだけの火山灰が環境にばらまかれ、その後の気温への影響がどれほどになるかを見積もることができた。噴火によって不透明になった大気は、多くの太陽光をさえぎり、冷却効果をもたらしたようだ。

地球規模の気温低下に火山灰のような粒子状物質がどれだけ必要かを計算することもできるだろう。

それでも、そうした予測には危険もある。このような操作の規模の大きさを考えれば、アイデアの検証をおこなうのが非常に難しい。また、たとえ火山噴火によって気温が一時的に数度下がっても、気候の破局を完全に回避することはとうていできない。

3. 藻類の大量発生

海になんらかの種(たね)をまいてCO_2を吸収させるという手もある。たとえば藻類は、鉄を食べて育つ。そしてCO_2を吸収する。そこで、海に鉄をまけば、藻類を使ってCO_2を抑え込める。問題は、われわれには制御できない生物をいじっていることだ。藻類はじっとしているわけではなく、予期せぬ形で繁殖しうる。それに、生物は欠陥車と違ってリコールできないのだ。

4. 雨雲

古くからの手法で気候の改変を提案している人もいる。ヨウ化銀の結晶だ。昔の人々は踊りや呪文で雨を降らせようとしたようだが、国々や軍は大気に化学物質を放出することでそれに挑んだ。たとえばヨウ化銀の結晶は、水蒸気の凝結を早め、雨雲を発生させて雷雨をもたらす可能性がある。これは、ベトナム戦争中、雨季に敵の部隊を洪水によってアジトから追い出してやっつける手段としてCIAが研究していると考えられていた。

別のタイプとしてクラウド・ブライトニング（雲の白色化）というものもある。雲に塩をまいて、太陽のエネルギーをより多く宇宙に跳ね返す方法だ。

あいにく、この気象の改変はかなり局所的で、地球の表面は非常に広いのに、わずかなエリアにしか効果を及ぼせない。また、雨雲に種をまく方法の実績もかんばしくない。まるで予測がつかないのだ。

5．緑化

植物の遺伝子を改変してCO_2の吸収量をふつうより多くすることもできるかもしれない。これは最も安全で合理的なやり方かもしれないが、地球温暖化を全惑星規模で逆転させられるほどCO_2を除去できるかは疑わしい。また、森林地帯の多くは、個別の課題をもつさまざまな国の管理下にあるので、これほど野心的なプランに多くの国が共同で着手する政治的意思が必要になる。

6．バーチャルでの気象条件の計算

どの対策も大きな賭けになるので、量子コンピュータなら最良の選択肢を割り出せる望みがある。なにより重要なのは、あらゆるデータをまとめてできるだけ正確な予測をすることだ。

量子コンピュータと気象シミュレーション

気象のコンピュータ・モデルではまず、地球の表面を小さなマス目に分割する。1990年代、最初のコンピュータ・モデルでは、マス目のサイズは各辺約500キロメートルだった。コンピュータの性能の向上とともに、このサイズはどんどん小さくなっている（2007年に公表された気候変動に関する政府間パネル［IPCC］の第4次評価報告書では、マス目のサイズは109キロメートルだった）[5]。

次に、こうしたマス目を高さ方向にも延ばすと、大気のさまざまな層を表す板に分けられる。一般に、大気は10層の板に分かれる。

地球全体の表面と大気をこうした別々の板に分けたら、コンピュータはそれぞれの板のパラメータ（湿度、日射量、温度、気圧など）を分析する。大気とエネルギーについて既知の熱力学方程式を用いると、近隣のマス目での温度や湿度の変化を、地球全体をカバーするまで計算できる。

このようにして、将来の気候についておおまかな予測が可能になる。予測した結果は、過去予報（ハインドキャスティング）というものによって「検証」できる。コンピュータ・プログラムで時間をさかのぼれるので、現在の気象から、気象条件が正確にわかっている過去の気象を「予測」できるかどうかを確かめられるのだ。

過去予報は、こうしたコンピュータ・モデルが完璧ではないものの過去50年の全般的な気象パターンを正しく「予測」できたことを明らかにしていた。だが、データが膨大で、通常のコンピュータができる作業の限界に達している。このタスクの複雑さが増すといずれデジタルコンピュータでは手に負えなくなるから、量子コンピュータへの移行が必要になる。

不確定性

コンピュータのプログラムがどれほど優れていても、未知の予期せぬ要因というモデル化しにくい問題がつねにある。一番問題になる不確定性は、雲の存在かもしれない。雲は太陽光を宇宙へ跳ね返すことで、温室効果を少しばかり減らす。一般に地球表面の最大で70パーセントが雲に覆われるので、これは大きな要因だ。

問題のおおもとは、雲の状態が毎分のように変わり、長期的な予測がきわめて不確かになる点にある。雲は、温度や湿度、気圧、気流などのすばやい変化の影響を即座に受ける。気象学者は、雲の活動がどうなるかを過去のデータからおおまかに見積もることによって、埋め合わせをしている。

不確定性をもたらすもうひとつの原因は、前にも触れたジェット気流だ。北米で天気予報を見ると、衛星写真で、北極付近をぐるりととりまく寒気団が、ふだんは北に閉じ込められているのに、ときにはメキシコあたりまで南下していることがある。ジェット気流がたどる正確なルートは予測しがたいので、気象学者はジェット気流による温度変化を平均的に見積もっている。

要するに、不確定性を考えると、デジタルコンピュータにできることに限界があるのだ。しかし量子コンピュータなら、不確定性のとりわけ大きな要素を改善できる。第一に、大気の各層を表すものとして先に想定した板のサイズを小さくするとどうなるかを計算し、予測をもっと正確にすることができる。気象は1キロメートルの距離でも急激に変わりうるが、先述の板のサイズは100キロメートル以上もあるので、誤差の要因となる。だが量子コンピュータは、はるかに小さな板のサイズにも対応できるのだ。

第二に、そのように板のサイズを小さくしたモデルでは、ジェット気流や雲などの要素の見積もりも改善できる。量子コンピュータは、ただつまみを回して変えるように、そうしたパラメータの変化を計算に入れることができる。またこのようにして、重要なパラメータを変えてバーチャル気象予報ができるだろう。

従来のコンピュータでできることの限界は、テレビでハリケーンの予想進路を目にするときに実感できる。異なるコンピュータ・モデルによる推定が画面に表示され、どれだけ違うのかがわかる。ハリケーンがいつどこに上陸し、どこまで内陸に進むかなど、異なるコンピュータ・プログラムによる重要なことがらの予想は、数百キロメートル違うこともよくある。

それでも、しばしば何百万ドルもの被害を出して無辜の命を奪うこうした不確定性は、量子コンピュータへの移行により大幅に減らせるだろう。

量子コンピュータによって今より正確な気象予報が提供されると、優れた予測が手に入り、われわれはありうるシナリオに備えられるようになる。

しかし、化石燃料の燃焼が地球温暖化をうながす大きな要因のひとつなのだから、重要なのは、それに代わるエネルギー源を探ることだ。将来の安価なエネルギー源として重要なひとつは、核融合発電かもしれない。つまり、地球上で太陽の力を利用する方法だ。そして核融合発電の鍵を握るのが、量子コンピュータなのではなかろうか。

第15章 太陽をビンのなかに

太古より、人々は太陽を、命と希望と繁栄の兆しとして崇拝した。古代ギリシャ人は、太陽神ヘリオスが燃えさかる戦闘馬車に乗って威風堂々と空を渡りながら、世界を照らして地上の人間にぬくもりと安らぎを与えていると考えていた。

だがもっと最近になって、科学者が太陽の秘密を手に入れて無尽蔵のエネルギーを地上へもってこようとしている。その最有力候補が核融合であり、太陽をビンのなかに入れるようなものだと言う人もいる。理論上、これは現在のあらゆるエネルギー問題に対する理想的な解決手段のように思える。無尽蔵のエネルギーを恒久的に生み出し、化石燃料や原子力（核分裂）にかかわる問題の多くは生じない。しかも二酸化炭素を発生させないので、地球温暖化を防いでくれるかもしれない。

夢が本当になるかのようだ。

あいにく、物理学者はこのテクノロジーを売り込みすぎていた。こんなジョークがよく語られる。20年ごとに、物理学者は核融合発電があと20年で実現すると言っていると。ところが今、先進工業諸国は、核融合発電がついに実現間近で、無尽蔵のエネルギーをほぼタダで生み出すという約束を果たすことになると宣言している。

今日、核融合炉はまだ非常に高価で複雑なので、このテクノロジーの商用化はおそらく数十年先になるだろう。しかし多くの科学者は、量子コンピュータの登場により、核融合発電を阻んでいるしぶとい障害の一部は解消され、核融合炉が実用的で経済的なものとして実現されると期待している。量子コンピュータは、核融合発電をわれわれの家や都市に導入させる重要なテクノロジーになるのではなかろうか。

地球温暖化がもう後戻りできないほどこの惑星を暖める前に、核融合発電が商用化される望みはある。

太陽はなぜ輝くのか？

人々はずっと、太陽のエネルギー源は何なのだろうと不思議に思ってきた。太陽は空に浮かぶ何か巨大な炉にちがいないと考える人もいた。だが、ちょっと計算をするだけで、燃料の燃焼は数百年から数千年しか続かないことがわかるし、真空の宇宙では火がすぐに消えてしまうこともわかる。

ならば、太陽はなぜ輝くのか？

この太陽の秘密をついに解き明かしたのは、アインシュタインの有名な方程式 $E=mc^2$ だった。物理学者は、太陽が主に水素でできており、その莫大なエネルギーを、水素からヘリウムができる核融合によって生み出していることに気づいた。元の水素と生成するヘリウムの質量を比べると、わずかに失われる質量がある。元の質量のほんの一部が核融合のプロセスで失われているのだ。アインシュタインの方程式によれば、この質量欠損が莫大なエネルギーとなって太陽系を照らしている。

人々が水素原子に途方もないエネルギーが閉じ込められていることを知ったのは、そのエネルギーが水素爆弾の爆発によって解放されたときである。ある意味で、太陽のかけらが、ゆゆしき影響とともに地上にもたらされたのだ。

核融合の利点

核の火を解放する方法は、実はふたつある。核融合によって水素を融合させてヘリウムを作り出すか、核分裂によってウランやプルトニウムの原子を断ち割って核エネルギーを放出させるかだ。どちらのプロセスでも、材料の質量と最終生成物の質量を比べると、わずかな質量が失われており、それが核エネルギーの形で現れる。

現在、商用の原子力発電所はすべてウランの核分裂によってエネルギーを生み出しているが、核融合にはいくつかすばらしい利点がある。

第一に、核分裂と違って、核融合は死の核廃棄物を大量に生み出さない。核分裂炉では、ウランの原子核が割れてエネルギーを放出するが、ストロンチウム90、ヨウ素131、セシウム137など何百もの放射性の核分裂生成物も雪崩状に生み出される。こうした放射性の副産物のなかには、数百万年以上も放射能をもちつづけ、遠い未来まで防護すべき巨大な核のゴミ捨て場を必要とするものもある。じっさい、商用の核分裂型の発電所（核分裂プラント）1基から、1年で30トンもの高レベル放射性廃棄物が生じる。核のゴミ捨て場は、巨大な霊廟（れいびょう）のようになる。全世界には現在、注意深い監視が必要な死の核分裂生成物が、37万トンも存在する。

一方、核融合型の発電所（核融合プラント）は、廃棄物としてヘリウムガスを生成し、これは商用価値が高い。核融合プラントで発生する中性子を浴びる鉄鋼も、数十年使われていると放射能をもつことがあるが、容易に埋設処分することができる。

第二の利点は、核分裂プラントと違って、核融合プラントはメルトダウンを起こさないということだ。核分裂プラントでは、反応炉を止めても、廃棄物が大量の熱を発しつづける。核分裂プラントの事故で冷却水がなくなったら、温度が上がって反応炉は摂氏２８００度に達し、溶けはじめて大爆発を起こす。たとえば１９８６年にチェルノブイリでは、水蒸気と水素ガスの爆発で反応炉の屋根が吹き飛び、炉心の放射性物質のおよそ25パーセントが大気中に放出され、ヨーロッパに拡散した。これは史上最悪の商用原発事故だった。

これに対し、核融合炉が事故を起こしても、核融合のプロセスは即座に止まる。熱は発生せず、事故はそれで終わりになる。

第三に、核融合炉の燃料は無尽蔵にある。核分裂の原料となるウランは供給が限られ、鉱石を採掘し、粉砕し、濃縮するという燃料サイクルを経ないと、使用可能なウラン燃料ができない。ところが核融合で使う水素は、ただの海水から取り出せる。

第四に、核融合は原子のエネルギーを放出する効率が非常に高い。1グラムの重水素から、9万キロワット時の電気エネルギーが生じる。これは11トンの石炭が生み出すエネルギーに相当する。

最後に、核分裂プラントも核融合プラントも二酸化炭素をいっさい生み出さないので、地球温暖化を悪化させない。

核融合炉を作る

核融合装置に基本的に必要なものはふたつある。まず、原料となる水素が必要で、これをなんと太陽より熱い1億度以上に加熱して、物質の（固体、液体、気体に続く）第四の状態であるプラズマに変える。プラズマは、気体（ガス）が非常に熱くなって、一部の電子がはぎ取られたものだ。宇宙では物質の形態として最も多いもので、恒星や星間ガスのほか、稲妻までもこれで構成されている。

ふたつめに必要なのは、高温のプラズマを閉じ込める手段だ。恒星の場合、重力がガスを圧縮する。しかし地上では、重力が弱すぎてそれはできないので、電場と磁場が使われる。

図11　**トカマク**

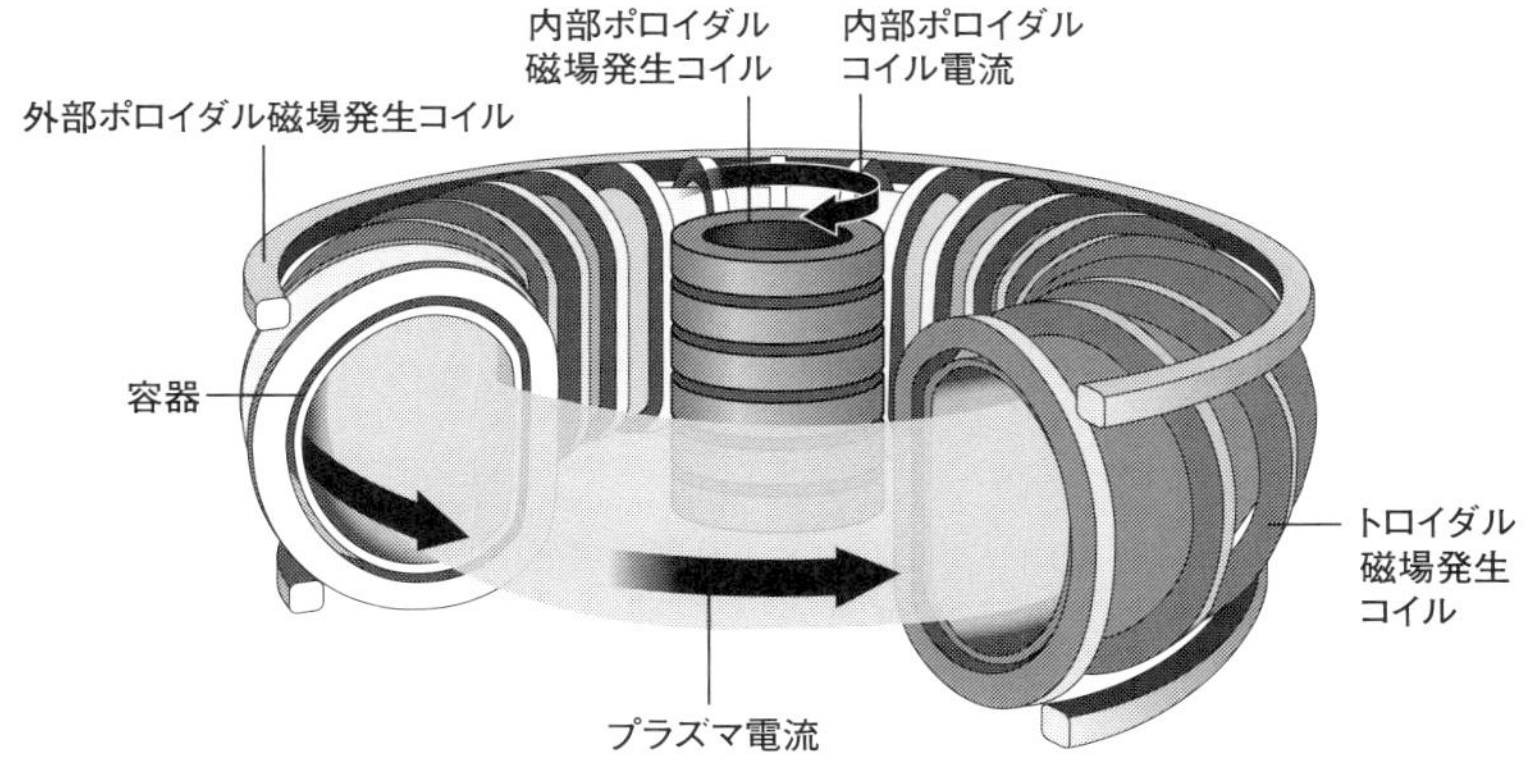

核融合炉では、電線のコイルがドーナツ形の容器に巻きつき、超高温のプラズマを閉じ込める強力な磁場を生み出す。トカマクで重要なのは、核融合によって大量のエネルギーが放出されるように、ガスを加熱することだ。将来、量子コンピュータを使って磁場の厳密な配置を改良することで、パワーや効率を増してコストを大幅に減らすこともできるかもしれない。

核融合炉の最も一般的な方式は、トカマクというロシアの方式だ。まず円筒を用意し、それに電線のコイルをすきまなく巻きつける。その円筒の両端をつなげてドーナツにする。このドーナツに水素ガスを注入したのち、円筒に電流を流してガスを途方もない温度にまで加熱する。この高温のプラズマを閉じ込めるために、ドーナツをとりまくコイルに大量の電気エネルギーを送り込む。それによって発生する強力な磁場が、プラズマを閉じ込め、プラズマが炉の壁に当たらないようにするのだ。

ついに核融合が始まると、水素の原子核同士が結合してヘリウムを生成し、大量のエネルギーを放出する。あるやり方では、水素の2種類の同位体、重水素と三重水素（トリチウム）が融合して、エネルギーとヘリウムと中性子が生じる。するとこの中性子が、核融合のエネルギーを炉外に運び出し、トカマクをとりまくブランケットと呼ばれる物質に当たる。

このブランケットはふつう、ベリリウムと銅と鉄鋼でできており、中性子によって加熱される結果、なかに仕込まれたパイプを流れる水が沸騰しだす。こうして生じた水蒸気がタービンの羽根を押すと、巨大な磁石が回転する。するとこの磁場によってタービンのなかの電子が押されて電気が発生し、その電気がやがてあなたの部屋にたどり着くというわけである。

なぜ遅れているのか？

これほど利点があるのに、核融合発電の実現をひどく遅らせている要因は何なのか？　最初の核融合実験装置が作られてからすでに70年ほど経っており、なぜそんなにも長くかかっているのだろう？　これは物理学の問題ではなく、工学の問題なのだ。

水素の原子核同士を結合させてヘリウムを作り出し、エネルギーを放出させるには、水素ガスを太陽より熱い1億度以上にまで加熱しなければならない。しかし、ガスをそこまで途方もない温度に加熱するのは難しい。ガスはえてして不安定で、核融合炉が停止してしまう。物理学者は、恒星の温度にまで加熱できるように水素を閉じ込めるべく、数十年挑みつづけている。

改めて考えてみれば、自然がどうして恒星の中心で核融合のパワーを容易に解放できるのかはわかる。恒星は初め、水素ガスのボールで、それが重力によって均等に圧縮される。ボールがどんどん小さくなると、温度が上がってついには途方もない熱さになり、水素の核融合が始まって恒星に火がつく。

このプロセスが自然に進行するのは、重力が単極なので――つまり最初から（ふたつでなく）ひとつの極しかないので――元のガスのボールがそれ自体の重力でひとりでにつぶれるからだ。それにより、恒星はかなり容易に形成されるため、望遠鏡で見える恒星の数は何十億もある。

ところが、電気や磁気は違う。これらは双極だ。たとえば棒磁石には、必ずN極とS極がある。ハンマーを使ってもN極だけにすることはできない。この磁石を半分に割ると、ふたつの小さな棒磁石ができ、どちらにもN極とS極があるのだ。

ここに問題がある。強力な磁場を作って、核融合を起こせるほど長いドーナツ形に超高温の水素ガスを圧縮するのは、きわめて難しい。なぜなのかを理解するために、動物のバルーンアートを作るのに使うような細長い風船で考えよう。この風船の両端をつなげてドーナツを作る。それからこれを均等に圧縮しようとしてみよう。風船のどこを絞り込んでも、空気が別の場所をふくらませる。なかの空気を均等に圧縮するように絞り込むのは、至難の業なのである。

ITER（イーター）

冷戦が終わり、核融合炉の建造に桁外れな費用がかかることがわかると、世界の国々は原子の平和利用のために知識とリソースを共有するようになった。すでに１９７９年には、諸大国の議会で国際的な核融合炉へ向けた気運が高まりだしていた。その後、米国大統領ロナルド・レーガンとソヴィエト連邦書記長ミハイル・ゴルバチョフが会談し、協定に道をつけたのである。

ＩＴＥＲ（国際熱核融合実験炉）は、この国際協力の一例だ。この野心的なトカマク型プロジェクトには、欧州連合、米国、日本、韓国など、35か国が資金を出し合っている。

核融合炉の効率を測るのに、物理学者はＱという量を導入している。反応炉が生み出すエネルギーを、消費するエネルギーで割った値だ。Ｑ＝１ならブレークイーヴン（損得なし）で、消費するのと同じだけのエネルギーを生み出す。現在、核融合プラントの世界記録はＱ＝０・７あたりをうろついている。* ＩＴＥＲは２０２５年までにブレークイーヴンに達するものと見込んでいる。だが、最終的な目標はＱ＝10で、消費するよりもはるかに多くのエネルギーを生み出すことを目指している。

ＩＴＥＲは怪物級のマシンで、重量は５０００トンを超え、国際宇宙ステーションや大型ハドロン加速器とともに、史上最も精巧な科学機器のひとつにかぞえられる。従来の核融合炉容器と比べても、ＩＴＥＲは2倍大きくて16倍重い。そのトーラス（ドーナツ形容器）は巨大で、直径が19・4メートル、高さは11・3メートルになる。プラズマを閉じ込めるために磁石が生み出す磁場は、地球磁場の28万倍もある。

ＩＴＥＲは、世界で最も野心的な核融合プロジェクトだ。生成分から消費分を差し引いた正味4億5000万ワットのエネルギーを生み出すように設計されているが、送電網につなぐ予定はない。2025年に試験的に稼働する予定で、2035年までに全出力に達することを目指している〔コロナ禍や主要部材の修繕の必要性などにより、試験稼働の予定は2034年に延期されている〕。うまくいけば、2050年までの完成が計画されているDEMOという次世代の核融合炉に道をつけることになる。DEMOは、Q＝25に到達して最大で2ギガワットのエネルギーを生み出すように設計されている。

したがって目標は、今世紀の半ばまでに商用核融合発電を実現することだ。だが識者は、核融合発電では地球温暖化の危機を近い将来に解決できはしないと訴えている。「核融合は、2050年に温暖化の影響を正味ゼロにする解決策ではない。これは、今世紀の後半に社会にエネルギーを供給するための解決策なのだ」とBBCニュースの科学担当記者ジョン・エイモスは語る[1]。

ITER建造の鍵を握っているのは巨大な磁場で、これは超伝導によって生み出せる。超伝導とは、極低温で電気抵抗がすっかり消滅する状態のことであり、これにより、きわめて強力な磁場が生み出せるのだ。温度を絶対零度近くまで下げると、電気抵抗が減り、廃熱がなくなって磁場の効率が増す。

超伝導が最初に発見されたのは、1911年、水銀を絶対零度に近い4・2ケルビン〔0ケルビンすなわち絶

＊ 訳注　後述のとおり2022年12月、米国立点火施設がレーザー核融合という方式でQ＝1・5を達成したと発表しているが、電気への変換などのエネルギー損失を考えるとまだ実用レベルに達していない。

〔対零度は摂氏マイナス273・15度〕まで冷やしたときだった。当時、ランダムな原子運動は絶対零度でほぼ停止するので、電子は最終的に抵抗なく自由に移動できると考えられていた。そのため、いくつかの物質がずっと高い温度で超伝導状態になるのは不思議に思えた。これが謎だったのだ。

しかし、1957年になって、ジョン・バーディーンとレオン・クーパーとジョン・シュリーファーがついに超伝導の量子論を打ち立てた。ある条件のもとで、電子がクーパー対（つい）というものを形成し、超伝導体の表面をいっさい抵抗なしに滑走することを見出したのだ。この理論から、超伝導体の最高温度は40ケルビンと予測された。

ITERが稼働する以前に、ITERに似た小型のタイプがすでに、トカマクの基本的なデザインの正しさを証明している。そのデザインは、2022年にとても大きなはずみがついた。英国オックスフォード郊外と中国に設置されたふたつの小型のタイプが新記録を達成したと発表されたのである。

オックスフォードの核融合炉JET（欧州共同トーラス）は、Q＝0・33をまる5秒間達成し、同じ炉で24年前に作っていた記録を破った。これは11メガワットで5秒間、つまり、やかん60個分の水を沸騰させられるだけの電力量に相当する。

「JETの実験によって核融合発電に一歩近づけた」と、この研究所の責任者のひとり、ジョー・ミルンズは語る。「われわれは、機械のなかに小さな恒星が作れ、それを5秒間そこにとどめて高い能力を発揮できることを実証した。これはまさしく新たな領域へ踏み出す成果だ」[2]

核融合発電の権威、アーサー・トゥレルはこう言っている。「これまでのどの装置の核融合反応をも上回るエネルギー出力を実証できたので、画期的だ」[3]

ところが、数か月後に中国が、プラズマを摂氏1億5800万度まで加熱して、17分ものあいだ核融合を持続できたと発表した。彼らの核融合炉ＥＡＳＴ（全超伝導トカマク型核融合実験装置）も、英国のＪＥＴと同じく元のトカマクのデザインにもとづいているため、ＩＴＥＲの方向性がきっと正しいということを示している。

新たなデザインの登場

とても大きな賭けであり、巨大な磁場が扱いにくいこともよく知られているので、プラズマを閉じ込める新しいアイデアがたくさん提案されている。事実、およそ25の新参企業が独自のタイプの核融合炉を擁している。

一般に、トカマク型核融合炉のデザインはすべて超伝導体を用いており、電気抵抗がほとんど消滅する絶対零度近くまでコイルを冷やしてそうした超伝導体を作り出している。ところが１９８７年、新たな種類の超伝導体が試行錯誤によって見つかった。これは衝撃的な発見で、液体窒素の沸点77ケルビンを超えるとんでもない温度で超伝導相に達していた（この高温超伝導体という新たな種類の超伝導体は、基本的にイットリウム・バリウム銅酸化物などのセラミックスを冷却したものだった）。これは驚くべき発表だった。超伝導体の新たな量子論が発見され、セラミックスが一般的な液体窒素で超伝導体になることを意味していたからだ。液体窒素の価格は牛乳と同じぐらいで、超伝導磁石のコストが大幅に低減できるから、重要だったのである（ドライアイス、つまり固化した二酸化炭素の価格は1ポンド（約454グラム）あたり1ドル。液体窒素は1ポンドあたり約4ドル。しかし、ほとんどの超伝導体の冷却剤として使われている液体ヘリウムは、1ポンドあたり100ドルする）。

これは一般の人には大きな進歩には思えないかもしれないが、物理学者にとっては可能性の宝庫の扉を開く。核融合炉で一番複雑な部分は磁石なので、これは経済のすべてを一変させ、ひいては核融合というテクノロジーに対する展望を変えるものとなる。

セラミックス高温超伝導体の発見は、ＩＴＥＲに取り入れるには遅すぎたものの、次世代の核融合炉でこのテクノロジーを用いる可能性が開かれた。

この新しい手法を用いる有望なプロジェクトのひとつが核融合炉ＳＰＡＲＣで、そのプロジェクトは２０１８年に発表されるとすぐに、ビル・ゲイツやリチャード・ブランソンなどの著名な億万長者の関心（と財布）を引き寄せ、おかげでＳＰＡＲＣは短期間で2億５０００万ドルを超える資金を集めることができた（それでも、ＩＴＥＲにこれまで費やされている２１０億ドルに比べれば、ポケットの釣り銭のようなものだ）。

ＳＰＡＲＣは、２０２１年、高温超伝導磁石のテストに成功し、大きな節目を越えた。地球磁場の4万倍の磁場を生み出したのだ。

「この磁石は核融合研究とエネルギーの双方のたどる道筋を変え、いずれは世界のエネルギーの全貌を変えることにもなると思います」とＭＩＴのデニス・ホワイトは語る。[4] 核融合産業協会のＣＥＯアンドルー・ホランドもこう言っている。「すごいことですよ。おおげさな宣伝じゃありません。事実なのです」[5]。ＳＰＡＲＣは、２０２５年にＱ＝１のブレークイーヴンに達するかもしれない。それはＩＴＥＲと同時期だとしても、かかるコストや時間はＩＴＥＲよりはるかに少なくてすむ。

ＳＰＡＲＣだけでは商用の発電にはこぎつけられない。しかし、その後継にあたるＡＲＣ核融合炉なら、こぎつけられる見込みがある。うまくいけば、これは核融合研究の重心を移し、次世代の核融合炉に最新のテクノロジーを採用させることになるはずだ。最新のテクノロジーとは、たとえば先進の高温超伝導体であり、もしかすると量子コンピュータも加わるかもしれない。この炉の実現のためには、プラズマを閉じ込められるように磁場の厳密な安定性を高める必要がある。

だが、超伝導体の科学は、ついに常温超伝導体ができたと最近公表されてかなりややこしい状況に陥っている。ふつうなら、常温超伝導体の生成は、低温物理学の聖杯で、数十年に及ぶ大変な努力の最終産物と喧伝されるだろう。ところが、この発見にはひとつ大きな問題があった。物理学者はついに常温超伝導体を作り出したが、大気圧の２６０万倍に加圧する必要があった。＊単純な実験でも、そうした桁外れの圧力でおこなうには、どこにでもあるわけではないきわめて特殊な装置が要る。そこで物理学者は、圧力を下げて常温超伝導体が有用な選択肢

＊　訳注　２０２０年にロチェスター大学のチームが約15℃として発表した成果だが、２０２２年に論文が撤回されており、２０２３年時点で最高温度はマイナス23℃（２００万気圧）。

になるかどうか確かめるべく、様子見の態度をとっている。

レーザー核融合

核融合に対してまったく新しいやり方で取り組んでいるのが米国エネルギー省で、そのやり方とは、強力な磁石の代わりに巨大なレーザービームを使って水素を加熱するものだ。かつて司会を務めていたBBCのテレビ番組で、私はNIF（国立点火施設）を訪れたことがある。NIFはカリフォルニア州のローレンス・リヴァモア国立研究所に設置されている巨大な施設で、総費用は35億ドルに及んでいる。

そこは核弾頭を設計する軍の施設なので、見学するにはいくつかの保安検査を通過する必要があった。ついに武装した護衛の脇を抜けると、NIFの制御室に通された。事前に紙で見取り図を見ていても、じかにこの装置のとんでもない大きさを目にすると言葉も出なくなる。まさしく巨大で、広さはフットボール場3個分、高さが10階分あって、人間は小人（こびと）のように見えた。

遠くから、地球で最大級の強度をもつ192本の高出力レーザービームが通る経路が見渡せた。すべてのレーザービームが10億分の1秒間発射されると、192枚の鏡に当たる。どの鏡もビームを反射して標的に当てるように細かく配置され、標的となる豆粒大の小さなペレットには、重水素化リチウムが収められている。

するとペレットの表面が気化してつぶれ、温度が数千万度にまで上がる。そこまで高温になって圧縮されると、核融合が起きてその証拠に中性子が放出される。

最終的な目標は、レーザー核融合を経て商用のエネルギーを生み出すことだ。標的が気化した際に放出される中性子は、ブランケットに到達する。トカマクのときのように、そんな高エネルギーの中性子によってエネルギーを注入されたブランケットは、高温になって水を沸騰させ、その水がタービンに送り込まれる結果、商用のエネルギーを生み出すのだ。

２０２１年、ＮＩＦはひとつの節目に到達した。１億ケルビンで１兆分の１００秒間、１京ワットの電力を生み出し、従来の記録を破ったのである。これにより、燃料ペレットには大気圧の３５００億倍の圧力が加わった。

そしてついに、２０２２年12月、ＮＩＦは史上初めて1を超えるQを達成した——つまり、消費する量を超えるエネルギーを生み出した——という驚きの発表をして世界の注目を浴びた。まさしく歴史的な出来事で、核融合が達成可能な目標であることを示していた。しかし物理学者は、これが第1段階にすぎないと戒めてもいた。第2の段階は、反応炉をスケールアップして、街ひとつの電力をまかなえるようにすることだ。その後、炉を採算がとれる形で増やし、全世界に広めていかなくてはならない。ＮＩＦを商用化して実用的な電力を生み出せるのかはまだわからない。今のところ、まだトカマク型が最先端で最も一般的なデザインなのである。

核融合の問題点

核融合発電には、地球上でのエネルギー消費のしかたを変える力があるが、手ごわい問題があるために、幾度もその望みや夢が潰(つい)えている。

これまで核融合発電を実現しようとしてきた努力の多くは、残念な結果に終わっている。1950年代以降、100を超える核融合炉が作られているが、どれひとつとして消費する量を超えるエネルギーを生み出してはいない〔先述のNIFもレーザー照射に要するエネルギーを考慮すると達成していない〕。多くはのちに放棄された。基本的な問題のひとつは、トカマク方式のトロイダルな（ドーナツ形の）構造だ。これはある問題（高温のプラズマの閉じ込め方）を解決する一方、別の問題（不安定性）をもたらした。

磁場の形状がトロイダルなので、安定した核融合反応を、ローソン条件を満たすほど長く維持するのが難しい。ローソン条件とは、核融合反応を起こすのに必要な温度と密度と持続時間のことだ。

トカマクの磁場にほんのわずかなムラがあっても、プラズマは不安定になる。

この問題は、プラズマと磁場の相互作用によってさらに悪化する。外部の磁場でまずプラズマを閉じ込めることができるとしても、プラズマがそれ自体の磁場をもっているので、その磁場が炉の大きな磁場と相互作用して不安定になるのだ。

プラズマについての方程式と磁場についての方程式が影響し合うというこの事実は、連鎖反応をもたらす。ドーナツ内部の磁場にわずかなムラが生じると、それによってドーナツ内部のプラズマにムラが生じる。ところがプラズマがまたそれ自体の磁場をもっているため、それが元の磁場のムラをいや増すことになる。このように、ふたつの磁場が互いに力を及ぼすたびにムラが大きくなるという暴走効果が現れるのだ。このムラが大きくなりすぎて、プラズマが炉の壁に接触すると、壁に穴をあけてしまう。ローソン条件を満たし、自律的な炉ができるぐらいに核融合反応を長く安定させることが難しいのは、基本的にそのためなのである。

量子コンピュータと核融合

ここで量子コンピュータの出番となる。磁場についての方程式とプラズマについての方程式はどちらもわかっている。問題は、このふたつの方程式が影響し合うため、複雑に相互作用するという点だ。予期せぬ小さな振動がいきなり増幅されることもある。しかし、そんな場合にデジタルコンピュータは困難に直面するが、量子コンピュータなら複雑な相関を計算できるかもしれない。

今日、核融合炉のデザインを間違えたら、最初から炉のデザインをやりなおすのはとても大変だ。ところが、すべての方程式を量子コンピュータのなかに収めておけば、そのデザインが最適なのか、それとももっと安定性が高かったり効率が良かったりするデザインがありうるのかを、量子コンピュータでたやすく計算できるようになる。

量子コンピュータでパラメータを変えるのは、数十億ドルどころではない核融合炉の磁石をまったく新しくデザインしなおすよりも、圧倒的に安くすむ。

核融合炉にかかる費用が100億〜200億ドルにもなることを考えれば、これは途方もなく経済的になる。量子コンピュータで特性を計算できるから、新しいデザインをバーチャルで作り出してテストすることができるのだ。それに、量子コンピュータであれば、いくつかバーチャルな新しいデザインをいじって、炉の性能が上がるかどうか調べることも簡単にできるはずだ。

量子コンピュータの性能も、人工知能と組み合わせれば、向上すると考えられる。AIのシステムで、核融合炉のさまざまな磁石の強さを変えられる。次に、この操作によって得られる山のようなデータを量子コンピュータで解析し、Qの値の増大につなげることができるのだ。事実、すでにAI企業ディープマインドのプログラムが、スイス連邦工科大学ローザンヌ校の核融合炉の制御に使用されている。

「AIは、将来のトカマクの制御や核融合研究全般において、非常に大きな役割を果たすことになると私は思います」とスイス連邦工科大学のフェデリコ・フェリチは語る。「AIを解き放つことで、制御を向上させ、そうした装置をもっと効率良く働かせる手だてを見出せる可能性が大いにあるのです」[6]

したがって、AIと量子コンピュータが組み合わされれば、核融合炉の効率が上げられ、ひいては未来のエネルギーが確保できて、地球温暖化の抑制につながるかもしれないのだ。

量子コンピュータの用途として、セラミックス高温超伝導体が機能を発揮する仕組みを解き明かすことも考えられる。前に述べたとおり、現時点で、そうした高温超伝導体がこの摩訶不思議な特性をどうしてもつのかは、だれにもわかっていない。40年以上も前からセラミックス高温超伝導体はあったが、いまだ見解の一致は見られていないのである。理論モデルはいくつか提案されているが、あくまで理論にすぎない。

だが量子コンピュータで、この状況を変えられる可能性がある。量子コンピュータはそれ自体が量子力学を利用しているので、セラミックス超伝導体の内部にいくつもある2次元の層における電子の分布が計算でき、その結果、どの理論が正しいのかを決定できるかもしれない。

また、すでに見てきたように、超伝導体の開発は今も試行錯誤に頼っている。偶然、新たな超伝導体が発見されることはある。しかし、それでは新しい材料をテストしようとするたびに、まったく新しい実験を考案しないといけなくなる。新たな超伝導体を見つける体系的な方法がないのだ。ところが、量子コンピュータなら、バーチャル実験室を作り、そのなかで新たな超伝導体の候補をテストすることができる。興味深い物質をたくさんテストするのに、それぞれに何年もの時間と何百万ドルもの費用をかけるのではなく、半日であっさりすむようになるだろう。

このため量子コンピュータは、将来、環境汚染のない、安価で頼れるエネルギーを手にするための鍵を握っているのではなかろうか。

ところで、量子コンピュータで核融合の方程式が解けるとしたら、星々の中心における核融合の方程式も解けるかもしれない。すると、夜空に散らばる核の炉の秘密を解き明かし、そうした星々がどのようにして爆発して超新星になり、やがて宇宙で最も謎めいた天体、ブラックホールになるのかを知ることができる。

第16章 宇宙をシミュレートする

１６０９年、ガリレオ・ガリレイは自作の望遠鏡をのぞいて、それまでだれも見たことのない驚異の眺めに目を見張った。史上初めて、宇宙の真の壮麗さが明らかにされたのだ。

ガリレオは、目にした光景に魅了された。毎晩、初めて明らかになる宇宙の驚くべき姿に目を剝いた。月に深いくぼみ（クレーター）があり、太陽に小さな黒点があり、土星に「耳」のようなものがあり（今では環として知られている）、木星に４つの月（衛星）があり、金星に月のような満ち欠けがある――これは、地球が太陽のまわりを回っているのであってその逆ではないことを証明している――ことに、彼が初めて気づいたのである。

ガリレオは夜の天体観測の会までも催し、そこでヴェネツィアの上流階級の人々は、宇宙の真のすばらしさをその目で味わうことができた。だが、その荘厳な光景も、宗教界が語るものとは合わなかったため、宇宙にかんするこの新しい見方を世に示すには、大きな犠牲を払う必要があった。キリスト教の教会は、天は完璧で永遠に変わらぬいくつもの天球によって構成され、それは神の栄光のあかしだが、地上は肉欲的な罪と誘惑にまみれていると教えていた。ところがガリレオの目には、宇宙は豊かで、多様で、活気に満ち、絶えず変化しているものと映ったのだ。

じっさい、望遠鏡は、これまでの科学史で登場したなかでも最も反体制的な道具かもしれないと考えている歴史家もいる。体制側を挑発し、われわれと周囲の世界との関係を永久に変えてしまったからだ。

ガリレオはみずからの望遠鏡で、太陽や月や惑星について知られていた何もかもを覆していった。やがて捕まって裁判にかけられ、それは、30年前に元修道士のジョルダーノ・ブルーノが、宇宙にはほかにも太陽系が存在する可能性があり、なかには生命をもつものもあるかもしれないと主張して、ローマの市中で火刑に処されたことをあからさまに思い起こさせた。

ガリレオの望遠鏡が火をつけた革命は、宇宙の壮麗さに対する人々の見方を永久に変えることとなった。天文学者はもはや火あぶりにされはしない。むしろ、ハッブル宇宙望遠鏡やウェッブ宇宙望遠鏡といった巨大な衛星を打ち上げて、宇宙の謎を解き明かそうとしている（そして今ではブルーノの像が、ローマのカンポ・デ・フィオーリ広場の、まさに彼が火刑に処された場所にある。日々、天空で遠くの恒星のまわりを回る惑星が新たに見つかるたびに、ブルーノは復讐しているのである）。

今日、地球を周回する宇宙機は、天空についてこれまでにない眺望を手に入れている。そうしたウェッブ宇宙望遠鏡などの機器は、地球から150万キロメートル離れた場所に浮かび、宇宙の視点から天文学の新たな地平を切り開いている。

科学は大変な成功を収めているので、いまや科学者はデータの海におぼれ、この莫大な情報を整理して分析するには、量子コンピュータが必要なのかもしれない。天文学者はもはや、毎晩凍える寒さのなかで、ひとり震えながら冷たい望遠鏡をのぞき、ひとつひとつの惑星の動きを延々と記録してはいない。今では巨大なロボット望遠鏡にプログラムを組み込み、夜空を自動的に走査させている。

子どもはよく、こんな素朴な疑問を発する。星はいくつあるの？　答えるのが難しい疑問だが、われわれの天の川銀河にはおよそ1000億の恒星がある。しかしハッブル宇宙望遠鏡では、原理上1000億の銀河を見つけられる。すると、既知の宇宙にはおよそ1000億×1000億＝「10の22乗」個の恒星があると見積もることができる。

そうなると、あらゆる惑星の位置やサイズ、温度などをのせたデータバンクは、スーパーコンピュータのメモリも使い果たすだろう。そこで、宇宙の測定を完全におこなうには、量子コンピュータが必要になるのではないか。

量子コンピュータなら、このまさに天文学的な量のデータをふるいにかけて、天体にかんする重要な特性を選び取ることができるかもしれない。重要なデータに狙いを絞り、ボタンひとつで、混沌とした集まりから核心的な結論を引き出すことができそうだ。

また量子コンピュータは、恒星の内奥で起きる核融合を計算することで、次に送電網を破壊しそうなほど巨大な太陽フレアが生じるときを予測できる可能性もある。さらに、危険な小惑星の存在、恒星の爆発、宇宙の膨張、ブラックホールの内部の現象を記述する方程式も解けるかもしれない。

キラー小惑星

そうした天体を調べることには、はるかにわれわれの身にかかわりの深い現実的な理由もある。なかには本当に危険で、この地球を破壊できる天体もあるだろう。6600万年前、直径10キロメートルほどの天体が今のメキシコのユカタン半島あたりに衝突した。爆発によって莫大なエネルギーが放出され、直径約160キロメートルのクレーターができ、高さ1・5キロメートルほどの津波がメキシコ湾をあふれさせた。さらに、燃えさかる流星体が降り注ぐことで、辺り一帯が猛烈な地獄の業火で焼かれた。分厚い塵の雲が日光をさえぎって地球を暗闇で覆うと、気温が急低下し、地上を闊歩していた恐竜は狩りをして食べ物を得ることができなくなった。この小惑星衝突で死に絶えた生命は75パーセントに及ぶかもしれない。

あいにく恐竜には宇宙計画がなかったので、彼らは今ここにいてこの問題を議論できていない。だがわれわれにはそれがあり、いつの日か宇宙からの天体が地球に衝突するコースをたどるときには、それが必要な状況になるだろう。

これまでのところ、およそ2万7000個の小惑星が政府や軍にとくに目をつけられている。それらは地球近傍天体（NEO）といい、地球の軌道を横切るので長期的に見て脅威となる。その大半は、フットボール場ほどから数キロメートルまでのサイズだ。しかし、もっと厄介なのは、フットボール場より小さくて追跡できない何千万個もの小惑星である。それらは気づかれずに飛んでいて、地球に当たると相当な被害を及ぼす。もうひとつの危険は長周期彗星で、その冥王星以遠の位置はわかっておらず、いつか検知されぬまま予告なしに地球に接近する可能性もある。このように、残念ながら潜在的危険のある天体のごく一部しか、研究者が実際に追跡できていない。

かつて、科学を一般に広めるテレビ番組でよく知られた天文学者のカール・セーガンにインタビューしたことがある。私は人類の未来について尋ねた。すると彼は、地球は「宇宙の射撃場」のど真ん中にあるので、地球を破壊しそうな巨大小惑星に出くわすのも時間の問題だと答えた。だからわれわれは「二惑星種族」にならないといけない、とセーガンは言った。それがわれわれの運命なのだと。彼によれば、宇宙を探査すべきなのは、新しい世界を発見するためだけではなく、天空に別の避難所を見つけるためでもある。

現在脅威として注視されている小惑星のひとつは、アポフィスだ。これは直径が300メートルほどで、2029年4月に地球の大気をかすめることになる。

予測では、地球から月までの距離の10パーセント以内にまで近づく。

さらに言えば、あまりにも地球に近づくので、一部の人工衛星のすぐ下を通って肉眼でも見えるだろう。

大気をかすめるから、この小惑星は予期せぬ大気の条件に出くわす。そのため、次に地球のそばを通る2036年にどんな軌道になるかについて、確実なことは言えない。地球にぶつからない可能性が高いが、あくまで推測だ。

つまるところ、潜在的危険のある小惑星を追跡し、その軌道を正確に見積もるのに、量子コンピュータが必要なのかもしれない。ある日、1個の小惑星が地球に接近し、大衆をパニックに陥れるなか、科学者はそれが地球にぶつかるのか、危害を及ぼさずに通り過ぎるのかを見きわめようとする。その際、量子コンピュータが大きな違いを生むのだ。

最悪の事態のシナリオでは、遠くの宇宙から彗星が、内部太陽系へ向けて長い旅を始める。尾がないので、われわれの望遠鏡では見えない。太陽の後ろに隠れたとき、ついに太陽光が彗星の氷を温めて尾ができる。それが太陽の背後からぬっと現れると、われわれの望遠鏡がついに彗星の尾を見つけ、破滅的な衝突の前に警告を発する。だが、警告が与えてくれる猶予はどれだけか？　数週間かもしれない。

あいにく、ブルース・ウィリスがスペースシャトルで助けに参上するのは期待できない。そもそもスペースシャトル計画はすでに終了しており、シャトルの後継機でも地球からかなり遠くには到達できない。しかし、たとえ到達できたとしても、小惑星を捕捉し、進路を曲げたり破壊したりするのは間に合わないだろう。

2021年、NASAはDART（二重小惑星方向転換試験）の探査機を宇宙へ送り込み、実際に小惑星を捕捉した。そして史上初めて、人工物で小惑星の軌道を物理的に変えることに成功したのである。この衝突実験から、多くの疑問に答えられるものと期待できる。この小惑星は岩石のゆるい集まりで、容易にばらばらになるのか？　それとも頑丈な固いかたまりで、壊れないのか？　うまくいけば、いつか起こりそうなことの予行演習として、ＤＡＲＴに似たほかのミッションで遠くの小惑星への衝突実験もおこなわれるはずだ。

結局、惑星を破滅させる危険な小惑星を探知し、その正確な軌道を割り出せるかどうかは、量子コンピュータにかかっているのだろう。地球に大きなダメージを与える小惑星は何百万個も考えられ、その多くは検知されていないからだ。

衝撃そのものをモデル化し、そうした天体が実際に地球にぶつかった場合の危険性を予測できるようにするためにも、量子コンピュータが必要になる。小惑星は、時速26万キロメートル近い速度で地球にぶつかるものと考えられ、そんな極超音速がもたらす破壊についてはほとんど確かな推定ができていない。量子コンピュータは、そのギャップを埋めて、地球が進路変更も破壊もできないキラー小惑星のターゲットとなった場合にどうなるかを知るのに役立つのではなかろうか。

系外惑星

太陽系の外に目を向ければ、量子コンピュータを利用する理由がほかにもある。それは、ほかの恒星をめぐる惑星をすべてリストアップすることだ。すでに、ケプラー宇宙望遠鏡などの衛星や、地上の望遠鏡によって、天の川銀河におけるわれわれの近隣でおよそ５０００個の系外惑星が見つかっている。つまり、夜空に見える恒星１個あたり、平均して１個の惑星があることになる。ひょっとしたら系外惑星のほぼ20パーセントが地球型かもしれないので、われわれの銀河には、まだ見つかっていない地球型の惑星が数百億個あるとも考えられる。

私が小学生のとき、最初に読んだ科学書の1冊が太陽系について書いたものだったのをはっきり覚えている。火星や土星、冥王星やその向こうまでもめぐる驚くべきツアーのあとで、その本には、われわれの銀河にはきっとほかにも恒星系があり、われわれの太陽系は平均的なものだろうと書いてあった。おそらくどの恒星系にも、恒星の近くには岩石惑星があり、遠くには木星のようなガス惑星があって、恒星のまわりを円形の軌道でめぐっていると。

今ではそうした仮定のすべてがいかに間違っているのかがわかっている。恒星系にはさまざまなサイズや形がある。それどころか、われわれの太陽系は変わり種だ。極端な楕円軌道の惑星をもつ恒星系も見つかっている。木星より大きくて、恒星のすぐそばを回っているガス惑星も見つかっている。いくつもの太陽をもつ恒星系さえ発見されている。

だからいつか、天の川銀河にある惑星のデータベースができたら、その豊かなバラエティに驚かされるだろう。奇妙な惑星を何か思い浮かべたら、きっとどこかにそのようなものがあるはずだ。

惑星の進化を説明するありとあらゆる道筋をたどるのにも、量子コンピュータが必要になる。宇宙に次々と望遠鏡を打ち上げていくと、こうした惑星のデータベースは莫大なサイズになり、大気や化学組成、温度、地質、風のパターンなど、大量のデータを生み出すさまざまな特性を分析するのに、途方もない計算能力が必要になる。

量子コンピュータが狙いを定める目標のひとつに、人類以外の知的生命の探索も挙げられる。ここで厄介な疑問が生じる。われわれとはまるっきり異質に思える知性をどうしたら認識できるか？　それが目の前に現れても、われわれは異質な生命体に気づけるのだろうか？　従来のコンピュータではまったくわからないようなパターンを認識するには、量子コンピュータが必要になるかもしれない。

ET（地球外生命）？

天文学者のフランク・ドレイクは、1950年代に、天の川銀河に存在しうる高等文明の数を見積もる方程式を考案した。天の川銀河にある1000億の恒星から始めて、一連の合理的な仮定によってその数を減らしていくのだ。惑星をもつ割合、大気のある惑星をもつ割合、大気と海のある惑星をもつ割合、微生物のいる惑星をもつ割合、などを掛けて減らしていく。そうした惑星についての合理的な仮定をいくつ設けても、最終的な数はたいてい数千になる。

ところが、SETI（セティ）（地球外知的生命探査）計画では、宇宙からの知的存在による電波シグナルのあかしはいっさい見つかっていない。まるっきりゼロだ。サンフランシスコ郊外のハット・クリークにある高性能の電波望遠鏡で、沈黙か雑音しか記録できていないのである。そのためわれわれは、フェルミのパラドックスに悩まされる。宇宙に異星の知的生命が存在する確率がそれほど高いのなら、彼らはどこにいるのか？

量子コンピュータを用いれば、その疑問に答えられるかもしれない。量子コンピュータは大量のデータを細かく調べて隠れた手がかりを見つけるのに長けており、ＡＩはパターンを見つけて新しいものを突き止めるのに長けている。だからふたつを組み合わせれば、大量のデータをかき分けて、そこに隠れているのが突拍子もないものだったり、まったく予想外のものだったりしても、それを見つけられるようになりそうだ。

私には、異質な知性をテーマとしたサイエンス・チャンネル〔有線テレビチャンネルのひとつ〕の番組の司会を務めたおり、これを垣間見る機会があった。その番組で、イルカなど、人間でないものの知性を調べたのだ。私は、何頭か遊び好きのイルカと一緒に水泳用プールのなかにいた。目標は、イルカたちに会話をさせて、彼らの知能を測れるか確かめることだった。水中にはセンサーを設置し、イルカたちの鳴き声をすべて記録していた。

コンピュータはどうやって、このあまたの雑音や意味不明な鳴き声に思えるものから知能の徴候を見つけられるのか？　そうした録音データは、特定のパターンを見つけるコンピュータ・プログラムで調べることができる。たとえば、英語で最もよく使われるアルファベットの文字は「ｅ」だ。だれかが書いたものを調べると、使用頻度によって文字を順位付けすることができる。この使用頻度にもとづく順位は、その人に固有のものになる。ふたりの人間がいたら、使用する文字の順位はわずかに異なるはずだ。そればかりか、これは贋作（がんさく）を見つけるのにも使える。たとえばこのプログラムでシェイクスピアの作品を調べれば、戯曲のどれかを別の人が書いたかどうかを見分けることができる。

イルカの録音データをコンピュータで解析した場合、人の耳にはもともとごちゃ混ぜの音声にしか聞こえない。しかし、そのプログラムはなんらかの音が聞こえる頻度を明らかにするようにできていた。やがてコンピュータは、あらゆる鳴き声の背後に意味があると結論づけた。ほかの動物も同じように調べられており、原始的な生物に向かうほど、知能が低下している。事実、昆虫を調べるあたりで、知能の徴候はほとんどゼロになる。

量子コンピュータは、このような大量のデータをふるいにかけて興味深いシグナルを見つけることができ、AIシステムは、予想外のパターンを見つけるように教え込むことができる。つまり、AIと量子コンピュータを協力させれば、宇宙から届くランダムなシグナルからも知能のあかしが見つかるかもしれないのだ。

恒星の進化

量子コンピュータの即座に使える用途として、恒星の進化、すなわち誕生から最終的な死までのライフサイクルについて、理解の空白を埋めることも挙げられる。

私がカリフォルニア大学バークリー校で理論物理学の博士号を取ろうとしていたころ、ルームメートは天文学の博士号を取ろうとしていた。毎日彼は、別れ際にこれから星をオーブンで焼きに行くと言っていた。私はジョークだと思っていた。星をオーブンで焼くことなどできない。多くの恒星は、われわれの太陽よりも大きい。そこでとうとうある日、彼に星を焼くとはどういうことかと訊いてみた。彼はしばし考えてから、恒星の進化を表す方程式は完璧ではないが、十分に正しいので、恒星の誕生から死までのライフサイクルをシミュレートできると説明した。

朝に、彼は水素ガスのダスト雲のパラメータ（サイズ、ガスの含有量、ガスの温度など）を入力する。それからコンピュータが、そのガスの雲がどのように進化するかを計算する。ランチタイムまでには、その雲は重力でつぶれて暖まり、点火して恒星になる。午後には数十億年燃えつづけ、宇宙のオーブンのように核融合反応が進む。つまり、水素を「調理」して、ヘリウム、リチウム、ホウ素など、どんどん重い元素を作り出すのだ。

こうしたシミュレーションから、多くのことがわかっている。われわれの太陽の場合、今から50億年後には、燃料の水素をほとんど使い果たし、ヘリウムを燃やしはじめる。そこから一気に膨張しだし、赤色巨星になって地平線の端から端まで地球の空を覆う。いずれは火星まで惑星を呑み込む。空は燃え、海は沸き立ち、山は溶け、すべてが太陽に引き込まれていく。われわれは星のかけらから生まれ、星のかけらに帰っていくのだ。

詩人のロバート・フロストもかつてこう書いている。

世界は火で終わるという人がいる。
氷だという人もいる。
欲望を味わった経験からすると、

私は火を唱えるほうに加担したい。
だがもし世界が二度滅びるのならば、
私は憎しみも知り抜いているので、
破滅にかけては氷も
あなどれない、
十分にやれると言いたい。〔『対訳フロスト詩集』川本皓嗣編、岩波書店より引用〕

やがて、太陽はヘリウムを使い果たして縮み、白色矮星（わいせい）になる。この星は、地球ほどの大きさにすぎないが、元の太陽とほぼ同じ質量をもつ。それが冷えると死を迎えて黒色矮星となる。したがって、これが太陽の未来であり、火ではなく氷で終わるのである。

しかし、赤色巨星の段階で非常に重い恒星の場合、どんどん重い元素の核融合を続け、ついには鉄に行き着く。鉄にはとても多くの陽子があるので、陽子同士が反発し、最終的に核融合が停止する。すると核融合を失った恒星は重力でつぶれ、温度が何兆度にまで上がる。そこまで行くと、恒星は爆発して超新星になる。自然界で最大級の破局的現象だ。

そのため、巨大な恒星は、氷ではなく火で終わる。

あいにく、ガス雲から超新星までの恒星のライフサイクルを見積もる際に、まだ未知の部分が多く残っている。だが量子コンピュータで核融合のプロセスをモデル化すれば、そうした部分の多くが明らかになるかもしれない。

これは、われわれがもうひとつの恐るべき事態に直面する重要な証拠を明らかにする可能性もある。その事態とは、文明を数百年前に戻してしまうような怪物級の太陽フレアだ。破滅的な太陽フレアの発生を予測するためには、恒星の奥深くの挙動を知る必要があり、その作業は従来のコンピュータの能力をはるかに超えている。

キャリントン・イベント

じっさい、太陽内部のことはほとんどわかっていないので、大量の超高温のプラズマを宇宙に飛ばす太陽エネルギーの破局的なバースト（爆発的な放出）に対して、われわれは無防備だ。2022年2月、太陽の放射線の巨大なバーストが地球大気を襲い、イーロン・マスクの宇宙企業スペースXが地球周回軌道に送り込んだ49基の通信衛星のうち、40基が機能停止に陥ったとき、われわれは太陽についてあまりにも知らないことに気づかされた。これは、太陽が引き起こした災害として現代において最大のものであり、ふたたび起こる可能性も高い。こうしたコロナ質量放出と呼ばれるものについては、まだ知るべきことが多いからだ。

記録に残るかぎり最大の太陽フレアはキャリントン・イベントと呼ばれ、1859年に生じている。当時、この怪物級の太陽フレアにより、ヨーロッパと北米の多くの地域で電信線が発火した。この太陽フレアはまた、地球全体で大気の攪乱を起こし、キューバやメキシコ、ハワイ、日本、中国でも、夜空をオーロラが覆った。カリブ諸島では、オーロラの光で夜に新聞が読めた。ボルティモアでは、オーロラは満月より明るかった。オーストラリアの金鉱労働者のひとり、C・F・ハーバートは、この歴史的な出来事についてこんな鮮やかに描写した目撃報告を記している。

ほとんど言語に絶する美しい景色が現れた。およそ考えられるかぎりの色の光が南の空から放たれ、ひとつの色が消えると、このうえなく美しい別の色が現れる。……決して忘れられない光景で、あのときは歴史上最大のオーロラではないかと思った。……合理主義者も汎神論者も、自然が絶美なる衣をまとった姿を目にした。……迷信深い者や狂信的な者は不吉な予感を覚え、ハルマゲドン〔聖書でいう世界の終末における善と悪の戦い〕と世界の破滅の前触れと考えた。[1]

キャリントン・イベントが起きたのは、「電気の時代」の揺籃期だった。以後、当時のデータを再現し、現代にまたキャリントン・イベントが起きるとどうなるかを予測する試みがなされている。2013年には、ロンドンのロイズ保険組合と米国の大気環境研究所(AER)の研究者が、次のキャリントン・イベントでは最大2・6兆ドルの被害が生じると結論づけている。

現代文明は、そのようなイベントで急停止するおそれがある。そうなると、人工衛星やインターネットがだめになり、送電線がショートして、金融データのやりとりが麻痺し、世界規模の停電が起きる。ひょっとしたら150年過去に戻されるかもしれない。救援・修繕のチームも、世界規模の停電の影響を受けて駆けつけられない。傷みやすい食品が腐敗するため、やがて大規模な食糧暴動と社会秩序や政府の崩壊が起こり、人々は食べ物のかけらを必死にあさるようになる。

そんなイベントがまた起こるのか？　答えはイエスだ。いつ起こるのか？　だれにもわからない。ひとつの手がかりは、過去の幾度かのキャリントン級イベントを調べることで得られそうだ。古代の太陽フレアの証拠を見つけようと、氷床コアに含まれる炭素14やベリリウム10の濃度を調べる研究がおこなわれ、その結果、紀元774〜775年と993〜994年に起きたとおぼしきものが明らかになっている。それどころか、774〜775年のイベントの氷床コアデータは、放出されたエネルギーがキャリントン・イベントの10倍だった可能性を示している（また、993〜994年の太陽フレアは非常に強力だったため、古代の木材に跡を残しており、歴史家はこれを、アメリカ大陸にヴァイキングが初期に入植した年代の決定に用いている）。しかし当時は電気の時代の幕開け以前だったので、文明はほとんどその出来事に気づきもしなかった。

最近で最大の太陽フレアは2001年に発生している。巨大なコロナ質量放出が、時速720万キロメートルという猛スピードで宇宙に飛び出した。幸い、このフレアは地球を直撃しなかった。直撃していたら、キャリントン・イベントに匹敵する広範な被害を地球にもたらしていただろう。

科学者は、人工衛星を強化し、精巧な電子機器を保護し、予備の発電所を建造する資金を確保すれば、次のキャリントン・イベントに備えることができると言ってきた。これは、電力系統の破局的損害を防ぐためのわずかな手付金のようなものだ。しかし、おおかたそうした警告は無視されている。

物理学者は、太陽の表面で磁力線同士が交わるとコロナ質量放出が生じ、大量のエネルギーを宇宙に吐き出すことを知っている。だが、この条件を生み出すのに太陽の内部で何が起きているのかはわかっていない。プラズマ、熱力学的現象、核融合、対流、磁気などにかんする基本的な方程式はわかっているが、それらが太陽内部で起きている状態の方程式は、現代のコンピュータの能力では解けない。

そこで、いつか量子コンピュータが、太陽内部の複雑な方程式を解き、次に巨大な太陽フレアが文明をおびやかすときを予測できるようになるかもしれない。太陽の奥深くで沸き立っている超高温のプラズマの対流があるにちがいないということはわかっているが、次にいつ太陽フレアが噴き出すのかも、それが地球を襲うのかどうかも、さっぱりわからない。だから、量子コンピュータのメモリで恒星を「調理する」ことができれば、次のキャリントン・イベントに備えられる可能性がある。

しかし、量子コンピュータはさらに、宇宙で最大級の劇的現象を解き明かせるのではないか。キャリントン・イベントは大陸全体を麻痺させたが、ガンマ線バーストはもっとひどく、太陽系全体を丸焦げにするおそれがある。

ガンマ線バースト

１９６７年、宇宙空間でひとつの謎が浮かび上がった。米国が秘密裏の核実験を検知するために打ち上げたヴェラ衛星が、ガンマ線の強力なバーストによる奇妙な放射線を見つけたのだ。このとてつもない一撃はどこからやってきたのかわからなかったので、深刻きわまりない検討が繰り広げられた。ソヴィエトは、これまでにない威力をもつ未知の兵器をテストしているのか？　新興国が、いきなり開発した新兵器をテストしているのか？　米国の情報機関は大失態を演じていたのか？

ペンタゴンに警報が鳴り響いた。すぐさま一流の科学者たちが、この特異現象を突き止めて出どころを明らかにするために駆り出された。その直後、ほかにもいくつかガンマ線のバーストが検出される。それらの発生源がついに突き止められると、ペンタゴンのスタッフは安堵のため息をついた。ソヴィエト連邦ではなく、遠くの銀河だったのだ。科学者は、そうしたバーストが数秒間しか続かないのに、まるごと一個の銀河を上回る放射線を出していることに気づいて驚いた。事実、太陽が１００億年の生涯のあいだに生み出すよりも多くのエネルギーを放出していた。全宇宙でビッグバンの次に大きな爆発だったのである。

このようなガンマ線バーストはたいてい数秒間続いてから消え失せるので、早期警報システムは構築しにくい。それでもやがて、そうした現象が生じたとたんに検出し、ただちにそちらへ狙いをつけるようにリアルタイムで地上の検出器に知らせる人工衛星のネットワークが考案された。

ガンマ線バーストを解明するには未知の部分がまだ多くあるが、最も有力な説は、中性子星とブラックホールの衝突か、恒星がつぶれてブラックホールになる現象によるというものである。つまり恒星の一生で最後の段階を示しているようだ。そこで量子コンピュータは、一生の最期に達した恒星がなぜそれほど多くのエネルギーを放出するのかを明らかにするのに必要となるだろう。

こうした爆発する星のなかには、地球からそう遠くなくて危害を及ぼすおそれがあるものもある。事実、あなたの体に含まれる原子のなかには、数十億年前の超新星によって「調理された」ものもある。前に述べたとおり、われわれの太陽のような恒星は、単独では鉄より重い亜鉛や銅、金、水銀、コバルトなどの元素を作り出すほどの高温にならない。これらの元素は、太陽が生まれるより前に起きた超新星爆発の熱によって作り出された。したがって、われわれの体に含まれるこうした元素の存在自体が、天の川銀河においてわれわれの近隣で超新星が生まれたあかしなのだ。それどころか、一部の科学者は、地球上の水生生物の85パーセントを滅ぼした4億5000万年前のオルドビス紀末の大量絶滅は、近隣のガンマ線バーストが引き起こしたと考えている。

もっと身近な話をすれば、地球から500〜600光年の距離にある赤色巨星のベテルギウスは、不安定な状態にあり、いつか超新星爆発を起こす。これはオリオン座で2番目に明るい恒星で、最終的に爆発すれば、距離が非常に近いので、きっと夜に月より明るく輝き、物の影ができさえするだろう。近年、光度や形に顕著な変化が見られたため、爆発の間際にあるという推測もなされたが、これはまだかまびすしい議論の渦中にある。

問題は、超新星についてわかっていないことが多い点にあり、そのギャップを量子コンピュータで埋められる可能性がある。いずれ量子コンピュータで、われわれの太陽も含め、恒星の一生を説明し、近隣で潜在的危険のある不安定な恒星も明らかにすることができるようになるだろう。

しかし、超新星ではるかに大きな興味を引くのは、最終的にできるブラックホールである。

ブラックホール

ブラックホールをシミュレートすると、通常のデジタルコンピュータの計算能力をすぐにオーバーしてしまう。われわれの太陽の10倍から50倍の質量をもつような大きな恒星では、超新星となって爆発して中性子星になり、場合によってはつぶれてブラックホールになる可能性がある。大質量星が重力崩壊を起こすとどうなるかについては、だれも本当に理解してはいない。アインシュタインの法則と量子論が通用しなくなり、新たな物理学がどうしても必要になるからだ。

たとえば、アインシュタインの数学に単純に従えば、ブラックホールは、事象の地平面という謎めいた黒い球面の向こうにつぶれる。これは実際に2017年、地球のあちこちの電波望遠鏡でとらえた光（電波）を合成し、事実上地球そのもののサイズの電波望遠鏡を作り出すことによって撮影された。その画像は、地球からおよそ５３００万光年離れた、M87という銀河の中心にある事象の地平面が、超高温のまばゆいガスに囲まれた黒い球面であることを示していた。

事象の地平面の内側には何があるのか？　それはだれも知らない。かつて、ブラックホールがつぶれた先は、特異点という途方もない密度のコンパクトな点だと考えられていた。ところが、その後見方が変わっている。ブラックホールがおそるべき速度で回転していることがわかっているからだ。いまや物理学者は、ブラックホールのつぶれた先が一点ではなく、中性子が集まって回転するリングであり、そこでは通常の時間と空間の概念がひっくり返っているのかもしれないと考えている。数学によれば、あなたはこのリングに落ちて通り抜けても死ぬことはなく、並行宇宙に入り込むらしい。つまり回転するリングは、ワームホールという、ブラックホールを超えて別の宇宙に入る通路になるのだ。

回転するリングは、『鏡の国のアリス』に出てくる鏡によく似た役目を果たす。片側は、オックスフォードののどかな田舎だが、鏡を通り抜けると、鏡の国という並行宇宙に入るのである。

残念ながら、ブラックホールにおける数学は当てにならない。量子効果も加味する必要があるからだ。量子コンピュータなら、ブラックホールの中心で空間と時間がねじれた場合のアインシュタインの理論と量子論のシミュレーションをおこなえる見込みもある。そうした条件では、方程式がひどくからみ合っている。まず、重力と時空の折りたたみ（図12参照）によるエネ

図12　量子コンピュータとブラックホール

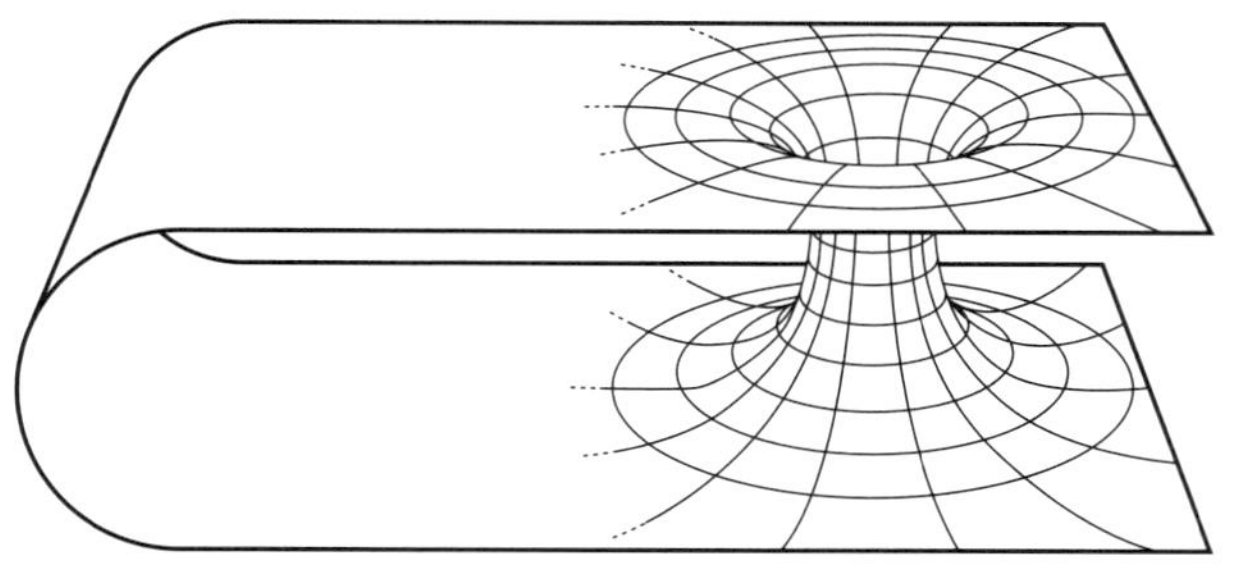

相対性理論によれば、回転するブラックホールのつぶれた先は中性子のリングであり、それは時空のふたつの領域をつなぐワームホール、すなわちふたつの宇宙を結ぶ通路となる。しかし、そうした通路が量子論的な補正のもとでどれだけ安定しているかを明らかにするには、量子コンピュータが必要になるかもしれない。

ルギーがある。それに、さまざまな素粒子によるエネルギーもある。だが、そうした素粒子にもそれ自体の重力場があり、元のブラックホールの重力場と複雑に混ざり合う。そのため、方程式が互いに影響し合ってきわめて複雑にからみ合い、これは従来のコンピュータではお手上げだが、量子コンピュータであれば解きほぐせるかもしれない。

ところで、量子コンピュータによって、積年の厄介な疑問にも答えられるようになる可能性がある。宇宙は何によって構成されているのかという疑問だ。

ダークマター

2000年に及ぶ思索と無数の実験を経ても、われわれはまだ古代ギリシャ人が発した単純な疑問に答えられていない。その疑問とは、「世界は何によって構成されているのか？」だ。

ほとんどの初等教科書には、宇宙を構成しているのは主に原子だと書かれている。だが、その説明は今では間違いだとわかっている。宇宙は実を言うと、主に謎めいた見えないダークマター（暗黒物質）とダークエネルギー（暗黒エネルギー）で構成されている。宇宙の大半はダーク（暗黒）で、われわれの望遠鏡で調べることもわれわれの感覚で検知することもできない。

ダークマターの存在を最初に考えたのはケルヴィン卿で、1884年のことだ。彼は、天の川銀河の回転を説明するのに必要な質量が、実際に存在する星々の質量よりはるかに大きいことに気づく。そこで、ほとんどの星はダークで、光っていないのだと結論づけた。もっとあとになって、フリッツ・ツヴィッキーやヴェラ・ルービンのような天文学者がこの奇妙な観測結果を確かめ、天の川銀河やさまざまな星団はあまりにも速く回転しているため、われわれが手にしている方程式に従えば、ばらばらになってしまうはずだと思い至った。事実、天の川銀河はその質量から考えられるよりもおよそ10倍速く回転している。それなのに、天文学者はニュートンの重力理論をすっかり信奉していたので、この結果はおおかた無視されていた。

それから数十年のうちに、天の川銀河だけでなくあらゆる銀河に、同じ奇妙な現象が見られることが明らかになった。天文学者は、銀河には見えないダークマターが存在し、それが銀河をまとめているようだと気づきだした。このハローと呼ばれるものは、銀河そのものの何倍もの質量があった。宇宙のほとんどは、この謎めいたダークマターで構成されているようだった。

（いっそう謎めいているのはダークエネルギーだ。これは不可解な形態のエネルギーで、真空の空間を満たし、宇宙の膨張さえもたらしている。ダークエネルギーは宇宙に存在する既知の物質とエネルギーの68パーセントを

宇宙の構成要素

ダークエネルギー	68パーセント
ダークマター	27パーセント
水素とヘリウム	5パーセント
それより重い元素	0.1パーセント

占めているが、それについてほとんど何もわかっていない）

上に掲げる表は、宇宙を構成するものについて科学者が考えている最新のデータをまとめたものだ。

今では、われわれの体を構成する元素の多くを足し合わせても、宇宙に0・1パーセントほどしかないことがわかっている。われわれはまさに変わり種なのだ。一方、宇宙の大半を構成するものは奇妙な特性をもっている。ダークマターは通常の物質と相互作用しないので、かりにあなたがそれを手にもっても、指のすきまから床にこぼれ落ちてしまうだろう。それだけでは終わらない。地球など存在しないかのように、土もコンクリートも突き抜けて落ちていく。そのまま地殻を抜けて地球の裏側に到達する。そこで地球の重力によって次第に進行方向を逆転させると、元来たほうへ戻り、やがてふたたびあなたの手に収まる。その後も、地球を突き抜ける振動を繰り返すのだ。

現在、われわれはこの見えない物質のマップを手に入れている。見えないダークマターの存在を明らかにする手だては、眼鏡のなかのレンズの存在を知る手だてと同じだ。レンズは光をゆがめるので、その効果を観測することができる。ダークマターもほぼ同じように光をゆがめる。そのため、ダークマターによる光の屈折を補正することで、ダークマターの3Dマップが作れる。すると実際に、ダークマターが銀河のまわりに集まって、銀河をまとめているのがわかる。

だが困ったことに、ダークマターが何で構成されているのかはわからない。どうやらそれは、見たこともない物質で、素粒子の標準模型の外にあるもののようだ。

したがって、ダークマターの謎を解くための鍵は、標準模型の外に何があるのかを知ることにあるのではなかろうか。

素粒子の標準模型

前にも言ったが、量子コンピュータは、直感に反する量子力学の法則を利用して計算をおこなう。しかし、量子力学もこれまで何もしていなかったわけではない。どんどん大型化する粒子加速器が陽子同士をぶつけて物質の基本的な構成要素を見つけ出すにつれ、進歩を遂げているのだ。現在、世界で最も強力な加速器は、スイスのジュネーヴ郊外にある大型ハドロン加速器（LHC）で、今までに作られたなかで最大の科学機器と言える。これは全周26・7キロメートルのチューブで、非常に強力な磁石によって陽子を14兆電子ボルトのエネルギーで飛ばすことができる。

かつて司会を務めていたＢＢＣの番組で、私はＬＨＣを訪れたことがある。そのとき、まだ建造中だった加速器の心臓部にあたるチューブを触りまでした。あと何年かすれば、陽子がこのチューブのなかをとてつもないエネルギーで飛んでいるはずだと思うと、実にスリリングな体験だった。

数十年にわたる加速器での地道な研究の末に、物理学者はついに標準模型、すなわち「ほとんど万物の理論」と呼ばれるものに的を絞ることができた。すでに見たとおり、シュレーディンガー方程式は電子と電磁力の相互作用を説明できた。ところが標準模型は、電磁力と、原子核内で働く強い核力および弱い核力も統一できたのである。

それゆえ素粒子の標準模型は、最先端の量子論となっている。これは、多くのノーベル賞受賞者による研究の賜物であり、数々の巨大な加速器に何十億ドルも費やした結果の最終産物と言える。当然それは、人間精神のこのうえなく気高い成果へ導く輝かしい里程標となるはずだ。だが、あいにくそれは雑然としている。

神がひらめきで作り上げた完璧なものではなく、粒子のごった煮なのだ。途方に暮れてしまうほど多くの素粒子で、あまりまとまりがないように見える。クォークと反クォークが合計36種類、任意に調整できる自由パラメータが19個以上、同じ素粒子が3世代、それに、グルーオン、Ｗボソン、Ｚボソン、ヒッグスボソン、ヤン＝ミルズ粒子などエキゾチック（風変わり）な粒子の一団がある。

これは生みの親にしか愛せないような理論だ。ツチブタとカモノハシとクジラをセロテープでくっつけて、これこそ自然の極上の創造物、何億年にも及ぶ進化の最終産物と呼ぶようなものである。

さらにひどいことに、この理論は重力に触れておらず、既知の宇宙の大半を構成するダークマターとダークエネルギーを説明していない。

そんな不格好な理論を物理学者が研究するのには、ひとつだけ理由がある。うまくいくのだ。中間子やニュートリノ、Wボソンなどの素粒子の低エネルギーでの世界を申し分なく説明できる。標準模型はあまりにも不格好で醜いので、ほとんどの物理学者は、より高いエネルギーにおいて存在するもっと美しい理論を低エネルギーで近似したものにすぎないと思っている（アインシュタインの言葉を言い換えれば、ライオンの尻尾（しっぽ）が見えたら、そのうちにライオンが姿を現すと思われるのだ）。

とはいえ、およそ50年にわたり、物理学者は標準模型から逸脱するずれをいっさい見つけていない。

今までは。

標準模型を超える

標準模型の亀裂をほのめかす最初の手がかりは、２０２1年、フェルミ国立加速器研究所によって初めて得られている。所内の巨大な粒子検出器が、ミューオン（宇宙線によく見つかる）の磁気特性に標準模型からのわずかなずれを見出したのだ。このわずかなずれを見つけるために、膨大なデータを分析する必要があったが、これが正しいとわかれば、標準模型を超えた新しい力や相互作用の存在を示している可能性がある。

つまり、われわれは標準模型を超えた世界を垣間見ているところなのだろうか。その世界では、新たな物理学、ひょっとしたらひも理論が登場するのかもしれない。

量子コンピュータは、検索エンジンとして、干し草の山に紛れた針を見つけるのに秀でている。多くの物理学者は、粒子加速器がいずれは標準模型を超えた粒子の決定的証拠を見つけ出し、宇宙がもつ真の単純さと美しさを明らかにするだろうと考えている。

すでに物理学者は、量子の相互作用の不可解なメカニズムを解明するのに量子コンピュータを利用している。LHC（大型ハドロン加速器）では、高エネルギー陽子の2本のビームを14兆電子ボルトのエネルギーで衝突させ、宇宙ができたてのとき以来なかったようなエネルギーを作り出している。このとてつもない衝突は、大量の原子未満の破片によるシャワーを生み出す。この衝突でなんと1秒あたり1兆バイトものデータが生じ、それを量子コンピュータで分析しているのだ。

そればかりか、いまや物理学者は、LHCの後継として「将来円形衝突型加速器」（FCC）をスイスのCERNに建設する計画を立てている。その全周は100キロメートル近くで、26・7キロメートルのLHCがちっぽけに見えるようになる。総事業費は230億ドルになり、100兆電子ボルトというとんでもないエネルギーに達する見込みだ。これは地球上で圧倒的に最大の科学機器になる。

完成すれば、これは宇宙が生まれたときの条件を再現することになる。そして、アインシュタインが人生最後の30年に探し求めた究極の理論たる「万物の理論」に、人類として可能なかぎり近づかせてくれるはずだ。このマシンから洪水のように吐き出されるデータは、従来のどんなコンピュータにも処理しきれないだろう。つまり、宇宙創成の秘密は、量子コンピュータなら解き明かせるのかもしれないのだ。

ひも理論

現時点で、標準模型を超える量子論の筆頭（にして唯一の）候補は、ひも理論だ。[2] これに対抗するどの理論も、発散したり、アノマリー（理論で説明できない異常）が生じたり、矛盾があったり、自然の不可欠な要素を欠いていたりすることが明らかになっている。こうした欠陥のどれも、物理学理論にとっては致命的なものだ。

（私のもとには、万物の理論をついに見つけたという人からの電子メールがたくさん来る。そうした人に私は、理論が従うべき基準が3つあると教えている。

1. アインシュタインの重力理論が含まれていなければならない。
2. クォーク、グルーオン、ニュートリノなどすべてを備えた素粒子の標準模型の全体が含まれていなければならない。

3. 有限で、アノマリーがないものでなければならない。

これまでのところ、この3つの単純な基準を満たす唯一の理論が、ひも理論なのだ)

ひも理論によれば、あらゆる素粒子は振動する小さなひもが出す音にすぎない。輪ゴムがさまざまな振動数で振動できるように、ひも理論では、その小さな輪ゴムの振動のひとつひとつが1個の粒子に対応している。だから電子、クォーク、ニュートリノなど、標準模型を構成するメンバーは、それぞれ異なる音にすぎない。すると物理学は、そうしたひもで奏でられるハーモニー(和音)に相当する。化学は、振動するひもが作り出すメロディー(旋律)だ。そして宇宙はひもの交響楽にたとえられる。最後に、アインシュタインが語った「神の心」は時空に響きわたる宇宙の音楽となる。

驚いたことに、このような振動の性質を計算する際に、標準模型では明らかに欠けている力、重力が見つかる。したがって、ひも理論には、万物の理論ではないかと信じるに足る理由がある(それどころか、もしもアインシュタインが生まれていなかったとしても、一般相対性理論はひも理論の副産物として――振動するひもの非常に低い音のひとつにすぎないものとして――発見されていたはずだ)。

だが、ひも理論で重力の理論と原子より小さな世界の力を統合できるとしたら、なぜノーベル賞受賞者たちの見方がこの理論に対してふた手に分かれ、一方は行き詰まりだと言い、他方はこれこそアインシュタインに見つけられなかった理論ではないかと言っているのだろうか?

ひとつの問題は、理論に現実を予測する力がないことにある。ひも理論には、素粒子の標準模型だけでなく、はるかに多くのものが含まれている。それどころか、この理論はもてあますほど無数の解をもちうる。そうだとすれば、どの解がわれわれの宇宙を示しているのだろう？

重要な方程式のすべてに無数の解があることは、よく知られている。ひも理論も例外ではない。ニュートンの理論でさえ、野球のボール、ロケット、超高層ビル、飛行機など、無数の物体を説明できる。だから調べる対象をあらかじめ指定する必要がある。つまり、初期条件を指定する必要があるのである。

しかしひも理論は、全宇宙の理論だ。すると、ビッグバンの初期条件を指定する必要がある。ところが、宇宙を生み出した最初の大爆発を起こした条件は、だれにもわかっていない。

これをランドスケープ問題という。ひも理論に無数の解があって、生じる可能性が広大なランドスケープ（景観）となってしまうように見える問題である。このランドスケープの各点が、まるごとひとつの宇宙に対応している。そうした点のひとつで、われわれの宇宙の特徴を説明できる。

だが、どのひとつがわれわれの宇宙なのか？　ひも理論は万物の理論（theory of everything）なのか、それともどれかの理論（theory of anything）なのだろうか？

現時点で、この問題の答えに意見の一致は見られない。ひとつの解決策は、新世代の粒子加速器を作ることかもしれない。先ほど挙げた将来円形衝突型加速器や、中国が計画している円形電子・陽電子衝突型加速器、日本が候補地となっている国際リニアコライダー（国際線形加速器、

ＩＬＣ）といったものだ。とはいえ、そうした野心的なプロジェクトでもこの大きな問題が解決できる保証はない。

量子コンピュータが鍵を握っているのかもしれない

私の見解では、量子コンピュータがこの問題に究極的な答えを出してくれるのではないかと思う。前に、光合成において、自然が量子論を用い、最小作用の原理によってたくさんの経路を調べることについては触れた。いつか、ひも理論を量子コンピュータにインプットして、正解の経路を選び出すことができるのではないか。ひょっとすると、ランドスケープに存在する経路の多くは不安定ですぐに崩壊し、正しい解だけが残るのかもしれない。もしかしたら、われわれの宇宙が唯一安定した宇宙として残る可能性もある。

ならば、量子コンピュータの利用は、万物の理論を見つける最終段階となるのだろうか。

これについては先例がある。強い核力を最もよく記述する理論は、量子色力学（ＱＣＤ）というものだ。これは、クォークを結びつけて中性子や陽子ができることを示す、素粒子の理論である。当初、頭の切れる物理学者なら純粋数学を用いてＱＣＤを完全に解くことができると考えられていた。だが、結局それは思い違いだったことがわかる。

今日、物理学者はＱＣＤを手計算で解こうとするのをほぼあきらめ、代わりに巨大なスーパーコンピュータを利用してそうした方程式を解いている。これを格子ＱＣＤという。空間と時間を何十億もの小さな立方体に分割し、格子を形成するやり方だ。まず小さな立方体1個について方程式を解いてから、その結果を用いて隣の立方体についての方程式を解き、そのあともすべて同じプロセスを繰り返す。そうすれば、いずれはコンピュータで次々と隣を攻略して全部の立方体について解いていけるのだ。

同じように考えると、ひも理論のすべての方程式を最終的に解くには、量子コンピュータに頼る必要があるのではないか。宇宙を説明する真の理論がこのやり方によって立ち現れる望みがある。すると、量子コンピュータが宇宙創成そのものを解き明かす鍵を握っているのかもしれない。

第17章　2050年のある日

2050年1月、午前6時

目覚まし時計が鳴りだし、あなたは頭が割れるような痛みとともに起きる。

アシスタントロボットのモリーが、壁のスクリーンにぱっと現れる。彼女は明るい声でこう告げる。「午前6時です。起こしてほしいとおっしゃいましたよね」

あなたは眠たげに答える。「うーん、頭が痛いんだ。こうなるようなこと、昨夜何かしていたっけ?」

モリーは言う。「新しい核融合炉の操業開始を祝うパーティーに出ていたんですよ。きっと飲みすぎたんでしょうね」

ゆっくりと記憶がよみがえってくる。あなたは国内最大級の量子コンピュータ企業、クォンタム・テクノロジーズのエンジニアだ。昨今、量子コンピュータはいたるところで使われていあなたには、量子コンピュータが、バーチャル風洞を使用して、ソニックブーム（衝撃波音）洋や大西洋を渡る時間が大幅に短縮されます」

番組のホストが語る。「新型の超音速ジェット機が政府に承認されました。これにより、太平

に関与していないニュースが、もしあるとしたらどれか、決めようとするのだ。

ひとり遊びをしたがる。科学ニュースをひとつひとつ聞いたあとで、量子コンピュータが成果

壁のスクリーンがいきなり映像を映し出す。最新のニュースを聴くたびに、あなたはこんな

を伝える朝のニュースをつけてよ」

だが、もうニュースを追わないといけない時間だ。あなたはモリーに言う。「科学の進捗状況

れようとしている。

ことになるのだ。安価な再生可能エネルギーの新時代の幕が、量子コンピュータによって開か

つまり、今後世界でいくつもの核融合炉が誕生し、またたくさんのパーティーで酔っぱらう

融合によって取り出せるわけです。エネルギー危機を解決する鍵になるでしょうね」

法を明らかにしたんです。これで、ほとんど無尽蔵のエネルギーを、水素をヘリウムにする核

あなたはこう答える。「量子コンピュータがついに、核融合炉内部の熱いガスを安定化する方

か？　どうして熱いガスに大騒ぎするんです？」

あなたはパーティーで記者にこう訊かれたのを思い出す。「この興奮ぶりはいったい何です

可能にした画期的なイベントだった。

るようで、昨夜のパーティーで祝っていた最新の核融合炉の操業開始は、量子コンピュータが

によるノイズをなくす的確な空力デザインを見つけ出せたことがわかっている。それにより、この新型超音速ジェット旅客機が開発できたのだ。

続いてホストはこう読み上げる。「火星に滞在中の宇宙飛行士たちが、大型のソーラーパネルと、コロニーのエネルギーを貯蔵するスーパー電池群を建造しました」

あなたは、量子コンピュータが火星の前哨基地にエネルギーを供給するスーパー電池を生み出し、このすべてを可能にしたことを知っている。一方で、それはまた、地球で石炭や石油による発電所への依存を減らすことにもなった。

ホストは次のニュースに移る。「全世界の医師が、アルツハイマー病の新薬を歓迎しています。これにより、この致命的な病をもたらすアミロイドタンパク質の蓄積を防ぐことができるのです。この成果は何百万もの命を救うでしょう」

あなたは、自分の会社が量子コンピュータでアルツハイマー病の原因となるタイプのアミロイドタンパク質を特定する研究の最前線にいたことを誇りに思う。

科学ニュースを聴きながら、あなたはにんまりしている。今日もまた、全部のニュースの内容が、量子コンピュータによって直接的か間接的に実現したものだったからだ。

ニュースが終わると、あなたは重い足取りでバスルームへ行き、シャワーを浴びて歯を磨く。そして水が排水口に流れ込むのを見ながら、体を洗ったり口をゆすいだりしたあとの排水が知らぬ間にバイオラボへ送られ、がん細胞の有無が調べられていることに思い至る。何千万、何億もの人は、バスルームとつながっている量子コンピュータにより、日に何度か精密な健康診断がおこなわれているのに気づかずのほほんと過ごしている。

今では、腫瘍ができる何年も前に量子コンピュータでがん細胞が見つかるため、がんはただの風邪のようなものになっている。がんの家系をもつあなたは、内心こう思う。「がんがもう以前のような殺し屋でなくなってよかった」

最後にあなたが服を着ると、壁のスクリーンがふたたび明るくなる。今度はＡＩ医師の姿がスクリーンに現れる。

「今日は何ですか、先生？　良いニュースだといいんですが」

専属のロボット医師、ロボ・ドックが告げる。「そうですね、良いニュースと悪いニュースがあります。まずは悪いニュース。先週のあなたの排水に含まれていた細胞を調べたところ、がんが見つかりました」

「うっ、それは悪いニュースですね。じゃあ良いニュースは？」と、あなたは不安げに尋ねる。

「良いニュースは、その元凶を特定し、あなたの肺で成長しているわずか数百個のがん細胞を見つけたことです。心配ありません。すでにがん細胞の遺伝子を解析したので、注射で免疫系を強化してこのがんをなくします。このがんを攻撃するためにあなたの会社の量子コンピュータが作った最新の遺伝子組み替え免疫細胞を、ちょうど受け取ったところです」

あなたはほっとする。それから別の質問をする。「正直に答えてください。あなたの量子コンピュータが僕の体液に含まれるがん細胞を検出していなかったら、どうなっていましたか？　たとえば10年前に？」

ロボ・ドックが答える。「数十年前、量子コンピュータが普及する前なら、今ごろ体内の腫瘍に数十億個のがん細胞ができていて、およそ5年以内に死んでいたでしょうね」

あなたは息を呑む。そしてクォンタム・テクノロジーズで働いていることを誇りに思う。

突然モリーがロボ・ドックとの会話に割って入る。「たった今、このメッセージが届きました。本社で緊急の会議があります。ただちに直接出席するようにとのことです」

「なんだって！」とあなたはつぶやく。通常のタスクはほとんどオンラインでおこなわれている。ところが今日は、全員集合が求められている。重要な会議にちがいない。

あなたはモリーに伝える。「約束をキャンセルして僕の車を呼んで」

数分後に自動運転車が到着し、あなたを会社へ連れて行く。車の流れは悪くなかった。道路に埋め込まれた何百万ものセンサーが量子コンピュータにつながっていて、秒単位で個々の信号を制御して渋滞をなくしているからだ。

会社に着くと、あなたは車から降りてこう言う。「駐車しに行って。そしてあとですぐに迎えに来られるように準備しておいてよ」。あなたの車は街の交通をすべて監視している量子コンピュータに接続し、近場で空いている駐車スペースを見つける。

あなたが会議室に入ると、まわりに着席している人のプロフィールがコンタクトレンズに表示される。会社のお偉方が勢揃いしているようだ。これは重要な会議でまちがいない。

社長が名だたる重役たちに向かって話を切りだす。

「ぎょっとする話だが、今週、わが社の量子コンピュータがこれまでにないウイルスを検出した。わが社が構築している下水道センサーの国際ネットワークは、致死性ウイルスに対する防御の最前線だが、それがタイの国境近くで新たなウイルスを検出したのだ。このウイルスはわれわれの不意を突いた。致死性が高く、感染性も高く、おそらくなんらかの鳥が起源だ。君たちも当然覚えているように、前のパンデミックでは米国で100万を超える人命が奪われ、世界経済をほとんど機能不全に陥らせた。私は、ただちにアジアへ飛んで脅威を分析する優秀な社員の人選をした。超音速輸送機が離陸の準備をしている。何か質問は？」

いくつもの手が挙がる。質問の多くは外国語だが、あなたのコンタクトレンズが自国語に翻訳してくれる。

あなたは平穏ですてきな週末を待ち望んでいた。そんな予定のすべてがふいになった。今度は空飛ぶ車があなたを空港へ連れて行き、そこで超音速輸送機が待っていた。あなたはニューヨークで朝食を、アラスカ上空でランチを、東京で夕食を食べてから、夜の打ち合わせに出る。「従来のジェット機でニューヨークから東京まで13時間といういらだたしい旅が、超音速ジェット機でずいぶん改善されたな」とあなたは思いにふける。

それからあなたは、小学生のころ、歴史の本で2020年のパンデミックが引き起こした悪夢のような出来事について読んだのを思い出す。当時世界は、未知のウイルスに対処する準備がまったくできていなかった。実のところ、それであなたの親族も何人か亡くなっていた。だが今度は、すっかり準備ができている。

翌日、あなたは状況説明を受ける。上司がこう話す。「幸い、量子コンピュータでこのウイルスの遺伝子配列が特定でき、分子レベルの弱点を見つけてこの病気に効くワクチンを設計することができた。すべては量子コンピュータのおかげで記録的な速さでおこなえた。旅客機や列車の記録もすべて量子コンピュータで調べ、ウイルスが世界にどう広がりうるかを明らかにすることができた。現在、主要な空港や鉄道の駅に設置したセンサーが、新たなウイルスに固有のにおいをとらえるように調整されている」

会社の各地の研究所を1週間めぐってから、あなたは自分のチームが新たなウイルスを制圧できたと確信してニューヨークへ戻る。そして、自分ががんばったことで数百万人の命を救え、世界経済の崩壊を防げたと自負する。

帰宅したあなたは、新たな予定が入っていないかモリーに尋ねる。「そうですね、世界でも指折りの大手雑誌から、あなたにインタビューの依頼が入っています。量子コンピュータの特集記事を書こうとしているようです。セッティングしますか？」

オフィスに記者がやってくると、あなたはうれしい驚きを覚える。サラは念入りに準備していて、知識が豊富で、実にプロフェッショナルだった。

サラは言う。「近ごろはどこにでも量子コンピュータが普及しているようだと聞いています。従来のデジタルコンピュータは恐竜のようで、スクラップになりつつあると。どこへ行っても、量子コンピュータが旧世代のシリコンコンピュータに取って代わっているように思えます。携帯電話を使うたびに、実はクラウドのどこかにある量子コンピュータと話しているのだとも言われます。でも教えてください。これだけ進歩していれば、切実な社会問題の解決にも役立つでしょうか？　つまり、現実の話がしたいのです。たとえば、貧困者に食糧を供給するのにも役立つでしょうか？」

あなたは即答する。「そうですね、答えはイエスです。量子コンピュータは、私たちが毎日吸っている空気に含まれる窒素を肥料の原料に変えるための秘密を解き明かしました。これは第二の緑の革命を生み出そうとしているのです。かつて否定していた人は、人口爆発によって飢餓や戦争、大量移民、食糧暴動などが起きると言っていました。そのどれも、量子コンピュータのおかげで起きていません――」

「でもちょっと待ってください」とサラが話をさえぎる。「地球温暖化の問題はどうでしょう？　まばたきするだけで、コンタクトレンズのインターネットで大規模な山火事や干ばつ、ハリケーン、洪水の画像が見られます。……気候がおかしくなっているように思えるんです」

「そうですね」とあなたは認める。「前世紀に産業界は大量のCO_2を大気に吐き出し、私たちはついにその代償を払うはめになっています。すべての予測が的中しているのです。でも私たちはそれに応戦しています。クォンタム・テクノロジーズは、莫大な電気エネルギーを貯蔵できるスーパー電池の開発の先頭に立っています。この電池はエネルギーのコストを大幅に減らし、長いこと待ち望まれていた太陽の時代をもたらすことになるでしょう。いまや、太陽が照らず、風が吹いていないときにも電力が得られるのです。現在世界じゅうで稼働しつつある核融合プラントも含め、再生可能テクノロジー〔消費する以上のエネルギーを生み出すという点で、核融合も再生可能テクノロジーに含める考え方がある〕によるエネルギーは、いまや史上初めて化石燃料によるエネルギーよりも安価になっています。私たちは地球温暖化の危機を脱しようとしているのです。間に合うことを期待しましょう」

「では、個人的な質問をさせてください。量子コンピュータはあなたの家族や愛する人にどんな影響を与えましたか？」と、サラが尋ねる。

あなたは悲しげな面持ちで答える。「私の家族はアルツハイマー病でひどくつらい思いをしました。私自身、母親でじかにそれを味わったのです。最初、母は数分前の出来事を忘れるようになりました。それから次第に妄想を抱き、起きてもいない出来事を語るようになったのです。次に、愛する人たちの名前をすっかり忘れ、ついには自分がだれなのかも忘れてしまいました。けれども私は、今では量子コンピュータがこの問題を解決しようとしていると誇りをもって言えます。分子のレベルで、量子コンピュータは脳にたまる異常なアミロイドタンパク質を特定できたのです。アルツハイマー病の治療は手の届くところにあります」

次にサラはこう問いかける。「あくまで仮定上の質問をします。量子コンピュータで老化を遅くしたり止めたりする手だてがもうすぐ見つかるという噂も広まっています。そこで教えてください。その噂は本当ですか？　あなたは今にも不老の泉を見つけようとしているんですか？」

あなたは答える。「ええと、私たちにはまだ完全にはわかっていませんが、本当です。当社の研究所ではすでに、遺伝子治療とＣＲＩＳＰＲと量子コンピュータを使って、老化が引き起こすエラーを修復することができています。老化が遺伝子や細胞のエラーの蓄積によるものであることはわかっています。そして現在、私たちはそうしたエラーを修正することで、老化を減速し、あわよくば逆戻りさせる方法を見つけようとしているのです」

「そこから最後の質問です。もう一度一生を送れるとしたら、あなたは何になりたいですか？　たとえば記者である私は、次の一生は小説家になりたいです。あなたはどうですか？」

「ふうむ」とあなたは応じる。「一生を何度か送るというのは、もはやそれほどありえない話ではありません。それでも私は、もう一度一生を送れるとしたら、量子コンピュータを応用して宇宙についての究極の疑問を解決したいですね。究極の疑問とはこういうものです。宇宙はどこから生まれたのか？　なぜビッグバンが起きたのか？　その前はどうなっていたのか？　私たち人類はまだ未熟すぎてこうしたとんでもない疑問に答えられませんが、いつか量子コンピュータが答えを見つけるにちがいありません」

「宇宙の意味を見つけるんですか？　なんとまあ、それはとんでもない大仕事ですね。でも、量子コンピュータがどんな答えを見つけるか、怖くないですか？」とサラが訊く。

「『銀河ヒッチハイク・ガイド』〔ダグラス・アダムス著、安原和見訳、河出書房新社など〕の終わりで何があったか覚えていますか？　大きな期待と興奮の末に、巨大なスーパーコンピュータがついに宇宙の意味を解き明かします。けれども答えは42という数でした。もちろん、これはフィクションの話です。それでも今私は、量子コンピュータを使ってこの問題を解くことができると思っています。本気で」と、あなたは答える。

インタビューのあとで、あなたはサラと握手して、すてきな会話ができてありがとうと言う。それから遠慮がちに、夕食をご一緒しませんかと誘ってみる。雑誌の記事は大きな反響を呼び、何百万もの人に、量子コンピュータが経済や医療、われわれの暮らしを一変させていることを知らしめた。おまけにあなたはサラと親交を深めた。

サラと共通点が多いことを知って、あなたはとてもうれしくなる。ふたりとも向上心にあふれ、幅広い知識がある。やがてあなたは、クォンタム・テクノロジーズに新設されたゲームセンターに来ませんかと誘う。最高性能の量子コンピュータが、これ以上ないほどリアルなバーチャルゲームを作っているゲームセンターだ。ふたりで興じる他愛もないゲームは、高性能な量子コンピュータによって夢のような見知らぬ光景を作り出す。あるときには宇宙を探検し、またあるときには海辺のリゾートにたたずむ。次のときにはとても高い山の頂にいる。あなたはどこまでも小さな細部までリアルなことに驚く。ともあれ、あなたが大好きなのは、遠くの山並みからのぼる満月を眺めることだ。明るい月が森を照らすのを見ていると、ふと自然のそばにいるように感じてしまう。

あなたはサラに語りかける。「ねえ、宇宙飛行士が宇宙の探査に乗り出す月着陸の番組を見て、僕は最初に科学に興味をもったんだ」

サラがうなずく。「私もよ。でも私がわくわくしたのは、いつか女性が月面を歩くのを見たいと思ったから」

やがて、どんどんサラと親密になっていったあなたは、ついに彼女にプロポーズする。うれしいことに、返事はイエスだった。

だが、ハネムーンにはどこへ行こう？

宇宙旅行の費用が下がり、一般人が宇宙へ飛んでいきだしているというニュースがあったので、サラは新しい記事を書く許可を自分の雑誌に求める。

「ハネムーンにぴったりの場所があるわ」とサラが言う。

「ハネムーンで月に行きたい」

エピローグ

量子の謎

宇宙論研究者のスティーヴン・ホーキングはかつて、「神」という言葉を口にしても恥じらわない科学者は物理学者だけだと言った。

しかし、本当に物理学者が恥じらうのを見たければ、決定的な答えがない深遠な哲学的疑問をぶつけるといい。

では、哲学と物理学の境目にあるためにほとんどの物理学者をまごつかせる疑問を厳選したリストを挙げよう。どれも量子コンピュータの存在に影響するので、順に考えていこう。

1．神が宇宙を創造するにあたって、選択の余地はあったのか？

アインシュタインはこれを、投げかけられるかぎり最も深遠で意味深い疑問のひとつだと考えた。神は、宇宙を何かほかの形に創造できたのだろうか？

2．宇宙はシミュレーションなのか？

われわれはビデオゲームのなかで生きるオートマトン（自動人形）なのか？　われわれが見るものやすることはすべて、コンピュータ・シミュレーションの副産物なのだろうか？

3．量子コンピュータは並行宇宙で計算しているのか？

マルチバースを導入することで、量子コンピュータにとっての観測問題を解決できるのだろうか？

4．宇宙は量子コンピュータなのか？

素粒子から銀河団まで、われわれのまわりにあるものはすべて、宇宙そのものが量子コンピュータである証拠なのだろうか？

神に選択の余地はあったのか？

アインシュタインは人生の多くの時間、この宇宙の法則が唯一のものなのか、それともいくつかある可能性のひとつにすぎないのかという疑問を抱いていた。初めて量子コンピュータのことを学ぶと、内部の仕組みが奇想天外なものに思える。基本的なところで、電子がふたつの場所に同時に存在するとか、固い障壁をトンネル効果で通り抜けるとか、光より速く情報を伝えるとか、任意の2点を結ぶ無数の経路を即座に調べるといった不可解なふるまいを見せるのが、信じがたいように思われるのだ。宇宙はこれほど奇妙でないといけないのか、とあなたは自問することになる。もしも選択の余地があったなら、物理法則をもっと合理的なものに取り決めなおせたのだろうか？

アインシュタインは何か問題に手こずると、よく「神は老獪だが、意地悪ではない」と言ったらしい。ところが、量子力学のパラドックスに向き合うはめになると、こう考えるときもあったようだ。「もしかしたら、神は結局のところ意地悪なのかもしれない」

昔からずっと、物理学者は異なる基本法則に従う架空の宇宙について考え、自然の法則は唯一のものなのか、もっと良い宇宙を一から作れるのかを知ろうとしていた。

哲学者さえも、この宇宙論的な疑問に取り組んだ。かつてアルフォンソ賢王〔13世紀のカスティリヤ国王で、学芸の振興に努めた〕は言った。「天地創造のときに立ち会っていたとしたら、私は宇宙の秩序をより良いものにするための有益なヒントをいくつか与えていただろう」

19世紀のスコットランドの裁判官で批評家でもあったジェフリー卿は、この宇宙の不完全さについて不平を漏らしていた。「いまいましい太陽系め。光は足りず、惑星は遠すぎ、彗星には悩まされる。お粗末な仕組みだ。私ならもっと良い［宇宙が］作れるだろう」

ところが科学者は、どれだけがんばっても、量子物理学の法則を改良できなかった。たいてい、量子力学に代わるものを選ぶと、不安定だったり何か致命的な欠陥がひそんでいたりする宇宙ができることがわかるのだ。

アインシュタインをとりこにしたこの哲学的疑問に答えようとして、物理学者はよく、宇宙がもっていてほしい特性をリストアップすることから始める。

まず第一に、宇宙は安定していてほしい。手のなかで崩れて何も残らないようなことはあってほしくない。

意外にも、この基準はきわめて満たしにくい。手始めに最も単純な条件として、われわれが常識的なニュートン物理学の世界で生きていると考えてみよう。これはわれわれになじみ深い世界だ。この世界を構成する小さな原子が、ミニチュアの太陽系のように、ニュートンの法則に従って原子核のまわりを電子が回っているものだとしよう。この太陽系は、電子が完璧な円を描いて動いていれば安定している。

だが、そうした電子のひとつの動きをわずかに乱したら、電子はふらつき、不完全な軌道をとる。すると、いずれそれらの電子はぶつかり合ったり原子核へ落ちたりする。そしてあっという間に、原子は崩壊し、電子が四方八方に散らばっていく。つまり、ニュートン物理学による原子のモデルは本質的に不安定なのだ。

分子に何が起きるかも考えよう。古典力学のみに支配されている世界では、ふたつの原子核を回る軌道はきわめて不安定で、乱すとすぐに消滅する。したがって、ニュートン物理学の世界では分子は存在できず、それゆえ化合物はいっさい存在しなくなる。その宇宙は、安定した原子や分子がないので、結局のところ無秩序に素粒子が散らばる形なき霧のようなものになる。

しかし、量子論ならこの問題を解決できる。電子が波で表され、その波はとびとびの共鳴状態でしか原子核のまわりで振動できないからだ。電子が衝突してばらばらになるような波は、シュレーディンガー方程式が許さないので、原子は安定する。量子論の世界では、分子も安定する。電子の波がふたつの原子のあいだで共有され、ふたつの原子を結びつける安定した共鳴状態が形成されるときに、分子ができるからだ。共鳴状態は、分子をひとつにまとめる糊となる。

そのため、見方によっては、量子力学とその奇妙な特性には「目的」や「理由」があるとも言える。量子論の世界はなぜそんなにも奇想天外なのか？　どうやら物質を安定させ、固めておくためのようだ。そうでないと、われわれの宇宙はばらばらになってしまう。

このことは、量子コンピュータに大きな影響を及ぼす。量子コンピュータの基礎となるシュレーディンガー方程式を改変すると、改変された量子コンピュータは、不安定な物質などのナンセンスな結果を生み出すと考えられる。すると、量子コンピュータが安定した宇宙を作り出すには、シュレーディンガー方程式から始めるしかない。量子コンピュータはただひとつに定まる。量子コンピュータを作るために物質を組み合わせるやり方はたくさんある（たとえば異なる種類の原子を使うなど）としても、量子コンピュータが計算をおこなってなお安定した物質を記述できるやり方はひとつしかないのである。

したがって、電子や光や原子を操る量子コンピュータがほしければ、量子コンピュータの基本設計はただひとつに絞られるだろう。

シミュレーションとしての宇宙

映画『マトリックス』を見た人なら、主人公のネオが「選ばれし者」だと知っている。彼には超能力がある。空高く舞い上がれる。飛んでくる銃弾をよけたり、途中で止めたりすることもできる。ボタンひとつで即座に空手を身につけることもできる。さらに、鏡を通り抜けることもできる。

こうしたことができるのは、ネオが実はコンピュータが生み出した仮想のシミュレーションのなかで生きているからだ。ビデオゲームのなかで生きているように、「現実」が本当は架空の世界なのである。

だがここでこんな疑問が浮かぶ。コンピュータの性能が指数関数的に向上するなら、この世界が実はシミュレーションで、われわれの知る「現実」がどこかのだれかがプレイしているビデオゲームだということもありうるのだろうか？　だれかがデリート（削除）キーを押して芝居を終わらせるまで、われわれはコードの行にすぎないのか？　そして、古典的なコンピュータでは性能不足で現実をシミュレートできないとしたら、量子コンピュータならできるのだろうか？

まず、もっと単純な疑問を投げかけよう。今語ったような古典論的な宇宙は、ニュートン物理学のシミュレーションになれるのだろうか？

空っぽのガラスビンを考えてもらおう。ビンのなかの空気には、10の23乗個を上回る原子が収められている。これを正確にモデル化するには、10の23乗ビットの情報を操作する必要があるので、古典的なコンピュータではとうていできない。ビンのなかにある原子の完璧なシミュレーションを作り出すには、すべての原子の位置と速度も知る必要がある。ここで、地球上の天候のシミュレーションに挑むとしよう。そのためには、地球全体で湿度、気圧、温度、風速を知る必要がある。即座に、現在知られているどの古典的なコンピュータのメモリ容量も使い果たしてしまうだろう。

要するに、天候をシミュレートできる最小のものは、天候そのものなのである。

この問題に対する別の見方として、バタフライ効果というものも考えてみよう。蝶（バタフライ）が羽ばたくと、それで生じる空気の波が、条件がうまく合えば、やがて雪崩状に増幅されて強風になるかもしれない。さらに、やがて雲が臨界点に達して暴風雨をもたらすことも考えられる。これはカオス理論の結果だ。カオス理論によれば、空気の分子はニュートン物理学の法則に従うとしても、何兆個もの空気の分子による複合的な効果はカオス的〔単純な決定論的規則に従う系が、初期値の揺らぎや相互作用などで不規則で複雑なふるまいを起こすこと〕で、予測できない。だから、暴風雨が発生する確率を正確にはじき出すことはほぼ不可能なのである。1個の分子がたどる道筋は決定できても、何兆個もの空気の分子が見せる集合的な動きは、どんなデジタルコンピュータでも計算できない。やはりシミュレーションは不可能なのだ。

しかし、量子コンピュータならどうだろう？

量子コンピュータで天候をモデル化しようとすると、事態はさらにひどくなる。300

キュービットの量子コンピュータがあれば、そのなかで２の３００乗個の状態が作れ、その数はわれわれの宇宙がとる状態より多くなる。たしかに量子コンピュータには、われわれが知る「現実」のすべてをコードできるだけのメモリがある。

いや、そうともかぎらない。何千もの原子をもつ、複雑なタンパク質分子を考えてみよう。量子コンピュータでたった1個のタンパク質分子をいっさい近似せずにシミュレートするだけでも、この宇宙に存在するよりもずっと多くの状態が必要になる。ところがわれわれの体には、途方もない数のタンパク質分子がある。そのため、人体に含まれるすべてのタンパク質分子を正確にシミュレートするには、理論上、何十億もの量子コンピュータが必要になる。やはり天候と同じく、宇宙をシミュレートできる最小のものは、宇宙そのものなのだ。何十億の何十億倍もの量子コンピュータを組み合わせて複雑な量子の現象をシミュレートするのは、まるっきり非現実的なのである。

実際にシミュレートできそうな「現実」は、完璧ではなく、多くのすきまや欠陥があるような現実だけだ。それならシミュレートすべき状態の数を減らせる。完璧でなければ、そうしたシミュレーションは実在しうるだろう。たとえば、そんなシミュレーションには不完全な領域が存在しそうだ。見上げた「空」に、かつての映画のセットのように裂け目があるかもしれない。あるいは、深海に潜っていると世界がすべて海のように思えてしまうが、やがてガラスの壁に当たり、世界が海の小さなシミュレーションにすぎないことに気づかされるのだ。このような欠陥のある宇宙ならきっとありうる。

並行宇宙

かつてハリウッド映画や漫画は、登場人物を宇宙へ行かせることで、わくわくするような架空の世界を作り出していた。ところが、人類はすでに50年以上もロケットを宇宙に送り込んでいるため、これはやや古めかしくなっている。そこでSF作家は、突飛な筋書きのために新たに最先端の舞台を求めており、いまやそれはマルチバースとなっている。最近の超大作映画には並行宇宙を舞台にしたものも多く、スーパーヒーローや悪役が複数の現実に存在している。

以前私は、SF映画を観るたびに、いくつの物理法則が破られているかをかぞえていた。それをやめたのは、アーサー・C・クラークのこんな言葉を思い出したときだ。「十分に進んだテクノロジーは魔法と区別がつかない」。だから、映画がなんらかの既知の物理法則を破っているように見えても、その物理法則がいつか間違っていたり不完全だったりするとわかるかもしれないのだ。

ところが今、映画にマルチバースが登場するようになって、私はふたたび何か物理法則が破れていないかと考えるはめになっている。今度の場合、映画の指導をする理論物理学者が、マルチバースの考えを真面目に受け入れている。

というのも、ヒュー・エヴェレットの多世界理論が息を吹き返しているからだ。前にも触れたが、エヴェレットの多世界理論は、観測問題を最も単純かつエレガントに解決する手だてかもしれない。量子のふるまいを記述する波動関数は観測によって収縮するという、量子力学の最後の仮定（第3章の「確率の波」のセクション参照）をなくすだけで、多世界理論はその仮定が示すパラドックスを即座に解消してくれるのだ。

だが、電子の波が増えてもかまわないとすると、払うべき代償がある。シュレーディンガー方程式の波が収縮せず、自由に動けるようになると、幾度でも分かれて、ありうる宇宙が無数に増殖する。そのため、ひとつの宇宙に収縮するのではなく、無数の並行宇宙に絶えず分かれていくことになる。

こうした並行宇宙については、物理学者のあいだであまねく意見の一致は見られていない。デイヴィッド・ドイチュは、これこそ量子コンピュータが非常に強力である本質的理由だと考えた。さまざまな並行宇宙で同時に計算するからだ。これは、箱のなかの猫が死んでいると同時に生きているという、あのシュレーディンガーのパラドックスを思い起こさせる。

スティーヴン・ホーキングは、このいらだたしい問題について訊かれるといつもこう言った。「シュレーディンガーの猫を耳にするたびに、銃に手が伸びる」

しかし、考慮すべき仮説がまだある。それは干渉性の消失（デコヒーレンス）理論で、この理論によれば、外部の環境との相互作用が波を収縮させる。つまり、波は、環境と接触するとひとりでに収縮するわけであり、それは環境がすでに干渉性を失っているからなのだ。

これにより、シュレーディンガーのパラドックスはあっさり解消できることになる。そもそもその問題は、箱を開ける前に、猫が死んでいるのか生きているのかはわからないというものだった。従来の答えは、箱を開けるまで猫は死んでいないし生きてもいないというものだ。ところがこの新しい理論によれば、猫の原子はすでに箱のなかに浮遊している任意の原子と接触しているので、猫は箱を開ける前にもう干渉性を消失している。したがって、猫はすでに死んでいるか生きているかのどちらかなのである（だが両方ではない）。

要するに、従来のコペンハーゲン解釈では、猫は箱を開けて観測したときに初めて干渉性を失うが、干渉性の消失理論では、空気の分子が猫の波に触れてその波を収縮させているので、猫はすでに干渉性を失っている。干渉性の消失理論のアプローチでは、波の収縮の原因が、箱を開ける実験者ではなく箱のなかの空気になるのだ。

通常、物理学の論争は実験をおこなうことで解決する。物理学は、結局のところ推論にもとづいているのではない。決め手になるのは確たる証拠なのだ。しかし、今から何十年か経っても、物理学者はまだこの問題について論争していると私は思う。先ほど挙げた解釈のどれかを排除できる決定的な実験が、少なくとも今のところは存在しないからだ。

それでも私としては、干渉性の消失理論のアプローチには欠陥があると思う。このアプローチでは、環境すなわち空気（干渉性を失っている）と、調べる対象（猫）を区別する必要がある。コペンハーゲン解釈のアプローチでは、干渉性の消失は実験者によってもたらされ、干渉性の消失理論のアプローチでは、それは環境との相互作用によってもたらされる。

ところが、量子重力理論を持ち込むと、量子化する最小の単位が宇宙そのものになる。実験者と、環境と、猫とのあいだに区別はなくなる。すべてが1個の巨大な波動関数――宇宙の波動関数――の一部になり、さまざまな部分に分けられなくなるのだ。

この量子重力理論の見方では、干渉性のある波と、干渉性を失っている空気の波との区別は事実上ない。違いは程度の問題にすぎないのだ（たとえば、ビッグバンの前には、宇宙全体が干渉性をもっていた。だから138億年経った今でも、猫と空気のあいだには、わずかばかり干渉性の存在を見出せる）。したがって、この見方によれば干渉性の消失理論は排除される。あいにく、それとコペンハーゲン解釈のアプローチの違いを見分けられるような実験は存在しない。どちらのアプローチでも、量子力学的には同じ結果が得られる。違いは結果の解釈であり、哲学的なものなのだ。結局、コペンハーゲン解釈でも、干渉性の消失理論のアプローチでも、あるいはまた多世界理論でも、得られる結果は同じなので、3つのアプローチはすべて実験面では等価だということになる。

この3つのアプローチのあいだでひとつ考えられる違いがあるとすれば、それは、多世界解釈では異なる並行宇宙のあいだを移動できる可能性があるという点だ。しかし、計算をおこなうと、並行宇宙のあいだを移動できる確率はきわめて低く、実験で検証することができない。一般に、別の並行宇宙に入るには、宇宙の寿命よりも長い時間待たないといけないのだ。

宇宙は量子コンピュータなのか？

では次に、宇宙そのものがひとつの量子コンピュータなのかどうかを調べることにしよう。

ここでまず、バベッジが抱いた明確な疑問が思い起こされる。アナログコンピュータはどこまで高性能にできるのか？　機械的な歯車やレバーで計算できることの限界はどこにあるのだろう？

チューリングはこの疑問を押し広げ、さらにこんな疑問を抱いた。デジタルコンピュータはどこまで高性能にできるのか？　電子素子による計算の限界はどこにあるのだろう？

すると当然、次の疑問はこうなる。量子コンピュータはどこまで高性能にできるのか？　原子一個一個を操作できたら、計算の限界はどこにあるのだろう？　また、宇宙は原子で構成されているのだから、宇宙そのものが量子コンピュータなのだろうか？

この考えを提唱した物理学者は、ＭＩＴのセス・ロイドだ。彼は、量子コンピュータが誕生した一番最初のころにその領域にいた、ひとにぎりの物理学者のひとりである。

私はロイドに、どうして量子コンピュータにかかわるようになったのかと尋ねた。すると彼は、学生時代に数に夢中になったと答えた。とくに、たった数個の数で、数学の規則を用いて現実世界にある途方もなくたくさんのものが記述できるという事実に興味をもったと。

ところが大学院に進むと、ロイドは問題に直面した。一方で、ひも理論や素粒子物理学を専攻する明敏な物理学の学生がいた。他方で、コンピュータ科学を専攻する学生もいた。彼は両者のあいだで板挟みになった。量子情報の研究をしたかったが、それは素粒子物理学とコンピュータ科学の中間に位置していたからだ。

素粒子物理学では、物質の究極の単位は電子などの粒子だ。情報理論では、情報の究極の単位はビットである。そこでロイドは、粒子とビットの関係に関心をもった。その関係は量子ビットにつながるわけだが。

彼が提示して物議をかもしたのは、宇宙が量子コンピュータだとする考えである。一見したところ、それはとんでもないように思えるだろう。宇宙について考える場合、われわれは恒星や銀河、惑星、動物、人間、ＤＮＡといったものについて考える。一方、量子コンピュータについて考える場合、マシンについて考える。どうして両者が同じになれるのだろう？

実は、両者のあいだには深遠な関係がある。この宇宙のニュートンの法則をすべて収められるチューリングマシンを作ることができるのだ。

たとえば、おもちゃの電車がミニチュアの線路の上にあるとしよう。線路は延々と続くマスに分けられ、マスのなかには0か1の数が置ける。0はそのマスに電車がないことを示し、1はそのマスに電車があることを示す。ではここで、電車をひとマスずつ動かすことにしよう。ひとマス動かすたびに、0と1が入れ替わる。こうして電車は線路に沿って滑らかに動く。数1がおもちゃの電車の位置を示すのだ。

ここで線路を0と1が並ぶデジタルテープに置き換えよう。そして、おもちゃの電車をプロセッサに置き換える。プロセッサがひとマス進むごとに、0と1を入れ替えることになる。

こうすれば、おもちゃの電車をチューリングマシンに変換することができる。つまり、チューリングマシンで、古典物理学の土台となるニュートンの運動法則をシミュレートできるのだ。

このおもちゃの電車を、加速度やもっと複雑な運動を示すように改変することもできる。おもちゃの電車を動かすたびに、1になるマスの間隔を広げていけば、電車は加速する。また、電車が進む線路を3Dつまり格子に拡張することもできる。そのようにして、ニュートン力学のすべての法則をコードすることができる。

これで、チューリングマシンとニュートンの法則がきっちり結びつけられる。古典的な宇宙はチューリングマシンによってコードできるのである。

さらに、これを量子コンピュータに拡張することもできる。線路の0と1に代えて、おもちゃの電車に方位磁石をのせる。磁石の針は、北を向くと1、南を向くと0で、そのあいだの向きについては北と南の重ね合わせで表す。すると、電車が線路を走るにつれ、針がシュレーディンガー方程式に従ってさまざまな方向へ動くことになる。

(量子のからみ合いも実装したければ、複数の方位磁石を電車にのせればいい。それらの磁石の針は、電車が線路を走るにつれ、プロセッサのルールに従ってさまざまな動きをする)

おもちゃの電車が走ると、方位磁石の針が回りだす。針の動きは、シュレーディンガーの波動方程式に収められた情報をなぞる。そのため、こうしてこの電車をもとに波動方程式を導き出すことができる。

ここで重要なのは、量子のチューリングマシンが量子力学の法則をコードでき、ひいては宇宙を決定できるということだ。この意味で、量子コンピュータは宇宙をコードできる。つまり、量子コンピュータと宇宙の関係は、前者が後者をコードに還元できるというものになる。したがって、厳密に言うと宇宙は量子コンピュータではないが、宇宙におけるあらゆる現象は、量子コンピュータでコードに還元できるのだ。

ところで、微視的なレベルの相互作用はすべて、量子力学に支配されているのだから、量子コンピュータは、素粒子やＤＮＡから、ブラックホール、ビッグバンに至るまで、現実世界のいかなる現象もシミュレートできる。

量子コンピュータの活動の舞台は、宇宙そのものなのだ。したがって、量子のチューリングマシンを真に理解することができれば、宇宙も真に理解することができるのかもしれない。

答えはそのときになってみないとわからないが。

謝辞

まず第一に、著作権代理人のスチュアート・クリチェフスキーに感謝したい。彼は、これまで長きにわたり私に連れ添い、私の本を企画段階から市場へ導いてくれた。私は著作にかかわるあらゆる面で、彼の的確な判断を信頼している。彼の確かなアドバイスによって、これまで私の本は成功を収めてきた。

編集者のエドワード・カステンマイヤーにも感謝したい。彼は、編集のあらゆる面でいつも賢明な判断をしてくれている。編集のどの段階でも、本の主眼を明確にし、とっつきやすくする手助けもしてくれている。

私の相談に答えたり、インタビューを受けたりして、貴重なアドバイスをしてくれた多くのノーベル賞受賞者にも、謝意を表したい。

リチャード・ファインマン、スティーヴン・ワインバーグ、南部陽一郎、ウォルター・ギルバート、ヘンリー・ケンドール、レオン・レーダーマン、マレー・ゲル＝マン、デイヴィッド・グロス、フランク・ウィルチェック、ジョーゼフ・ロートブラット、ヘンリー・ポラック、ピーター・ドハーティ、エリック・チヴィアン、ジェラルド・エーデルマン、アントン・ツァイリンガー、スヴァンテ・ペーボ、ロジャー・ペンローズ。

以下の著名な科学者にも感謝したい。彼らは科学研究のリーダーや名だたる科学研究所の所長を務め、寛大にも自身の知識を分け与えてくれた。

マーヴィン・ミンスキー、フランシス・コリンズ、ロドニー・ブルックス、アンソニー・アタラ、レナード・ヘイフリック、カール・ジンマー、スティーヴン・ホーキング、エドワード・ウィッテン、マイケル・レモニック、マイケル・シャーマー、セス・ショスタク、ケン・クロズウェル、ブライアン・グリーン、ニール・ドグラース・タイソン、リサ・ランドール、レナード・サスキンド。

最後になったが、私が長年のあいだにインタビューしてきた400名以上の科学者にも礼を述べたい。彼らの知見は本書を執筆するうえできわめてためになった。

訳者あとがき

量子コンピュータ。

いまや、もう耳にしたことがないという人はいないだろう。その具体的な原理まではなかなか難しいので専門家でないとわからないが、従来のコンピュータをはるかにしのぐ能力をもつとされている。今はまだ実機の開発が進められているさなかだが、理論を完全に実現する本格的なものが完成すれば、世界にとてつもない革命を起こすことはまちがいない。

本書のタイトルにもなっている「量子超越」とは、量子計算の原理を用いたデバイスが、従来タイプのいかなるコンピュータでも実用的な時間で解けない問題を解くことができるようになった状態を指す言葉だ。本書の冒頭でも触れているように、近年これを特定の計算で達成したとする主張が出てきているが、実用的な量子コンピュータがあらゆる計算でこの段階に至ると、ＡＩ（人工知能）やナノテクノロジーなどと合わさって第四次産業革命とも呼ばれる人類社会の一大転換に道を開く。

本書で著者ミチオ・カクは、量子コンピュータにまで至るテクノロジーの歴史を語ったうえで、量子コンピュータの発展が世界にどれほど広範な影響を及ぼしうるのかということを、具体的かつ網羅的に列挙している。そのため、量子コンピュータの原理については詳しく述べず、応用の可能性に主眼を置いている。したがって、その内容は、専門的な理論を知りたい向きには十分な情報とは言えないとしても、今後の社会やビジネスを占ううえで大いに役立つのではなかろうか。理論物理学者のミチオ・カクはこれまで未来学者としても活動し、近未来から宇宙の終わりも見据えた遠い未来まで、科学技術の進歩を具体的に予想して、『サイエンス・インポッシブル』『2100年の科学ライフ』『フューチャー・オブ・マインド』『人類、宇宙に住む』（いずれも斉藤隆央訳、NHK出版）など何冊もの書籍を著している。本書でも、彼のそうした才能が存分に発揮されており、政界や実業界、あるいは研究開発方面で、今後の方向性を検討するヒントが詰まっているかもしれない。

ただ、量子コンピュータ（やAI）ですぐになんでもできるようになると極端に楽観的に考えるのは控えたほうがいい。現時点ではまだ実用化へ向けて何歩か踏み出した段階にすぎず、これからさまざまな障害や問題も出てくるだろう。それでも、本書で経済やエネルギー問題のほか、医療や環境問題、はては宇宙の理解にまで革命を起こす予測を読み進めるうちに、あなたは量子コンピュータの登場によって、こんなものにも応用できるようになるのかと可能性の広さに気づかされるはずだ。それと同時に、本書でも指摘しているように、国家機密や金融情報、個人情報などで従来のセキュリティが通用しなくなり、今のままでは社会に大混乱をもたらすおそれもある。技術の進歩は利用も悪用もできる諸刃の剣なので、量子コンピュータの開発の一方で、現在、暗号化の技術にも量子力学を応用して「量子暗号」の開発も進められている。量子暗号の方式はいくつか考えられているが、代表的なものでは、暗号鍵を光子で配送し、盗み見られると光子の状態が変化するのでそれを使わず、変化のない鍵だけを使用する。

また、量子コンピュータとともに近年進歩が著しい技術はＡＩだ。今年（２０２４年）のノーベル賞でも、物理学賞と化学賞の対象がＡＩがらみの業績だった（物理学賞はＡＩの根幹となるニューラルネットワークによる機械学習の基礎を築いた業績で、化学賞はコンピュータによるタンパク質の設計と構造予測という業績だが、これに用いられているのがＡＩのプログラムなのである）。やはり本書でも語られているとおり、現在の科学技術で解決できない複雑な問題を解決するには、量子コンピュータにＡＩを組み合わせる必要も出てこよう。量子コンピュータとＡＩは、今後の科学革命を駆動する両輪として、いまや目が離せない存在となっている。

本書でとくにミチオ・カク氏らしいのは、エピローグである。この章では、量子コンピュータにかかわる未来予測を超越して、物理学者をまごつかせる最大級の形而上学的難問をいくつか挙げ、それらが量子コンピュータと関係すると説明される。たとえば量子コンピュータが並行宇宙を使って計算しているのかとか、宇宙そのものが量子コンピュータである可能性があるかなど、とにかくスケールの大きさがとてつもない。著者のこれまでの本を読んでいない人は、頭がくらくらしてしまうのではなかろうか。逆にこういう記述にわくわくするような人は、著者の既刊『パラレルワールド』（斉藤隆央訳、ＮＨＫ出版）などにも手を伸ばしてみてはいかがだろう。

最後に、量子コンピュータの開発では日本の貢献もかなり大きい。そこで、本書で触れられていない最近のニュースを挙げておこう。たとえば大阪大学と富士通は、キュービット（量子ビット）が従来の考えよりはるかに少なくても、スーパーコンピュータを上回る実用的な計算ができる方式を考案した。これにより、従来100万キュービット必要とされていたのが6万キュービットでよくなるという。また理化学研究所は、やはり1万キュービット程度で実用的な量子コンピュータになる方式を見出している。キュービットの配置を工夫することで、計算エラーを高い効率で防げるようにしたらしい。さらに、東京大学などのチームは、光量子コンピュータの方式において、光のパルスを特殊な状態にすることで、計算エラーを修正する機能をキュービット自体にもたせることに成功している。

一方で、従来型のコンピュータの進歩も無視できない。2019年にグーグルのシカモアが量子超越性を達成したと本書でも書かれているが、2024年に中国のチームが半導体メーカーNVIDIAのGPUを2304個搭載したコンピュータで、シカモアより速く、しかもより少ないエネルギーで計算を完了させたと発表したのだ。従来型コンピュータにもまだまだ発展の余地はあるということだろうか。

翻訳にあたって、待場京子さんに一部お手伝いをいただいた。配慮の行き届いた丁寧な仕事をしてくださったことに対し、この場を借りてお礼を申し上げる。また、NHK出版の本多俊介氏と宮川礼之氏、編集実務を担当された塩田知子氏、および校正を担当された酒井清一氏にも、さまざまな指摘や提案をいただき、すばらしい本に仕上げてくださったことに感謝したい。

2024年11月

斉藤隆央

原注

第1章　新時代の幕開け

［1］ Gordon Lichfield,"Inside the Race to Build the Best Quantum Computer on Earth,"*MIT Technology Review*, February 26, 2020, 1–23.

［2］ Yuval Boger, Dr. Robert Sutorへのインタビュー。*The Qubit Guy's Podcast*, October 27, 2021; www.classiq.io/insights/podcast-with-dr-robert-sutor.

［3］ Matt Swayne,"Zapata Chief Says Quantum Machine Learning Is a When, Not an If,"*The Quantum Insider*, July 16, 2020; www.thequantuminsider.com/2020/07/16/zapata-chief-says-quantum-machine-learning-is-a-when-not-an-if/.

［4］ Daphne Leprince-Ringuet,"Quantum Computers Are Coming, Get Ready for Them to Change Everything,"*ZD Net*, November 2, 2020; www.zdnet.com/article/quantum-computers-are-coming-get-ready-for-them-to-change-everything/.

［5］ Dashveenjit Kaur,"BMW Embraces Quantum Computing to Enhance Supply Chain,"*Techwire/Asia*, February 1, 2021; www.techwireasia.com/2021/02/bmw-embraces-quantum-computing-to-enhance-supply-chain/.

［6］ Cade Metz,"Making New Drugs with a Dose of Artificial Intelligence,"*The New York Times*, February 5, 2019; www.nytimes.com/2019/02/05/technology/artificial-intelligence-drug-research-deepmind.html.

［7］ Ali El Kaafarani,"Four Ways That Quantum Computers Can Change the World,"*Forbes*, July 30, 2021; www.forbes.com/sites/forbestechcouncil/2021/07/30/four-ways-quantum-computing-could-change-the-world/?sh=7054e3664602.

［8］ "How Quantum Computers Will Transform These 9 Industries,"*CB Insights*, February 23, 2021; www.cbinsights.com/research/quantum-computing-industries-disrupted/.

[9] Matthew Hutson,"The Future of Computing,"*ScienceNews*; www.sciencenews.org/century/computer-ai-algorithm-moore-law-ethics.

[10] James Dargan,"Neven's Law: Paradigm Shift in Quantum Computers,"*Hackernoon*, July 1, 2019; www.hackernoon.com/nevens-law-paradigm-shift-in-quantum-computers-e6c429ccd1fc.

[11] Nicole Hemsoth,"With $3.1 Billion Valuation, What's Ahead for PsiQuantum?"*The Next Platform*, July 27, 2021; www.nextplatform.com/2021/07/27/with-3-1b-valuation-whats-ahead-for-psiquantum/.

第2章　コンピューティングの歴史

[1] "Our Founding Figures: Ada Lovelace,"*Tetra Defense*, April 17, 2020; www.tetradefense.com/cyber-risk-management/our-founding-figures-ada-lovelace/.

[2] "Ada Lovelace,"Computer History Museum; www.computerhistory.org/babbage/adalovelace/.

[3] Colin Drury,"Alan Turing: The Father of Modern Computing Credited with Saving Millions of Lives,"*The Independent*, July 15, 2019; www.independent.co.uk/news/uk/home-news/alan-turing-ps50-note-computers-maths-enigma-codebreaker-ai-test-a9005266.html.

[4] Alan Turing,"Computing Machinery and Intelligence,"*Mind* 59 (1950): 433–60; https://courses.edx.org/asset-v1:MITx+24.09x+3T2015+type@asset+block/5_turing_computing_machinery_and_intelligence.pdf.

第3章　量子論

[1] Peter Coy,"Science Advances One Funeral at a Time, the Latest Nobel Proves It,"*Bloomberg*, October 10, 2017; www.bloomberg.com/news/articles/2017-10-10/science-advances-one-funeral-at-a-time-the-latest-nobel-proves-it.

[2] BrainyQuote; https://www.brainyquote.com/quotes/paul_dirac_279318.

[3] Jim Martorano,"The Greatest Heavyweight Fight of All Time,"*TAP into Yorktown*, August 24, 2022; https://www.tapinto.net/towns/yorktown/

articles/the-greatest-heavyweight-fight-of-all-time.

〔4〕 Denis Brian, *Einstein* (New York: Wiley, 1996), 516〔デニス・ブライアン『アインシュタイン：天才が歩んだ愛すべき人生』鈴木主税訳、三田出版会、1998年〕に引用がある。

第4章　量子コンピュータの夜明け

〔1〕 Michio Kaku, *Parallel Worlds: The Science of Alternative Universes and Our Future in the Cosmos* (New York: Anchor, 2006)参照。〔ミチオ・カク『パラレルワールド:11次元の宇宙から超空間へ』斉藤隆央訳、NHK出版、2006年〕

〔2〕 Stefano Osnaghi, Fabio Freitas, Olival Freire Jr.,"The Origin of the Everettian Heresy,"*Studies in History and Philosophy of Modern Physics* 40, no. 2 (2009): 17.

第5章　レースは始まっている

〔1〕 Stephen Nellis,"IBM Says Quantum Chip Could Beat Standard Chips in Two Years,"Reuters, November 15, 2021; www.reuters.com/article/ibm-quantum-idCAKBN2I00C6.

〔2〕 Emily Conover,"The New Light-Based Quantum Computer Jiuzhang Has Achieved Quantum Supremacy,"*Science News*, December 3, 2020; https://www.sciencenews.org/article/new-light-based-quantum-computer-jiuzhang-supremacy.

〔3〕 "Xanadu Makes Photonic Quantum Chip Available Over Cloud Using Strawberry Fields & Pennylane Open-Source Tools Available on Github,"*Inside Quantum Technology News*, March 8, 2021; www.insidequantumtechnology.com/news-archive/xanada-makes-photonic-quantum-chip-available-over-cloud-using-strawberry-fields-pennylane-open-source-tools-available-on-github/.

第6章　生命の謎を解く

〔1〕 Walter Moore, *Schrödinger: Life and Thought* (Cambridge University Press, 1989), 403.〔W.ムーア『シュレーディンガー:その生涯と思想』小林澈郎・土佐幸子訳、培風館、1995年〕

［2］ Leah Crane,"Google Has Performed the Biggest Quantum Chemistry Simulation Ever,"*New Scientist*, December 12, 2019; www.newscientist.com/article/2227244-google-has-performed-the-biggest-quantum-chemistry-simulation-ever/.

［3］ Jeannette M. Garcia,"How Quantum Computing Could Remake Chemistry,"*Scientific American*, March 15, 2021; https://www.scientificamerican.com/article/how-quantum-computing-could-remake-chemistry/.

［4］ Crane.

［5］ 同上。

第7章　世界を緑化する

［1］ Alan S. Brown,"Unraveling the Quantum Mysteries of Photosynthesis," The Kavli Foundation, December 15, 2020; www.kavlifoundation.org/news/unraveling-the-quantum-mysteries-of-photosynthesis.

［2］ Peter Byrne,"In Pursuit of Quantum Biology with Birgitta Whaley," *Quanta Magazine*, July 30, 2013; www.quantamagazine.org/in-pursuit-of-quantum-biology-with-birgitta-whaley-20130730/.

［3］ Katherine Bourzac,"Will the Artificial Leaf Sprout to Combat Climate Change?"*Chemical & Engineering News*, November 21, 2016; https://cen.acs.org/articles/94/i46/artificial-leaf-sprout-combat-climate.html.

［4］ Ali El Kaafarani,"Four Ways Quantum Computing Could Change the World,"*Forbes*, July 30, 2021; www.forbes.com/sites/forbestechcouncil/2021/07/30/four-ways-quantum-computing-could-change-the-world/?sh=398352d14602.

［5］ Katharine Sanderson,"Artificial Leaves: Bionic Photosynthesis as Good as the Real Thing," *New Scientist*, March 2, 2022; www.newscientist.com/article/mg25333762-600-artificial-leaves-bionic-photosynthesis-as-good-as-the-real-thing/.

第8章　地球を養う

［1］ "What Is Quantum Computing? Definition, Industry Trends, & Benefits

Explained,"*CB Insights*, January 7, 2021; https://www.cbinsights.com/research/report/quantum-computing/?utm_source=CB+Insights+Newsletter&utm_campaign=0df1cb4286-newsletter_general_Sat_20191115&utm_medium=email&utm_term=0_9dc0513989-0df1cb4286-88679829.

[2] Allison Lin,"Microsoft Doubles Down on Quantum Computing Bet," Microsoft, *The AI Blog*, November 20, 2016; https://blogs.microsoft.com/ai/microsoft-doubles-quantum-computing-bet/.

[3] Stephen Gossett,"10 Quantum Computing Applications and Examples,"*Built In*, March 25, 2020; https://builtin.com/hardware/quantum-computing-applications.

第9章　エネルギー革命

[1] Holger Mohn,"What's Behind Quantum Computing and Why Daimler Is Researching It,"Mercedes-Benz Group, August 20, 2020; https://group.mercedes-benz.com/company/magazine/technology-innovation/quantum-computing.html.

[2] 同上。

第11章　遺伝子編集とがん

[1] Liz Kwo and Jenna Aronson,"The Promise of Liquid Biopsies for Cancer Diagnosis,"*American Journal of Managed Care*, October 11, 2021; www.ajmc.com/view/the-promise-of-liquid-biopsies-for-cancer-diagnosis.

[2] Clara Rodríguez Fernández,"Eight Diseases CRISPR Technology Could Cure,"*Labiotech*, October 18, 2021; https://www.labiotech.eu/best-biotech/crispr-technology-cure-disease/.

[3] Viviane Callier,"A Zombie Gene Protects Elephants from Cancer," *Quanta Magazine*, November 7, 2017; www.quantamagazine.org/a-zombie-gene-protects-elephants-from-cancer-20171107/.

第12章　AIの活用と難病の治療

[1] Gil Press,"Artificial Intelligence (AI) Defined,"*Forbes*, August 27, 2017;

https://www.forbes.com/sites/gilpress/2017/08/27/artificial-intelligence-ai-defined/.

[2] Stephen Gossett,"10 Quantum Computing Applications and Examples," *Built In*, March 25, 2020; https://builtin.com/hardware/quantum-computing-applications.

[3] "AlphaFold: A Solution to a 50-Year-Old Grand Challenge in Biology," DeepMind, November 30, 2020; www.deepmind.com/blog/alphafold-a-solution-to-a-50-year-old-grand-challenge-in-biology.

[4] Cade Metz,"London A.I. Lab Claims Breakthrough That Could Accelerate Drug Discovery," *The New York Times*, November 30, 2020; https://www.nytimes.com/2020/11/30/technology/deepmind-ai-protein-folding.html.

[5] Ron Leuty,"Controversial Alzheimer's Disease Theory Could Pinpoint New Drug Targets," *San Francisco Business Times*, May 6, 2019; www.bizjournals.com/sanfrancisco/news/2019/05/01/alzheimers-disease-prions-amyloid-ucsf-prusiner.html.

[6] German Cancer Research Center,"Protein Misfolding as a Risk Marker for Alzheimer's Disease," *ScienceDaily*, October 15, 2019; www.sciencedaily.com/releases/2019/10/191015140243.htm.

[7] "Protein Misfolding as a Risk Marker for Alzheimer's Disease——Up to 14 Years Before the Diagnosis," Bionity.com, October 17, 2019; www.bionity.com/en/news/1163273/protein-misfolding-as-a-risk-marker-for-alzheimers-disease-up-to-14-years-before-the-diagnosis.html.

第13章　不老不死

[1] Mallory Locklear,"Calorie Restriction Trial Reveals Key Factors in Enhancing Human Health," *Yale News*, February 10, 2022; www.news.yale.edu/2022/02/10/calorie-restriction-trial-reveals-key-factors-enhancing-human-health.

[2] Kashmira Gander,"'Longevity Gene' That Helps Repair DNA and Extend Life Span Could One Day Prevent Age-Related Diseases in Humans," *Newsweek*, April 23, 2019; www.newsweek.com/longevity-gene-helps-repair-dna-and-extend-lifespan-could-one-day-prevent-age-1403257.

〔3〕 Antonio Regalado,"Meet Altos Labs, Silicon Valley's Latest Wild Bet on Living Forever," *MIT Technology Review*, September 4, 2021; www.technologyreview.com/2021/09/04/1034364/altos-labs-silicon-valleys-jeff-bezos-milner-bet-living-forever/.

〔4〕 同上。

〔5〕 同上。

〔6〕 Allana Akhtar,"Scientists Rejuvenated the Skin of a 53 Year Old Woman to That of a 23 Year Old's in a Groundbreaking Experiment," *Yahoo News*, April 8, 2022; www.yahoo.com/news/scientists-rejuvenated-skin-53-old-175044826.html.

第14章　地球温暖化

〔1〕 Ali El Kaafarani,"Four Ways Quantum Computing Could Change the World," *Forbes*, July 30, 2021; www.forbes.com/sites/forbestechcouncil/2021/07/30/four-ways-quantum-computing-could-change-the-world/?sh=398352d14602.

〔2〕 Doyle Rice,"Rising Waters: Climate Change Could Push a Century's Worth of Sea Rise in US by 2050, Report Says," *USA Today*, February 15, 2022; https://www.usatoday.com/story/news/nation/2022/02/15/us-sea-rise-climate-change-noaa-report/6797438001/.

〔3〕 "U.S. Coastline to See up to a Foot of Sea Level Rise by 2050," National Oceanic and Atmospheric Administration, February 15, 2022; https://www.noaa.gov/news-release/us-coastline-to-see-up-to-foot-of-sea-level-rise-by-2050.

〔4〕 David Knowles,"Antarctica's'Doomsday Glacier'Is Facing Threat of Imminent Collapse, Scientists Warn," *Yahoo News*, December 14, 2021; https://news.yahoo.com/antarcticas-doomsday-glacier-is-facing-threat-of-imminent-collapse-scientists-warn-220236266.html.

〔5〕 Intergovernmental Panel on Climate Change, *Climate Change 2007 Synthesis Report: A Report of the Intergovernmental Panel on Climate Change*; www.ipcc.ch.

第15章　太陽をビンのなかに

〔1〕 Jonathan Amos, "Major Breakthrough on Nuclear Fusion Energy," *BBC News*, September 9, 2022; www.bbc.com/news/science-environment-60312633.

〔2〕 Claude Forthomme, "Nuclear Fusion: How the Power of Stars May Be Within Our Reach," *Impakter*, February 10, 2022; www.impakter.com/nuclear-fusion-power-stars-reach/.

〔3〕 Jonathan Amos, "Major Breakthrough on Nuclear Fusion Energy," *BBC News*, September 9, 2022; www.bbc.com/news/science-environment-60312633.

〔4〕 Global BSG, January 27, 2022; www.globalbsg.com/multiple-breakthroughs-raise-new-hopes-for-fusion-energy/.

〔5〕 Catherine Clifford, "Fusion Gets Closer with Successful Test of a New Kind of Magnet at MIT Start-up Backed by Bill Gates," CNBC, September 8, 2021; www.cnbc.com/2021/09/08/fusion-gets-closer-with-successful-test-of-new-kind-of-magnet.html.

〔6〕 "Nuclear Fusion Is One Step Closer with New AI Breakthrough," *Nation World News*, September 13, 2022; www.nationworldnews.com/nuclear-fusion-is-one-step-closer-with-new-ai-breakthrough/.

第16章　宇宙をシミュレートする

〔1〕 "The World Should Think Better About Catastrophic and Existential Risks," *The Economist*, June 25, 2020; www.economist.com/briefing/2020/06/25/the-world-should-think-better-about-catastrophic-and-existential-risks.

〔2〕 ひも理論の話については、Michio Kaku, *The God Equation: The Quest for a Theory of Everything* (New York: Anchor, 2022)〔カク『神の方程式:「万物の理論」を求めて』斉藤隆央訳、NHK出版、2022年〕を参照。

＊URLは2023年の原書刊行時のものです。

参考文献

コンピュータのプログラミングにある程度詳しい人には、以下の教科書が役立つかもしれない。

Bernhardt, Chris. Quantum *Computing for Everyone*. Cambridge: MIT Press, 2020.〔Chris Bernhardt『みんなの量子コンピュータ：量子コンピューティングを構成する基礎理論のエッセンス』湊雄一郎・中田真秀監修・翻訳、翔泳社、2020年〕

Edwards, Simon. *Quantum Computing for Beginners*. Monee, IL, 2021.

Grumbling, Emily, and Mark Horowitz, eds. *Quantum Computing: Progress and Prospects*. Washington, DC: National Academy Press, 2019.〔Emily Grumbling, Mark Horowitz編『米国科学・工学・医学アカデミーによる量子コンピュータの進歩と展望』西森秀稔訳、共立出版、2020年〕

Jaeger, Lars. *The Second Quantum Revolution*. Switzerland: Springer, 2018.

Mermin, N. David. *Quantum Computer Science: An Introduction*. Cambridge: Cambridge University Press, 2016.〔N.D.マーミン『マーミン 量子コンピュータ科学の基礎』木村元訳、丸善株式会社出版事業部、2009年〕

Rohde, Peter P. *The Quantum Internet: The Second Quantum Revolution*. Cambridge: Cambridge University Press, 2021.

Sutor, Robert S. *Dancing with Qubits: How Quantum Computing Works and How It Can Change the World*. Birmingham, UK: Packt, 2019.

[著者]

ミチオ・カク Michio Kaku

ニューヨーク市立大学理論物理学教授。ハーバード大学卒業後、カリフォルニア大学バークリー校で博士号取得。「ひもの場の理論」の創始者の一人。『アインシュタインを超える』(講談社)、『パラレルワールド』『サイエンス・インポッシブル』『2100年の科学ライフ』『フューチャー・オブ・マインド』『人類、宇宙に住む』『神の方程式』(以上、NHK 出版)などの著書がベストセラーとなり、『パラレルワールド(Parallel Worlds)』はサミュエル・ジョンソン賞候補作。『フューチャー・オブ・マインド(The Future of the Mind)』は『ニューヨーク・タイムズ』ベストセラー1位に輝く。BBCやディスカバリー・チャンネルなど数々のテレビ科学番組に出演するほか、全米ラジオ科学番組の司会者も務める。最新の科学を一般読者や視聴者にわかりやすく情熱的に伝える著者の力量は高く評価されている。

[訳者]

斉藤隆央 さいとう・たかお

翻訳家。1967年生まれ。東京大学工学部工業化学科卒業。訳書にミチオ・カク『パラレルワールド』『サイエンス・インポッシブル』『2100年の科学ライフ』『フューチャー・オブ・マインド』『人類、宇宙に住む』『神の方程式』、フィリップ・プレイト『宇宙から恐怖がやってくる!』(以上、NHK 出版)、ニック・レーン『生命、エネルギー、進化』、ポール・J・スタインハート『「第二の不可能」を追え!』(以上、みすず書房)、ホヴァート・シリング『時空のさざなみ』(化学同人)、ジム・アル=カリーリ『エイリアン』(紀伊國屋書店)、カール・ジンマー『「生きている」とはどういうことか』(白揚社)ほか多数。

校正　酒井清一

本文組版　アップライン株式会社

編集　宮川礼之　塩田知子

図版クレジット

P38: Freeth, T., Higgon, D., Dacanalis, A., et al. A Model of the Cosmos in the Ancient Greek Antikythera Mechanism. *Sci Rep* 11, 5821 (2021).

P49, 63, 73, 80, 97, 113, 127, 251 ,321, 358: Mapping Specialists Ltd.

P125: Andrew Lindemann, courtesy IBM

量子超越
量子コンピュータが世界を変える

2024年12月25日　第1刷発行
2025年 6 月 5 日　第5刷発行

著者　ミチオ・カク
訳者　斉藤隆央
発行者　江口貴之
発行所　NHK 出版
〒150-0042　東京都渋谷区宇田川町10-3
電話　0570-009-321（問い合わせ）
0570-000-321（注文）
ホームページ　https://www.nhk-book.co.jp

印刷　亨有堂印刷所／大熊整美堂
製本　二葉製本

ISBN978-4-14-081981-4　C0098